U0182333

西北太平洋热带气旋活动及其反馈效应

钟 中 哈 瑶 陈 宪 王天驹 著

科学出版社

北 京

内 容 简 介

　　本书内容包括两个部分,分别是大气环流和海洋热状况对西北太平洋热带气旋活动的影响,以及热带气旋活动对大尺度环流和气候的反馈效应。第一部分阐述了热带太平洋厄尔尼诺-南方涛动(ENSO)不同位相和热带印度洋海温异常对西北太平洋热带气旋活动影响的差异性,第二部分阐明了夏季西北太平洋热带气旋活动对东亚-西北太平洋区域季风环流系统主要成员的反馈作用及其动力学和热力学机制。

　　本书可供气象、海洋、水文和环境科学等相关专业的科研人员和研究生参考。

图书在版编目（CIP）数据

　西北太平洋热带气旋活动及其反馈效应/钟中等著. —北京：科学出版社，2020.3

　ISBN 978-7-03-063536-5

　Ⅰ. ①西… Ⅱ. ①钟… Ⅲ. ①太平洋-热带低压-影响-研究 Ⅳ. ①P444

中国版本图书馆 CIP 数据核字（2019）第 265299 号

责任编辑：沈 旭 黄 梅 洪 弘/责任校对：杨聪敏
责任印制：师艳茹/封面设计：许 瑞

科 学 出 版 社 出版
北京东黄城根北街 16 号
邮政编码：100717
http://www.sciencep.com
三河市春园印刷有限公司 印刷

科学出版社发行　各地新华书店经销
*
2020 年 3 月第 一 版　开本：720×1000　1/16
2020 年 3 月第一次印刷　印张：14 1/2
字数：289 000

定价：148.00 元
（如有印装质量问题，我社负责调换）

前　言

全球热带海洋上每年有 80～90 个热带气旋（TC）生成，其中大约有 2/3 发展成台风或飓风，TC 成为热带天气系统的主要成员之一。西北太平洋是 TC 的频发区，每年平均发生近 30 个，约占全球的 1/3，其中夏季 TC 占全年的 40% 以上。西北太平洋 TC 又是东亚-西北太平洋区域气候系统的特殊成员，其特殊性表现在热带气旋的时空尺度属于天气系统范畴，因此，大尺度大气环流和海洋热状况对 TC 活动的调制作用成为普遍关注的热点研究课题。另外，TC 活动也会通过反馈作用引起大气环流和海洋热状况发生变化，例如，TRMM 卫星资料已给出了 TC 活动通过冷尾效应引起海面温度（SST）分布异常从而产生间接气候效应的新证据。从 TC 对大气的直接反馈作用看，TC 强风和强降水能明显改变受其影响区域内大气环流的状况，TC 在热带海域生成后裹挟大量的热量和水汽向中高纬度区域移动，将其携带的能量向热带外输送和频散，从而影响能量的输送、分配和平衡。这种反馈作用产生的影响不仅仅局限在 TC 活动区域，还会通过大气环流的输送和传播影响更大范围，乃至引起全球大气环流发生相应的调整。因此，TC 对大尺度环流系统的直接反馈作用也是值得关注的研究课题。

本书取材于作者 10 余年来的研究工作成果，全书共 12 章。第 1 章介绍国内外对 TC 活动年际变化规律及其反馈作用的研究现状，剩余的 11 章分为两个部分。第一部分（第 2 章至第 6 章）以西北太平洋 TC 活动年际变化与 ENSO 的关系为主线，阐述 ENSO 事件和印度洋 SST 异常对西北太平洋 TC 活动的调制作用，第 2 章揭示 ENSO 对西北太平洋 TC 动能及其经向能量输送的影响；第 3 章通过对西北太平洋 TC 活动的能量来源进行诊断分析，明确 ENSO 冷暖位相期间正压能量转化对西北太平洋 TC 生成的作用；第 4 章和第 5 章针对 ENSO 循环不同位相，分离不同类型的热带太平洋增暖衰亡事件和冷事件，阐述不同类型 ENSO 事件对西北太平洋 TC 活动影响的差异；第 6 章研究 ENSO 循环背景下不同调制因子对 TC 活动影响的相对作用，揭示热带印度洋海面温度异常（SSTA）对西北太平洋 TC 活动年际变化存在"次级调制"现象。第二部分（第 7 章至第 12 章）阐述西北太平洋 TC 活动对东亚-西北太平洋大尺度环流系统的直接反馈作用，其中，第 7 章将空间尺度因子引入 TC 累积气旋能量（ACE）指数，据此揭示西北太平洋 TC 活动对与 ENSO 循环有关的太平洋大气海洋状况的潜在反馈效应；第 8 章和第 9 章通过对比夏季西北太平洋 TC 活跃年和不活跃年大气环流差异，揭示 TC 活动在东亚夏季风系统各成员时间演变中的作用，以及频繁的 TC 活动对中国中东部夏季降水和高温热浪天气的影响；第 10 章和第 11 章利用区域气候模式敏感性试验结果分析 TC 影响大尺度环流的动力学和热力学机制，并给出 TC 影响西太平洋副热带高压经向运动的物理图像；第 12 章借助"模式手术"方法的敏感性数值试验，验证 TC 活动通过反馈东亚夏季风系统从而影响中国东部环流和降水分布的统计结果。

　　本书第 1 章由钟中和哈瑶撰写，第 2～6 章由哈瑶撰写，第 7 章和第 9 章由钟中撰写，第 8 章、第 10 章和第 12 章由陈宪和钟中撰写，第 11 章由王天驹撰写，全书由钟中统稿。

　　致谢：本书研究工作和出版受国家自然科学基金（41430426，41505058）和江苏省气候变化协同创新中心项目资助。

钟　中

2019 年 10 月于南京

目　　录

第二部分　西北太平洋热带气旋对大尺度环流的反馈作用

名词缩写表

ACE	accumulated cyclone energy	累积气旋能量
CISK	conditional instability of second kind	第二类条件不稳定
CP	Central Pacific	中太平洋
CPC	Climate Prediction Center	气候预测中心
EASJ	East Asian subtropical upper-level jet	东亚副热带高空急流
EDC	El Niño decaying mode	厄尔尼诺衰亡模态
EDV	El Niño developing mode	厄尔尼诺发展模态
EKE	eddy kinetic energy	涡动动能
EKE$_{TC}$	eddy kinetic energy of tropical cyclone	热带气旋涡动动能
EMI	El Niño Modoki index	赤道中太平洋尼诺指数
ENSO	El Niño-Southern oscillation	厄尔尼诺-南方涛动
EOF	empirical orthogonal function	经验正交函数
EP	Eastern Pacific	东太平洋
GPI	genesis potential index	热带气旋潜在生成指数
GPCP	Global Precipitation Climatology Project	全球降水气候计划
ITCZ	inter-tropical convergence zone	热带辐合带
JMA	Japan Meteorological Agency	日本气象厅
JTWC	Joint Typhoon Warming Center	美国台风联合预警中心
KmKe	barotropic energy conversion to synoptic-scale disturbances	正压能量转化
KmKe$_{TC}$	barotropic energy conversion to tropical cyclone	正压能量向热带气旋扰动转化
LTC	long-lived tropical cyclone	长生命史热带气旋
MM5	The Fifth-generation Pennsylvania State University-NCAR Mesoscale Model	美国宾夕法尼亚州立大学-国家大气研究中心第五代中尺度模式
MPI	maximum potential intensity	热带气旋最大潜在强度
NCAR	National Center for Atmospheric Research	（美国）国家大气研究中心
NCEP	National Centers for Environmental Prediction	（美国）国家环境预报中心

OLR	outgoing longwave radiation	向外长波辐射
PDI	power dissipation index	能量耗散指数
PDO	Pacific decadal oscillation	太平洋年代际振荡
PI	potential intensity	热带气旋潜在强度
PJ	Pacific-Japan	太平洋-日本
RMSE	root of mean square errors	均方根误差
SACE	scaled accumulative cyclone energy	考虑尺度效应的累积气旋能量
SCS	South China Sea	中国南海
SEOF	seasonal empirical orthogonal function	季节演变的经验正交函数
SLP	sea level pressure	海平面气压
SST	sea surface temperature	海面温度
SSTA	sea surface temperature anomaly	海面温度异常
TC	tropical cyclone	热带气旋
TCI	tropical cyclone index	热带气旋指数
TCGF	tropical cyclone genesis frequency	热带气旋生成频数
TCOF	tropical cyclone occurrence frequency	热带气旋路径频数
TE	tropical cyclone kinetic energy	热带气旋动能
TET	tropical cyclone kinetic energy meridional transport	热带气旋动能经向输送
TRMM	tropical rainfall measuring mission	热带降雨测量任务卫星
TMI	TRMM microwave imager	TRMM 微波成像仪
WPSH	Western Pacific subtropical high	西太平洋副热带高压

第1章 绪 论

热带气旋（TC）是一种具有暖心结构、在热带暖洋面上生成发展，并且能量巨大的低压涡旋系统。它的水平尺度一般为数百至数千千米，而垂直高度可以达到 10 km 以上。按强度由弱到强，可以将 TC 划分为热带低压、热带风暴、强热带风暴、台风、强台风和超强台风。每年全球有 80～90 个 TC 生成（陈联寿和丁一汇，1979），由于 TC 常伴随着大风、暴雨、风暴潮等强烈的天气和海洋现象，并能引发局地滑坡和泥石流等次生灾害，造成严重的人员伤亡和巨大的经济损失，因此是全球主要的气象灾害之一。例如，1970 年一场热带风暴袭击了孟加拉国，造成超过 30 万人死亡；2005 年的"卡特里娜"飓风使美国新奥尔良市成为汪洋，造成全美 1836 人死亡，数百万人受灾，经济损失 1250 亿美元。

西北太平洋是全球 TC 活动最活跃的海域，而且是全球唯一的全年都有 TC 生成和活动的海域（Chia and Ropelewski，2002）。每年约有 30 个 TC 在西北太平洋海域生成，占全球 TC 生成总数的 1/3 以上。其中有 80%的 TC 可发展至热带风暴及其以上强度，其中大部分发展成为强台风后在东亚和东南亚沿岸登陆，给这些地区带来了人员伤亡和经济损失。东亚和东南亚大部分沿海国家和地区所遭受的自然灾害中，TC 所造成的损失最为惨重。我国也是受 TC 影响最严重的国家之一，登陆我国的 TC 不仅数量多，而且往往强度巨大。平均每年大约有 12 个 TC 登陆我国华南、华东沿海地区和周边岛屿；近几年 TC 造成的死亡人数年平均约 570 人，经济损失年平均达数百亿元，占气象灾害造成损失的 11%以上。因此，TC 的生成源地、移动路径、强度变化、生命史长短和登陆等问题一直是大气科学研究和气象预报业务的重点问题。

虽然 TC 会带来巨大的灾害，但它也能将大量的水汽从海洋输送到陆地，是夏季陆地上重要的降水来源（Frank and Young，2007）。我国除了新疆、青海和西藏外，其他地区均受到 TC 引发的降水影响，因而 TC 所导致的降水是我国夏、秋季节沿海地区重要的降水来源。同时，TC 将大量水物质和能量从热带地区裹挟到副热带地区，并与副热带的天气系统相互作用，这对于不同纬度间大气物质和能量的交换，以及全球气候的变率也会产生重要的调制作用（Chen et al.，2004；Ha et al.，2013a）。

由于 TC 活动能够造成巨大灾害，同时也会对天气气候变化产生重要影响，因此 TC 活动的中长期变率及其预测也是大气科学研究的重要课题。早期的研究更多地关注 TC 的天气学特征，例如 TC 的结构、路径、强度、降水特征、登陆、消亡及其与环境场的相互作用等（Maloney and Hartmann, 2001）；而 TC 的气候学研究，特别是其季节内变化、年际变化、年代尺度变化以及长期趋势等研究则起步较晚，20 世纪 80 年代中期开始逐渐兴起（Chan，1985），进入 21 世纪以来，肇始于 Emanuel（2005）和 Webster 等（2005）对全球变暖背景下 TC 活动规律变化的研究，TC 气候学再次成为热带气象学的热点研究课题。目前，已有的大量研究基本上是采用统计和诊断方法分析 TC 长时间尺度变化特征及其与环境场的相互作用关系，特别是大尺度大气环流和海洋热状况对 TC 活动的调制作用。

对于东亚-西北太平洋地区而言，夏季风是影响 TC 活跃季节区域气候最重要的大尺度环流系统，具有多尺度时间变化和非均匀空间分布特点，并且受到热带大气 30～60 天低频振荡、厄尔尼诺-南方涛动（ENSO）以及太平洋年代际振荡（PDO）等诸多因子的调制，这些因素都显著影响着西北太平洋的 TC 活动。另一方面，大量的 TC 活动除自身会产生区域气候效应外，对活动区域大尺度大气环流和海洋热状况的反馈作用也会造成气候平均态发生变化，并且这种反馈作用还会向 TC 活动区域外传播乃至对全球气候产生不可忽视的影响，而由于缺乏从大气环流资料中分离 TC 反馈作用的有效方法，TC 反馈效应研究一直难以深入开展，相关的研究结果鲜有报道。

本章较系统地总结了西北太平洋和北大西洋 TC 活动及其反馈作用的研究现状。

1.1 ENSO 对热带气旋活动的影响

ENSO 是热带太平洋大气和海洋年际变化的最强信号，大部分 TC 年际变化研究重点都放在 ENSO 对 TC 活动的影响上（陈光华和黄荣辉，2006）。Horsfall（2000）指出，El Niño 事件期间，总体上北大西洋区域的 TC 生成频数增加，但各海域有所差异，加勒比海增加最为明显，相比于正常 ENSO 位相年增多可达 81%，但墨西哥湾的 TC 活动却有所减少；在东北太平洋热带海域，由于暖的海面温度（SST）增加了海面潜热释放和感热交换，这一海域 TC 的活动水平也有所上升。

西北太平洋是 ENSO 对 TC 活动年际变化影响最明显的海域之一（陈联寿和丁一汇，1979），也是 TC 年际变化研究的热点海域（李崇银，1985；林惠娟和张耀存，2004）。Atkinson（1977）最早注意到，在 1972 年 El Niño 事件期间，西北太平洋中东部生成的 TC 数目多于正常年份。Chan（1985）利用谱方法，发现西北太平洋 TC 生成频数存在 3.5 年周期的变化特征，因此推测其与 ENSO 循环有关。目前普遍认为，尽管整个西北太平洋区域 TC 发生频数的年际变化与 ENSO 指数的相关性并不明显，但 ENSO 不同位相上不同海域 TC 的活动频次具有显著差异（Wang and Chan，2002），这是因为 TC 的生成源地、强度以及生命史等变化受东亚季风槽和夏季遥相关波列活动的强烈影响（Zhou et al.，2009；Wu et al.，

2010），它们的时空演变特征均与 ENSO 循环有关，因而表现出 TC 活动对 ENSO 位相的时空选择性。具体来说，El Niño 事件期间西北太平洋东南部 TC 的生成频数偏高（Pudov and Petrichenko，1998；Chan，2000；Chia and Ropelewski，2002；Wang and Chan，2002；Camargo and Sobel，2005；Chen et al.，2006；Ha et al.，2013a），这一区域生成的 TC 在热带洋面上活动时间较长，因而能达到的强度更大，生命史也相应延长；而 La Niña 事件期间，TC 多生成于西北太平洋的西北部，在向西和向北移动过程中发展成为长生命史 TC 的可能性减小，表现出与 El Niño 位相相反的特征。

鉴于目前定量评估 ENSO 循环对西北太平洋 TC 生成和强度的影响的研究工作尚不多见，本书第 2 章通过提取再分析资料中 TC 涡旋风场，阐述 ENSO 期间 TC 动能及其经向输送的变化特征；第 3 章利用线性化的正压涡动动能方程，从季风槽动力学和正压能量转化入手分析介绍 ENSO 期间 TC 生成的能量来源。通过定量化观测 ENSO 对西北太平洋 TC 生成和强度年际变化的影响，获得 ENSO 对西北太平洋 TC 活动调制更为全面的认识。

另外值得关注的是不同类型的 ENSO 事件所引起的海洋大气持续性异常是造成 ENSO 对西北太平洋区域 TC 活动影响呈现复杂性的主要原因。ENSO 对 TC 活动的影响不仅局限在冷暖事件当年，冷暖事件的前后年 TC 活动特征也会出现显著的变化（Chan，2000；Wang and Chan，2002），其中最具代表性且 TC 活动异常最为显著的是 El Niño 事件的衰亡年。在这一位相期间，虽然赤道中东太平洋海温已逐渐恢复正常状态，但热带印度洋 SST 则出现明显增暖。基于赤道波动理论，热带印度洋 SST 正异常通过激发赤道波动，影响西北太平洋大气环流状况，进而与 TC 活动存在显著的负相关（Du et al.，2011；Zhan et al.，2011a）。这表明与 ENSO 循环相关的非局地 SSTA、大气遥相关波列等调制因子能够激发大气环流异常和扰动信号，通过大气桥和波列传播等过程进一步影响西北太平洋的 TC 活动。

已有的研究还依据赤道中东太平洋 SST 最大增暖位置分布的差异，将 El Niño 事件进一步细分为两种类型（Larkin and Harrison，2005；Ashok et al.，2007；Weng et al.，2007，2009；Yu and Kao，2007；Kao and Yu，2009；Kug et al.，2009；Yeh et al.，2009；Yu and Kim，2010；刘正奇等，2013）。一种类型的最大增暖区位于东太平洋（EP）冷舌海域，被定义为 EP 型增暖或 EP El Niño，这类增暖是传统意义上的 El Niño 事件。另一种类型的最大增暖区位于赤道中太平洋（CP）的日界线附近（160°E～140°W），其东侧和西侧的 SST 增暖幅度均小于 CP 海域，因而被称为 CP 型增暖或 CP El Niño，也被称为 El Niño Modoki（Ashok et al.，2007；Weng et al.，2007）。

Yeh 等（2009）的研究表明，CP El Niño 事件在全球变暖的背景下发生频次有增加的趋势。Lee 和 McPhaden(2010)基于卫星资料证明在过去 30 年 CP El Niño 事件发生频次增加了一倍，他们的研究指出 CP 型增暖事件增多的趋势主要源于近 30 年 El Niño 事件的强度不断增加，并由此推断 CP El Niño 增多与全球变暖和太平洋 SST 升高密切相关。由于 ENSO 循环本身也存在显著的年代际变化，因此 ENSO 事件对西北太平洋 TC 活动的影响不仅局限于年际尺度上，在年代际等更长时间尺度上也有体现。

自 Ashok 等（2007）提出 El Niño Modoki 的概念后，大量研究工作集中在 CP El Niño 事件对全球各区域天气气候所造成的潜在影响（Larkin and Harrison，2005；Ashok et al.，2007；Kim et al.，2009；Ashok and Yamagata，2009；Yeh et al.，2009；Cai and Cowan，2009；Lee and McPhaden，2010；Kim et al.，2011；Chand et al.，2013）。Kim 等（2009）首次将 CP El Niño 事件与 TC 活动建立联系，于 2009 年在《科学》杂志撰文指出，CP 型增暖事件使得北大西洋飓风频数增加，飓风登陆墨西哥湾和中美洲诸国的可能性也相应增加。造成飓风活动增多的主要原因是 CP 型增暖所激发的大气遥相关减弱了 TC 生成源地海域的垂直风切变，从而导致更多 TC 出现。但 Lee 和 McPhaden（2010）对 Kim 等（2009）的结论提出质疑，认为由于其分析时段较短，所做出的结论在统计意义上不够显著。

对于西北太平洋和东亚区域，Kim 等（2011）比较了 CP El Niño、EP El Niño 和 EP La Niña 期间北太平洋 TC 生成频数（TCGF）异常和 TC 路径频数（TCOF）异常的特征（图 1.1）。结果发现 CP 型增暖期间东太平洋 TC 活动减少，TC 生成源地西移，对应西北太平洋西部 TC 活动增多，有更多 TC 在中国东部沿海、朝

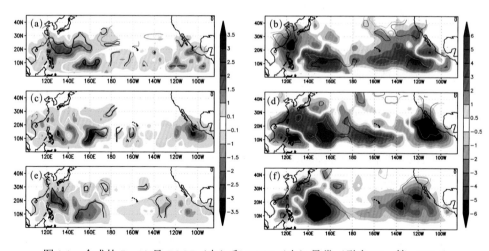

图 1.1　合成的 7～10 月 TCGF（左）和 TCOF（右）异常（引自 Kim 等，2011）

（a）、（b）EP 型增暖年；（c）、（d）CP 型增暖年；（e）、（f）EP 型冷却年

鲜半岛和日本南部登陆。Zhang 等（2012）的研究也得到类似的结论，发现 CP 型增暖期间登陆东亚的 TC 数量明显增加，尤其在 6～9 月期间日本和朝鲜半岛极 易遭受 TC 侵袭，其他学者的研究工作也支持这样的观点（Chen and Tam，2010； Chen，2011；Hong et al.，2011）。

1.2　印度洋 SSTA 对热带气旋活动的影响

近年来有不少学者关注了 El Niño 衰亡年春季和夏季热带印度洋 SST 增暖对 东亚夏季气候和西北太平洋 TC 活动的影响。Wang 等（2000）提出 ENSO 通过局 地海气相互作用和遥相关强迫等过程，激发西北太平洋反气旋环流异常并能使其 持续到 El Niño 衰亡年的夏季。Xie 等（2009）提出"电容器效应"机制解释了热 带印度洋 SSTA 通过维持西北太平洋反气旋环流异常，进一步影响东亚夏季大气 环流和西北太平洋的 TC 活动（Klein et al.，1999；Yoo et al.，2006；Yang et al.， 2007；Wu et al.，2010；Xie et al.，2009；Kim et al.，2010；Du et al.，2011；Tao et al.，2012）。

El Niño 通过海气相互作用和大气桥机制在其衰亡位相的春季和夏季强迫热 带印度洋出现 SST 异常增暖，形成热带印度洋 SST 对太平洋 ENSO 事件的响应 模态。这种效应在 El Niño 衰亡年春季达到峰值，整个过程就像 ENSO 事件作为 "电池"向印度洋 SST"电容"充电。印度洋 SST 增暖从前一年冬季持续到当年 的夏秋季，并伴随夏季南亚高压增强（Yang et al.，2007），西太平洋副热带高压 （WPSH）增强西伸（袁媛和李崇银，2009）。El Niño 衰亡年夏季，热带印度洋 SST 增暖激发出东传赤道斜压 Kelvin 波，当其传播到西太平洋区域时，边界层摩擦效 应导致热带西太平洋对流层低层东风异常增强，并从赤道向高纬度区域递减，赤 道外西太平洋区域形成反气旋切变涡度，引起东亚副热带区域边界层辐散，对流 活动受到抑制，潜热释放减少，从而进一步激发并维持西北太平洋低层反气旋环 流异常（Wu et al.，2010）。需要指出的是，尽管 El Niño 事件衰亡年赤道中东太 平洋 SST 异常逐渐消失，但西北太平洋低层反气旋环流异常将发展并得以维持， 这种由 El Niño 遥相关所激发的印度洋 SST 增暖将开启对西太平洋的"放电"过 程，并通过西北太平洋异常反气旋环流影响东亚气候系统。因此，在 El Niño 事件的 诱导下，热带印度洋 SST 对东亚夏季风气候的调制过程被称为印度洋的"电容器效 应"机制。

西北太平洋对流层低层的反气旋环流异常会导致局地低层辐散和垂直风切 变增强，这种环境场不利于 TC 在 El Niño 衰亡年的生成和发展，尤其是中等强度 以下的 TC 生成和活动受印度洋 SST 增暖的抑制最为显著（图 1.2），而强 TC 的 生成主要受 ENSO 的影响，因此与印度洋 SST 的线性关系不明显（Du et al.，2011；

Zhan et al.，2011a，2011b；Tao et al.，2012；陶丽等，2013）。与此同时，由于受西北太平洋西北部和中国南海北部垂直风切变减小以及对流活动增强的影响，El Niño 衰亡年夏季在上述海域生成的 TC 稍有增加（Du et al.，2011）。

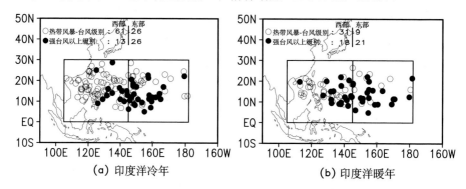

图 1.2　热带印度洋 SST 冷异常年和暖异常年夏季 TC 生成频数和源地（引自 Zhan 等，2011a）
实线段将西北太平洋分成东（E）和西（W）两部分

1.3　气候变化对热带气旋活动的影响

随着全球气候变化研究的深入，对气候变化背景下 TC 活动特征与演变规律的研究日渐增多。Holland（1997）利用 Emanuel（1987）提出的 TC 最大潜在强度（MPI）理论模型，推断随着全球 SST 持续升温，强 TC 或超强 TC 出现的可能性将会增加。Webster 等（2005）和 Elsner 等（2008）的观测研究表明，自 1970 年以来，全球海洋 4 级和 5 级飓风频数增多，强度也出现持续增大的趋势。Hoyos 等（2006）通过分析对 TC 生成和增强具有重要贡献的环境场因子，发现全球强 TC 的增多趋势与热带海域 SST 升温存在最为密切的联系，而垂直风切变、对流层中层湿度和水汽等大气条件与 TC 强度间的关联性只出现在特定时段和某些海区，并不具有全球性特征，因此与全球 TC 强度变化趋势并无显著关系。除海温影响外，也有观点认为全球 TC 活动变化可能与 CO_2 等温室气体排放所产生的温室效应有关。Henderson-Seller 等（1998）首次给出温室气体排放对 TC 强度影响的定量评估结果，估算在 CO_2 加倍的情况下，TC 的 MPI 将平均增加 10.2%。Wu 和 Wang（2004）利用一个 TC 移动轨迹模型，通过测算提出温室气体排放引起的气候变化可能会对 TC 移动路径产生影响的观点。Emanuel（2005）将 TC 总能量耗散率的时间积分定义为 TC 能量耗散指数（PDI），指出 PDI 会随着 SST 的升高而增加，并提出近 30 年全球 TC 破坏力明显增强的观点（图 1.3），他还将大西洋的 PDI 序列延伸至 19 世纪，发现该序列与大西洋飓风主要源地 SST 的世纪尺度

变化存在较好的正相关性（Emanuel et al.，2006）。Sriver 和 Huber（2006）估算
了全球 PDI 对 SST 变化的敏感性，发现全球 SST 每增加 0.25℃，TC 的总 PDI 将
增加约 60%。Holland 和 Bruyère（2014）通过分析 1975～2010 年卫星同化资料
和多源数据集资料，发现全球每增暖 1℃，4 级和 5 级 TC 发生频数在所有生成
TC 中的比例将上升 25%～30%；与此同时，1 级和 2 级 TC 发生频数的比例则出
现同等程度的降低，表明超强 TC 的频次与全球变暖存在显著的正相关关系。此
外，随着全球变暖加剧，除了东北太平洋之外的全球各海盆超强 TC 的生成占比
均出现明显升高外，全球其他区域 TC 的生成频数和平均强度与全球变暖现象并
未表现出显著联系。

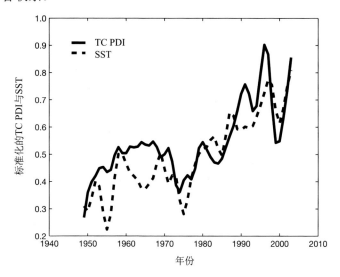

图 1.3　标准化的大西洋与西太平洋 TC 年平均 PDI 和 SST 随时间的演变（引自 Emanuel，2005）

　　另一方面，也有学者认为 TC 活动的长期变化趋势仅仅是其自然变率的表现，
并非完全是全球变暖的产物（Landsea，1996；Chan，2006）。Pielke（2005）分析
了 2004 年之前由 TC 强风造成破坏的历史记录，并未发现明显的增加趋势，据此
指出 Emanuel（2005）所定义的 PDI 可能并非是衡量台风破坏力较为合理的指数。
Landsea（2005）指出，20 世纪 70 年代后，卫星资料的应用使对 TC 的监测更加
准确，在全球范围内预警出更多 4 级和 5 级 TC。因此，对 TC 气候特征进行较为
准确研究的时间长度应局限在有卫星观测以来的 30 余年。然而，对于研究气候变
化问题来说，30 余年的资料序列显得偏短，得出全球变暖造成 TC 活动增强结论
的依据尚显不足。Klotzbach 和 Landsea（2015）通过延长 Webster 等（2005）的
研究资料时间，发现 1990～2014 年期间 4 级和 5 级 TC 的生成频数出现较弱下降
趋势，与此同时，超强 TC 的生成占比则有所升高，但上述两种趋势变化均不显

著。因此，他们认为当今观探测技术手段的进步所带来 TC 资料可信度的提升可能是 Webster 等研究者得出 1970~2004 年期间强 TC 频数增加的原因。

IPCC 第 5 次评估报告较为全面地总结了近年全球变暖对 TC 活动的影响。报告指出，已有观测证据表明 1970 年之后北大西洋生成的 TC 强度增加，但世界其他海域 TC 活动增强的证据似乎并不充分。另外，全球 TC 年生成个数也没有清晰的变化趋势，因而难以确定 TC 活动是否存在更长期的变化趋势。从数值试验的结果看，由于全球变暖和 SST 升高，未来 TC 的强度将变得更大，其最大风速和 TC 导致的降水也都将显著增加（Solomon et al.，2007）。

除了考察 TC 强度和频数等常规特征外，Kossin 等（2014）还发现，1982~2012 年期间全球 TC 达到最大强度的平均纬度发生了显著的向极移动现象，南半球和北半球 TC 最大强度出现位置平均每年分别向极移动 6.2km 和 5.3km，这一向极移动速率与近年所发现的热带向两极扩张趋势高度吻合，同时也成为全球热带区域向南北两极扩张的重要观测证据。全球尺度上热带区域面积的持续扩张意味着在未来更暖的环境中，TC 能够给更高纬度地区带来灾害，并可能对中纬度地区的气候产生一定的反馈作用。尽管 TC 最大强度向极移动的原因目前尚不完全明确，但人类活动加速热带区域向极扩张已逐步成为当前气候变化研究领域的广泛共识（Lucas et al.，2014）。

全球变暖不仅能够通过改变大气和海洋背景状况影响 TC 活动，还可以通过增加海洋上空降水，调制海洋表层盐度变化，进而从海洋途径影响 TC 强度（Balaguru et al.，2016）。当海上降水增多，大量淡水注入降低了上层海洋盐度，加强了海洋表层和次表层的层结稳定度（图 1.4）。较为稳定的层结分布不利于 TC

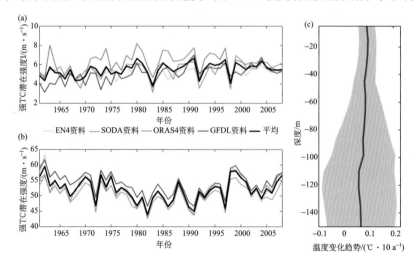

图 1.4 海洋盐度和温度对超强 TC 加强的影响趋势（引自 Balaguru 等，2016）

（a）盐度贡献；（b）温度贡献；（c）次表层海温趋势

对海洋的抽吸和冷却混合过程，由于海表面抽吸冷却作用对 TC 强度的抑制效应大为减弱，TC 发展成为超强 TC 的可能性将增大（Sprintall and Tomczak，1992；Balaguru et al.，2012；Lloyd and Vecchi，2011）。

最近的研究揭示出西北太平洋 TC 活动对全球变暖表现出明显的响应特征，表现为 TC 活动区域和路径范围显著西移，并且登陆东亚的强 TC 在过去 30 年明显增多（Ho et al.，2004；Wu et al.，2005b；Tu et al.，2009），强 TC 在东亚沿岸的频繁活动导致这一区域夏季自然灾害频繁发生。自 20 世纪 70 年代后期以来，影响东亚和东南亚的 TC 强度增加了 12%～15%，4 级和 5 级 TC 占比是 70 年代之前的 2 倍以上（Mei and Xie，2016）。造成超强 TC 频繁登陆的主要原因是东亚和东南亚边缘海域海温异常升高，另外 WPSH 的扩展也与西移 TC 增多密切相关。

1.4　热带气旋对天气系统和大尺度环流的反馈作用

相对而言，中国学者在 TC 对天气系统和大气环流的反馈作用方面开展了较深入的研究。由于长江中下游梅雨天气和 WPSH 活动有关，通过分析 WPSH 活动和 TC 活跃程度的关系，陈联寿和丁一汇（1979）建立起 TC 和梅雨之间的联系，即当 TC 活动处于不活跃期时，梅雨稳定维持，而一旦西北太平洋或南海北部有 TC 生成和活动，则预示着梅雨将减弱、中断甚至结束。朱哲等（2017）进一步研究了梅雨期间江淮降水和西北太平洋 TC 活动的关系，通过将梅雨强度按降雨量分级，分别研究 TC 对强、弱梅雨年梅雨环流的反馈特征，并利用中尺度数值模式模拟了 TC 影响梅雨过程的机理，结果表明强梅雨年 TC 生成频数较少，路径以西行和西北行为主，多在我国南部沿海地区登陆；而弱梅雨年 TC 生成频数偏多，以向北转向路径为主，对我国东南沿海地区影响较大。与此同时，频繁的 TC 活动不利于 WPSH 的稳定维持，易使副热带高压提前北跳，破坏梅雨环流形势。另外，TC 自身的涡旋效应会裹挟部分来自孟加拉湾的水汽，改变水汽输送的方向，截断向江淮地区的水汽输送通道。涡度场和湿位涡场的分析也表明，弱（强）梅雨年，TC（不）活跃，低层的动力和热力不稳定度较高（低），垂直对流运动增强（减弱）。

罗哲贤（1994）利用正压涡度方程和准地转数值模式试验发现 TC 能量向外频散形成的波列会改变其移动路径上的环流，最终又会影响到 TC 自身的结构和移动。根据 TC 涡旋的能量频散动力学理论，徐祥德等（1998）将 TC 作为大尺度环境中嵌入的天气尺度"强迫源"。由于大气是频散介质，且不同波长的二维 Rossby 波模态具有不同的相速和群速，在一定的环境场条件下，聚集在 TC 环流区域的能量会向外扩散，在 TC 外围形成低值或高值中心，而这些低值或高值中心会对 TC 外围的大尺度环境场产生附加的增强或减弱效应，体现出 TC 对大尺度环境场的反馈作用。罗哲贤（2001）通过对数值试验结果的理论分析，证实了 TC 涡旋能量频散确能引起 WPSH 断裂，从而造成 TC 移动路径发生转向。此外，TC 区深厚对流活动产生的潜热加热也会对大尺度环流产生影响，钟中（1991）的数值试验表明，东亚雨带的凝结潜热释放通过激发次级环流会影响 WPSH 的东西方向进退，刘屹岷等（1999）和 Liu 等（2001）认为通过定常波的传播，凝结潜热会对副热带反气旋性环流及中高纬度天气系统的形成和维持产生一定影响。任素玲等（2007）利用气候模式的模拟结果分析发现，TC 可以引起正压 Rossby 波向中高纬度的传播，由于背景流场不同，不同移动路径的 TC 其波动能量的传播路径也不同，从而对中高纬度环流和 WPSH 产生不同的影响，并且西行台风能在其西北方向激发出正变高，造成 WPSH 加强西伸。此外，朱洪岩等（2000）的数值试验也表明，TC 与中纬度环流系统的相互作用可导致 TC 远距离暴雨的发生，TC 通过水汽和能量输送还影响 TC 远距离降水的区域分布和强度。上述研究工作均表明，TC 作为强迫源通过动力和热力反馈作用，会对天气系统、大气环流以及降水等产生影响。

　　境外学者虽然很早就开始从事 TC 和大气环流的相互作用研究（Kasahara and Platzman，1963），但更多关注的仍是大尺度流对 TC 活动的影响。相比于国内学者而言，境外学者对 TC 反馈天气系统和大气环流的研究工作较少，近年仅有的研究工作主要是从 TC 上层位涡向外输送对引导气流的可能影响方面阐述其对大尺度环流的反馈作用，Shi 等（1990）、Wu 和 Kurihara（1996）的研究发现 TC 高层的向外辐散流不但能引起热带和副热带环流的改变，并且能够调制大尺度 Rossby 波的振幅。

1.5　热带气旋活动的气候效应

　　TC 活动对气候的反馈效应研究起步较晚，Bates 等（1998）最早从地球化学循环和海洋变化的角度提出 TC 具有气候效应这一概念。他们发现 1995 年北大西洋飓风 Felix 过境后，亚速尔群岛附近海域不仅 SST 下降 4℃达 3 周之久，并且海水中 CO_2 分压降低了约 0.6 Pa，表明 TC 强风增加了海洋向大气的 CO_2 输送，并据此估算出每年全球 TC 活动会使 $10\sim131$ Pg 的 CO_2 从海洋进入大气，影响副热带海洋 CO_2 年际变化，而海洋上空 CO_2 浓度的变化通过改变温室效应进而影响气候状况。Emanuel（2001）首次较为系统地给出了 TC 通过海水混合和海洋铅直运动影响海洋环流经向热量输送的物理模型，表现为 TC 移过海面时热带海洋上层海水剧烈混合，导致温跃层下层海水增暖，上层海水变冷，并且上层海温冷状况持续数周，热量在海洋中下传并通过海洋环流输送到较高纬度海域，影响了全球能量的输送和分配。Emanuel 还利用 TC 路径资料和简化的飓风模型，估算了

1996 年由 TC 活动导致的海洋净加热达到（1.4±0.7）×10^{15} W，占热带海洋热量向极输送中可观的一部分，从而定量给出了 TC 驱动海洋温盐环流和影响全球气候的作用。Korty 等（2008）及 Pasquero 和 Emanuel（2008）进一步利用海气耦合数值模式，证明由 TC 活动导致的海洋向极热量输送量级取决于 TC 的数目、强度以及海水混合层深度。TC 对海洋上层的混合及其导致的向极能量输送会使热带区域温度降低，高纬度区域增暖，他们据此将始新世（Eocene）气候变暖主要归因于 TC 导致的海洋混合效应。Jansen 和 Ferrari（2009）揭示了 TC 混合的纬向分布对海洋经向热量输送的影响，指出由 TC 导致的向极能量在热带外区域增加的必然性。

在观测研究方面，Sriver 和 Huber（2007）利用热带降雨测量任务卫星（TRMM）微波成像仪（TMI）和 QuikScat 散射计资料，定量计算出由海洋铅直混合导致的向极热量输送中约有 15% 来自于 TC 对海水的混合和搅拌过程，并且热带 SST 决定了混合的强度与热量输送量级，给出了 TC 活动显著改变温盐环流和海洋热量输送进而影响全球气候的新证据。Sriver 等（2008）进一步指出，利用实际观测资料计算的 TC 活动造成的海洋上层冷却率比利用 ERA-40 和 NCEP 等再分析资料计算的结果分别大 30% 和 35%，表明 TC 活动通过海洋环流引起的气候效应在再分析资料中被严重低估，同时也进一步证实 TC 是地球气候系统的重要成员，并且观测证据支持 TC 通过影响海洋热输送对气候有调节作用的观点（Sriver，2013；Mei 等，2013）。

TC 直接反馈大气环流是产生气候效应的另一种途径。Wang 和 Chan（2002）在 ENSO 事件对西北太平洋 TC 活动影响研究中指出，较低纬度生成的 TC 在向高纬度区域移动的过程中，会导致大气经向能量输送的变化。他们通过细致考察 ENSO 期间 TC 活动季节变化特征后发现，El Niño 年相比于 La Niña 年，TC 强度、平均生命史、越过 35°N 向北转向的数量以及 TC 发生的总天数都显著增加，因而据此推断西北太平洋生成的 TC 在向西和向北移动的过程中，会将大气动能和水汽向高纬度区域输送，与 TC 直接相关的大气能量输送在 El Niño 事件期间更强，La Niña 事件期间则偏弱。这说明 ENSO 事件可能会通过调制 TC 活动改变低纬区域向高纬的能量输送，进而对大气能量平衡产生影响，但这仅是 Wang 和 Chan（2002）根据观测事实提出的一种猜测。最近的研究表明 El Niño 事件期间 TC 总动能显著增强，并且 TC 导致的大气动能向极输送强度更大、持续时间更长，并且影响区域所能达到的纬度也更高，进一步表明 TC 活动对全球能量经向输送存在与 ENSO 循环密切联系的年际变化（Ha et al.，2013a）。

明确提出 TC 活动对气候有反馈作用的是 Sobel 和 Camargo（2005）。他们用累积气旋能量（ACE）指数代表 TC 活动水平回归影响 TC 活动的各环境场变量，结果清晰地看到 TC 季节变化和 ENSO 信号的对应关系，以及与 TC 活动直接相关的环境场瞬变扰动的演变过程。借助 ACE 和 ENSO 指数在季节尺度上的强相关性，以及各环境场变量时滞回归结果的一致变化特征，他们认为 TC 活动可能会在 ENSO 循环的动力过程中起到积极作用。与此同时，国际气象学界也开始认识到 TC 的气候效应研究是一个新的研究领域。2007 年在美国哥伦比亚大学召开的 "热带气旋与气候"（*Tropical Cyclones and Climate*）研讨会的总结报告指出，尽管 TC 活动对大尺度气候背景影响的研究工作很少，但却是一个不容忽视的研究课题。会议组织者 Camargo 和 Sobel 还将 TC 活动对气候系统的影响作为重要专题之一进行大会讨论，但当时得到的共识仅限于 Emanuel 等所提出的 TC 通过海水混合和海洋铅直运动影响海洋环流经向热量输送，对 TC 活动直接影响大气环流和气候变率的认可还十分有限（Camargo and Sobel，2007）。

在研究大尺度低频变化气候问题时，天气尺度等高频扰动对大气运动的直接效应被认为因为采用了时间平均或滤波处理被消除了。但在东亚季风槽对 TC 活动影响的研究中发现，TC 涡旋对夏秋季节季风槽区域涡度异常的贡献十分显著，表明 TC 的信息包含在背景场中，即使长时间平均也难以有效去除（Hsu et al.，2008；Ha et al.，2013a），因此，气候研究常用的时间平均或滤波资料中都包含有 TC 的效应。这是因为 TC 涡旋不仅具有强烈的正涡度，并且倾向于发生在正涡度背景场中，能显著加强背景场正涡度的强度，而热带大气中不存在与 TC 强度相当且频繁出现的负涡度系统。Hsu 等（2008）用一个简单的数学模型清晰地重现了不对称高频扰动对低频信号数字特征的影响，表明单纯的正值离散扰动会显著改变平稳时间序列的低频变率，据此首次在定量评估 TC 对背景场气候变率影响研究方面进行了初步尝试，并讨论了西北太平洋区域 TC 活动对东亚气候变率产生的可能影响；他们率先将消除 TC 涡旋方法引入气候研究领域，通过将 40 年再分析资料中的 TC 涡旋消除后，比较原始资料和移去 TC 涡旋的 850hPa 涡度场季节变化和年际变化的差异，发现 TC 活动对背景场的影响无法通过时间平均和低通滤波消除，消除 TC 涡度前后的资料在不同时间尺度的变率都存在显著差异，在 TC 活动的高发区域，其对气候变率的贡献甚至超过了 50%，进而证明 TC 活动会对气候产生直接反馈效应的推论。

TC 降水气候是 TC 气候效应的最直接表现形式，在 TC 活动影响降水气候和降水变率方面，Rodgers 等（2001）、Lonfat 等（2004）和 Williams（2008）利用卫星反演降水资料分别评估了 TC 降水在各大洋和全球总降水中的贡献，发现东亚区域 TC 降水总量是全球最多的，年均最高达到 1000mm 以上。Kubota 和 Wang（2009）利用西北太平洋区域 22 个站点的降水资料，对 TC 过境站点与 TC 活动有关的降水进行估计，给出了 TC 活动对西北太平洋区域降水贡献的清晰图像，回答了 TC 活动可以在多大程度上影响西北太平洋季节和年际降水变率的问题，结果表明热带西北太平洋和副热带东亚季风槽区域降水变化主要受非局地性环流系统控制，多属于系统性降水，因而 TC 降水对这些区域的影响有限，而 TC 生成源地和路径的变化显著地影响了季风槽之外副热带区域的降水变率，例如在中国台湾花莲地区 TC 带来的降水超过夏秋季节总降水量的 60%。利用任福民等（2001）提出的 TC 降水分离方法和回归方法，中国学者所开展的研究也充分说明 TC 降水对中国降水气候分布有很大影响（王咏梅等，2008；Zhang et al.，2013；Ying et al.，2011；曹勇和江静，2011），并且这种影响的程度还和热带气旋登陆后维持时间长短有关（李英等，2004）。

　　另外，由于发现区域气候模式对西北太平洋 TC 活动的模拟能力不足是东亚夏季气候模拟偏差的重要原因（图 1.5），Zhong 和 Hu（2007）开展了 TC 反馈产生区域气候效应的个例模拟研究，针对 1997 年 8 月西北太平洋强台风 Winnie，通过在区域气候模式侧边界驱动场中消除 Winnie 环流的敏感性模拟试验，对比 Winnie 进入和不进入模式区域两种情况下的月尺度模式积分，结果表明，Winnie 通过削弱 WPSH 或加深东亚季风槽等方式影响夏季东亚区域气候，如果没有 Winnie 的影响，1997 年 8 月 WPSH 将显著加强西伸，导致中国和东亚气候发生明显变化，中国东南和东北会变干，而西南和华北大部分区域会变湿（Zhong，2006；Zhong and Hu，2007）。

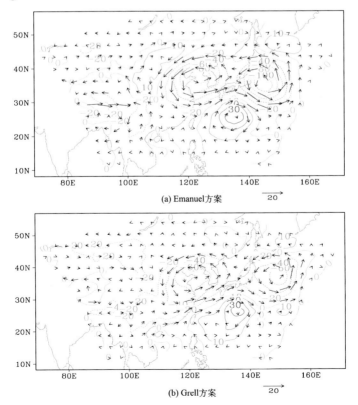

(a) Emanuel方案

(b) Grell方案

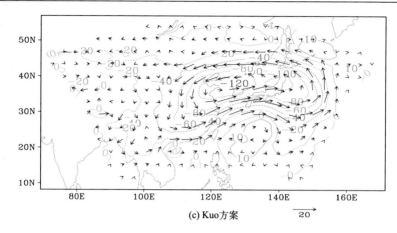

图 1.5　TC 活动期间采用不同积云参数化方案模拟的 500hPa 位势高度（单位：gpm）和风场（矢量，单位：m/s）与观测的差值分布（引自 Zhong，2006）

1.6　本书内容和结构安排

　　本书取材于作者近 10 余年来对西北太平洋 TC 活动及其对大尺度环流反馈效应的研究结果，全书分成两个部分。第一部分以西北太平洋 TC 活动年际变化与 ENSO 的关系为主线，在 ENSO 事件对 TC 活动的调制作用方面开展深入研究，揭示 ENSO 对西北太平洋 TC 动能及其经向能量输送的影响，利用季风槽动力过程详细诊断西北太平洋 TC 活动的能量来源，明确 ENSO 冷暖位相期间正压能量转化对西北太平洋 TC 生成的贡献；针对 ENSO 循环不同位相，分离不同类型的热带太平洋增暖衰亡事件以及冷事件，阐述不同类型 ENSO 事件对西北太平洋 TC 活动影响的差异；研究 ENSO 循环背景下，不同调制因子对 TC 活动影响的相对作用，给出热带印度洋 SSTA 对西北太平洋 TC 活动年际变化的相对贡献。第二部分阐述西北太平洋 TC 活动对大尺度环流系统的反馈作用，将空间尺度因子引入 ACE 指数，据此研究西北太平洋 TC 活动对与 ENSO 循环有关的太平洋大气海洋状况的潜在反馈效应；通过对比夏季西北太平洋 TC 活跃年和不活跃年大气环流差异，揭示 TC 活动在东亚夏季风系统各成员时间演变中的作用，并明确了 TC 活动对中国东部夏季高温热浪和降水区域分布的影响；利用区域数值模式敏感性试验结果分析了 TC 影响大尺度环流的动力学和热力学机制，并给出 TC 影响 WPSH 经向运动的物理图像；借助"模式手术"方法所开展的敏感性数值试验结果证实了 TC 活动通过对东亚夏季风系统的反馈作用影响中国东部环流和降水的空间格局。

第一部分
ENSO 和印度洋海温对西北太平洋热带气旋活动的调制作用

第 2 章　ENSO 事件期间热带气旋动能
及其经向输送特征

TC 在较低纬度海域生成后，向高纬度移动的过程中会造成大气能量的重新分配与输送变化（Ha et al.，2013a）。ENSO 期间，大气环流和 SSTA 会对西北太平洋 TC 活动产生重要影响，反过来 TC 活动也会引起大气能量及其输送的异常。

Wang 和 Chan（2002）在细致地考察了 ENSO 期间 TC 的季节变化特征后发现，强暖年与强冷年相比，单个 TC 的平均持续时间、越过 35°N 向北转向 TC 的个数，以及每年 TC 发生的总天数都有明显增加。ENSO 事件通过调制 TC 活动，显著影响由 TC 导致的物质和能量从低纬区域向高纬区域的输送，从而对大气能量的分配与平衡产生影响。但其研究中并未定量描述 ENSO 期间 TC 强度变化和能量输送特征。Camargo 和 Sobel（2005）在研究 ENSO 与西北太平洋 TC 强度的关系时利用 ACE 来表征 TC 强度的气候学特征，他们的研究结果表明，暖年 TC 强度更大，持续时间更长，TC 能量的经向输送也更为明显。然而，ACE 是仅由 TC 最佳路径集中生成频数、持续时间、近中心最大风速等少数几个有效信息组成的，虽然其可以在一定程度上定量描述 TC 强度，但仍需要更为具体的物理基础和充足的量化依据，才能细致刻画 TC 强度的时空分布特征及不同气候背景下 TC 能量输送的变化规律。因此，全面衡量 TC 强度需要从生成源地、发生频数、移动轨迹及生命史长短等因素综合考虑，目前通过直接计算 TC 动能及其经向输送特征考察 ENSO 和 TC 活动关系的工作尚不多见。

如何将 TC 的相关信息从分析资料中定量分离，并据此考察 TC 强度时空变化，是研究 ENSO 与西北太平洋 TC 强度及能量经向输送关系的基础和关键。本章利用分解不可压缩流体平面无旋运动的方法，从大尺度再分析资料中分离 TC 涡旋风场，定量分析 ENSO 对 TC 强度及其能量经向输送的影响，深入探讨 ENSO 事件期间西北太平洋 TC 动能及其经向输送的时空分布特征，并参考 Camargo 和 Sobel（2005）所提出的 ACE 指数，分析利用 TC 动能作为量化依据所得的 TC 强度衡量 ENSO 背景下 TC 活动水平的有效性。

2.1　移除涡旋技术

为了细致刻画 TC 强度的时空分布特征及不同气候背景下 TC 能量输送的变

化规律，同时能够更精准地分析环境场中背景场涡度对 TC 生成和活动的准确贡献，本章使用美国宾夕法尼亚州立大学-国家大气研究中心（NCAR）第五代中尺度模式（MM5）中 TC bogus 方案中移除 TC 涡旋的技术，对不可压缩流体平面无旋运动进行分解，把 TC 的风场信息从再分析资料中定量分离。从再分析资料中消除 TC 涡旋是 TC 数值模拟研究中较为常用的方法（Kurihara et al., 1993；Wu et al., 2002）。Hsu 等（2008）最早将这种方法应用于 TC 气候效应的研究，通过将 850 hPa 全球风场资料分解为 TC 分量和背景分量，达到简化不同尺度系统间非线性作用的目的。

如图 2.1 所示，以 2.5°×2.5°空间分辨率的再分析资料为例，将再分析资料中距离 TC 最佳路径中心位置（A 点）最近的格点（B 点）作为真实 TC 中心，以 600 km 为半径搜索再分析资料上正涡度最大的格点，将搜索到的格点作为分析 TC 中心（C 点），在 800 km 半径范围内将再分析资料分解为 TC 风场分量和背景风场分量。

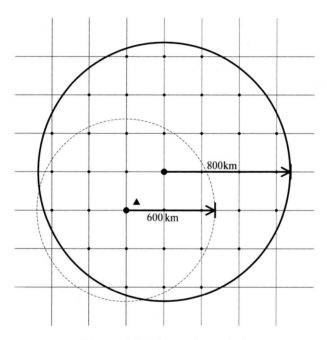

图 2.1　定位分析 TC 中心示意图

灰色三角形（A）表示最佳路径集中标记 TC 所在位置，灰色大圆点（B）表示真实 TC 中心，即距离最佳路径集 TC 所在位置 A 最近的格点，黑色大圆点（C）为搜索到的分析 TC 中心，虚线圆环区域为最大涡度搜索区域，实线圆环区域为分析 TC 区域，黑色小圆点表示分解再分析资料所在的格点位置

分解分析场的原理为不可压缩流体的平面无旋运动存在速度势和流函数，再分析资料中的水平风场可以视为无旋运动、无散运动和余差项的叠加，通过计算

再分析资料风场的速度势和流函数,将无旋运动和无散运动的速度场叠加得到 TC 速度场,分析速度场与 TC 速度场的余差项为背景速度场。具体的方法是,利用公式 $\nabla^2\psi=\zeta$ 和 $v_\psi=k\times\nabla\psi$ 计算无散风场,其中 ψ 表示无散风的流函数,ζ 表示相对涡度;利用公式 $\nabla^2\chi=\delta$ 和 $v_\chi=\nabla\chi$ 计算无旋风场,其中 χ 表示速度势,δ 表示散度。图 2.2 给出了将再分析资料分解为 TC 场部分和背景场部分的具体流程。每个标准层分析资料均采用同样的方法处理,可以得到各时次整层 TC 分量和背景分量,Low-Nam 和 Davis(2001)对这种方法做了详尽的阐述。

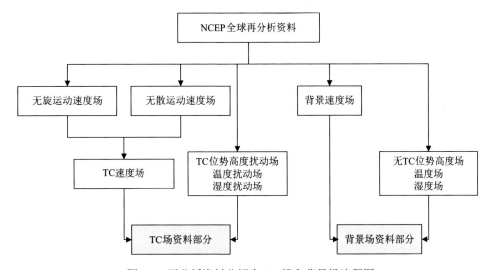

图 2.2　再分析资料分解为 TC 场和背景场流程图

Hsu 等(2008)指出,再分析资料空间分辨率较低会使分解后的 TC 风场分量对 TC 信息的代表性不足,为了一定程度上克服利用此方法容易造成得到的 TC 分量气候学特征偏弱这一问题,本章将原 bogus 方案中 300 km 分解分析资料场半径修改为 800 km,以使格点资料中更多的 TC 信息反映在 TC 扰动分量中(图 2.1)。

为了说明这种方法的有效性,图 2.3 给出了 1997 年 8 月 27 日 12 时西北太平洋区域 850hPa 风场和涡度场分解前后的结果。

从图 2.3(a)中可以看出,1997 年 8 月 27 日 12 时西北太平洋 20°N 附近纬向分布的正涡度带上同时存在三个 TC,这里也是季风槽的所在位置,季风槽是较为典型的有利于 TC 生成和发展的形势场,因此可以看到,TC 所在区域是季风槽中正涡度的极大值区域。图 2.3(b)为分离出三个 TC 的 850hPa 风场和涡度场,与图 2.3(a)的对比表明,此刻的正涡度主要是由这三个 TC 造成的。图 2.3(c)是移去 TC 涡旋后的背景场部分,可以看到,虽然季风槽中正涡度大为减弱,但季风槽的相关特征仍保留在背景资料中。

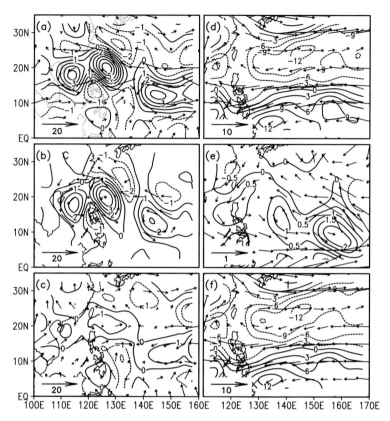

图 2.3　1997 年 8 月 27 日 12 时（左列）和 1997 年 6～10 月平均（右列）的西北太平洋 850hPa
风场和涡度场

（a）分析场，（b）TC 场，（c）背景场，等值线间隔为 $10^{-5} \cdot s^{-1}$；（d）分析场，（e）TC 场，（f）背景场，等值
线间隔为 $10^{-6} \cdot s^{-1}$；实线和虚线分别表示正涡度和负涡度

　　为了说明分解方法对东亚夏季气候特征的刻画效果，图 2.3（d）给出了 1997
年 850hPa 风场和涡度场在 TC 季节（6～10 月）平均的分布。图 2.3（e）为分离
出 TC 环流的季节平均，主要表现为西北太平洋东南区域明显的正涡度分布，此
区域夏秋季节 TC 活动最为活跃，正对应于 1997 年作为 20 世纪最强的 El Niño
年，ENSO 对西北太平洋 TC 活动起了主导性的调制作用（Wang and Chan，2002；
Camargo and Sobel，2005；Chen et al.，2006），因此准确反映出了 TC 季节活动的
气候特性。图 2.3（f）为移去 TC 场的大气背景场季节平均，与图 2.3（e）相比，
西北太平洋东南区域的风速和正涡度均有所减小，减小的是 TC 风场季节平均的
部分，而主要的大尺度环流系统依然明显。因此采用这种分解方法处理再分析资

料，达到了既能将 TC 的相关信息从分析场中分离，又有效地保留了背景场中的大尺度环流特征的目的。

本章将使用此方法定量分析 ENSO 事件期间西北太平洋 TC 动能及其经向输送特征，另外，这一方法还应用于本书第 3 章～第 5 章的相关论述中。

2.2　动能及其经向输送的统计特征

夏季西北太平洋海盆尺度 TC 年际变化的总体特征可以用 TC 动能（TE）以及动能经向输送（TET）表征，西北太平洋区域（0°～45°N、100°E～180°E）1000～100 hPa 垂直积分的 TE 和 TET 可分别表示成以下形式：

$$\text{TE} = \sum_{t=1}^{T}\sum_{n=1}^{N}\sum_{l=1}^{L}\left[\frac{1}{2}\left(u'^2 + v'^2\right)\right] \tag{2.1}$$

$$\text{TET} = \sum_{t=1}^{T}\sum_{n=1}^{N}\sum_{l=1}^{L}\left[\frac{1}{2}\left(u'^2 + v'^2\right)\cdot v'\right] \tag{2.2}$$

式中，u' 和 v' 分别为 TC 涡旋场纬向和经向风速（m·s^{-1}）；是原始风场和消去 TC 涡旋后背景风场的余差项；$t=1$ 和 T 分别表示各年 6 月的第一天和 10 月的最后一天；N 表示西北太平洋所覆盖的格点数目；$L=17$ 表示再分析资料层数。这里对涡动动能和涡动动能经向输送的定义参考 Peixoto 和 Oort（1992）的方法。

图 2.4 为 6～10 月季节平均 TE 和 TET 的年际变化序列。从图 2.4（a）可以看到，6 个 El Niño 年中，除 1982 年以外，有 5 年的 TE 在平均水平以上；而 6 个 La Niña 年中，有 5 年 TE 在平均值以下，这表明 TE 的变化和 ENSO 循环的冷暖位相存在密切的正相关。对于 TET 的变化，除 1986 年以外，所有 TET 均为正值，表明 TE 在西北太平洋的经向输送以向极输送为主 [图 2.4（b）]。6 个 El Niño 年中有 3 年 TET 在平均值以上，与之相似的是，6 个 La Niña 年中有 4 年 TET 在平均值以下，这说明 TET 与 ENSO 循环的线性关系不如 TE 明显。

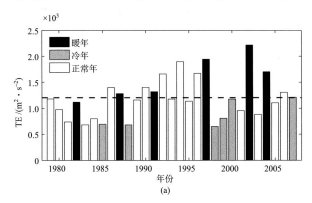

(a)

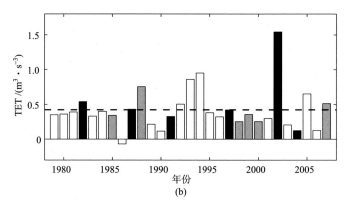

图 2.4 6～10 月平均的 TE（a）和 TET（b）的年际变化

水平虚线表示其均值

为了进一步明确 ENSO 与 TC 强度及其动能经向输送的关系，图 2.5 给出了 Niño-3.4 指数与 TE 和 TET 的散点图以及线性回归曲线。总体上看，Niño-3.4 指数与 TE 存在显著的正相关关系，相关系数为 0.67，通过显著性水平为 0.01 的统计检验[图 2.5（a）]。而 Niño-3.4 指数与 TET 的相关关系不明显，两者的相关系数仅为 0.15[图 2.5（b）]。图 2.5（a）中 TE 与 ENSO 的关系与 Camargo 和 Sobel（2005）所揭示的 ENSO 与 ACE 的关系十分接近，这表明无论是 ACE 还是 TE，都能很好地反映 ENSO 循环对西北太平洋 TC 活动强度的影响。因此，基于 TC 动能得到的 TE 能够较好衡量 ENSO 期间 TC 强度的变化。

根据 Niño-3.4 指数与 TE/TET 的相关性可以看到，ENSO 对 TE 的调制强于 TET。TET 的年际变化主要取决于 TC 强度和环境场的异常特征，一方面，ENSO 期间大气环流状况发生异常，在 ENSO 调制下，TC 的生成源地、移动路径及强度会发生异常，另一方面，经向能量输送与西北太平洋 TC 活动主要区域风场的向极分量有关，在经向气流的作用下，TC 动能会出现明显的经向输送，这种经向能量输送是全球能量输送和平衡的重要组成部分。

需要指出的是，20 世纪 70 年代之前，TE 和 TET 普遍处在较低的水平，这可能与 1970 年之前 TC 最佳路径集资料还未融合卫星观测，导致 TC 路径集资料不完整有关。Camargo 和 Sobel（2005）在研究 ACE 指数和 ENSO 关系时发现，1970 年之前 ACE 指数与 Niño-3.4 指数的相关性不明显，因此在 TC 路径集资料不完整的情况下，ACE 指数对 TC 强度和 ENSO 关系的描述存在不确定性。而本书中衡量 TC 强度及其动能经向输送的方法对大气环境场再分析资料具有很高的依存度，因而能得到更加客观和较为完整的 TC 分量。

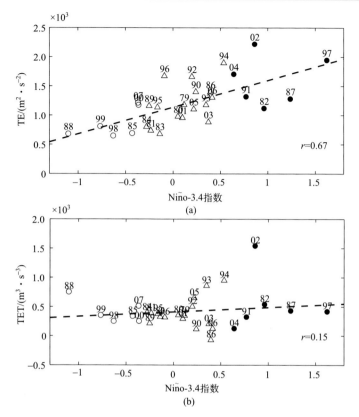

图 2.5　6～10 月平均 TE（a）和 TET（b）与 Niño-3.4 指数的散点图

数字 r 是 TE/TET 和 Niño-3.4 指数的相关系数，实心圆点表示 El Niño 年，空心圆点表示 La Niña 年，空心三角形表示正常年，虚线为线性回归后的变化趋势

　　TC 是最为重要的涡动和天气尺度扰动系统，以往很多工作都关注了西北太平洋 TC 在 ENSO 暖年活动增强，冷年强度减弱的现象（Chan，2000；Sobel and Maloney，2000；Wang and Chan，2002；Camargo and Sobel，2005；Chen et al.，2006；Zhan et al.，2011a）。然而，ENSO 对 TC 活动影响相对于其他天气尺度扰动的大小则没有定量的研究，为了明确 TE 及 TET 分别占大气涡动动能及其经向输送贡献的年际变化情况，本章还滤波出周期在 11 天以下的大气扰动变量（Lau and Lau，1992），用于计算西北太平洋区域（0°～45°N、100°E～180°E）6～10 月大气涡动动能及其经向输送，据此计算 TC 活动区域夏季天气尺度涡动动能及其输送量。

　　表 2.1 列出了 ENSO 冷暖年 TE（TET）与大气涡动动能（及其输送）的比率。对于气候平均而言，TE 和 TET 分别占大气总涡动动能及其经向输送的 15.5% 和 13.4%。ENSO 事件期间，暖年 TE 比气候平均高 3.7%，而冷年则低 3.2%，6 个

ENSO 极端事件个例年中，有 4（5）个暖（冷）年 TE 的比率高（低）于气候平均值。这个结果说明，ENSO 不仅能够强烈地调制西北太平洋 TC 的强度，还可以改变 TC 动能在大气涡动动能中的比例，造成 ENSO 冷暖位相对大气涡动动能分配变化的调制。然而对于 TET 而言，6 个 ENSO 极端事件个例年中，仅有 2（4）个暖（冷）年 TET 比率高（低）于气候平均，ENSO 期间 TET 与气候平均相比亦无显著差异，表明 ENSO 对 TC 动能经向输送的线性影响在整个西北太平洋海盆尺度上不明显，这与 TE 的情况存在明显不同。

表 2.1　6～10 月西北太平洋 TE（TET）与大气涡动动能（经向输送）的比率

El Niño 个例			La Niña 个例		
年份	TE	TET	年份	TE	TET
1982	0.136	**0.150**	1985	**0.092**	0.126
1987	0.154	0.118	1988	**0.099**	0.370
1991	**0.172**	0.086	1998	**0.100**	0.089
1997	**0.237**	0.072	1999	**0.124**	0.141
2002	**0.258**	**0.327**	2000	**0.151**	0.087
2004	**0.194**	0.025	2007	0.173	0.133
El Niño 平均	**0.192**	0.130	La Niña 平均	**0.123**	0.158
气候平均	0.155	0.134	气候平均	0.155	0.134

注：黑体表示比率在 El Niño（La Niña）事件期间高于（低于）平均水平。

　　为了进一步探讨 ENSO 对 TC 强度及其动能经向输送影响的区域特征，图 2.6 分别给出了 1979～2007 年 TE/TET 与 Niño-3.4 指数相关系数的空间分布。TE 与 Niño-3.4 指数显著的正相关分布在除中国南海和北太平洋西部边缘之外的广大海域，在 5°N～15°N、135°E～140°E 区域相关系数更是达到 0.8 以上[图 2.6（a）]。与之形成对比的是，TET 与 Niño-3.4 指数的相关性在西北太平洋出现偶极型的分布，在 5°N～20°N、110°E～120°E 区域为负相关，在 5°N～20°N、150°E～175°E 区域为正相关，相关系数都达到了显著的 0.6 以上[图 2.6（b）]。由此可见，TET 与 Niño-3.4 指数的线性关系在西北太平洋东部和西部反位相分布极大地削弱了 TET 与 ENSO 在整个西北太平洋海域的相关性，尽管海盆尺度上 TET 与 ENSO 的相关性并不明显[图 2.5（b）]，但冷暖年西北太平洋东部和西部 TET 反位相变化的事实表明了 ENSO 对 TET 的调制存在区域的差异性，具体表现为西北太平洋东部海域暖年的动能输送比率高于冷年，而靠近亚欧大陆的西部海域则是冷年高于暖年。

　　将西北太平洋 5°N～15°N、135°E～140°E，5°N～20°N、150°E～175°E 和 5°N～20°N、110°E～120°E 三个相关系数最大的区域分别定义为 ENSO 对 TE 和 TET 影响的关键区，分别记为 TEA、TETA1 和 TETA2。可以看到，尽管 TEA 和

TETA 区域的 TC 活动并不是西北太平洋最强的,TE 和 TET 的量级在西北太平洋也并非最大,但在这些区域内,ENSO 对 TC 动能及其经向输送的调制程度是最显著的。Niño-3.4 指数与该关键区 TE 与 TET 相关性达到 0.8 和 0.7,均超过了 99%的信度检验,也即 ENSO 可以分别解释关键区内 TE 和 TET 年际变化方差贡献的 60%和 50%。

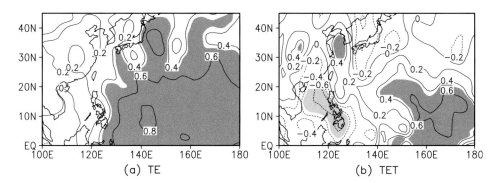

图 2.6　1979~2007 年 TE 和 TET 与 Niño-3.4 指数的空间相关分布

阴影区域表示其相关性通过置信水平为 99%的统计检验

　　综上可见,ENSO 对西北太平洋 TE 和 TET 的调制作用存在明显的区域差异性,原因在于,El Niño 事件期间,赤道中东太平洋出现暖 SSTA 激发出 Rossby 波列,西太平洋对流层低层受西风异常的控制,西北太平洋季风槽增强,正涡度异常控制的区域东伸到 TEA 和 TETA1,导致这些区域的对流活动增强,大气环境场有利于西北太平洋东部 TC 的生成和发展。与此同时,由于对流层低层西向的垂直风切变在 El Niño 事件期间叠加在气候态平均的东向切变上,使得 TETA2 垂直风切变增大,从而抑制了 150°E 以西的 TC 活动。而 La Niña 事件期间,赤道中东太平洋冷 SSTA 导致西太平洋对流层低层东风增强,西北太平洋季风槽减弱,TEA 和 TETA1 受负涡度异常控制,抑制了这些海域 TC 生成与活动。另外,La Niña 事件期间西北太平洋西部风切变减小,进而有利于 150°E 以西的 TC 活动(Du et al.,2011)。由此可见,大尺度环流和环境场变量在不同 ENSO 位相上的巨大差异,导致了 ENSO 与 TE 和 TET 的关系在西北太平洋局部海域最为显著。因此,ENSO 不仅能够调制西北太平洋 TC 生成源地和频数变化,还可以显著地影响 TE 和 TET 的年际变率与空间分布。

　　综上所述,TE 的年际变化与 Niño-3.4 指数表现出显著的正相关性,表明 ENSO 事件对西太平洋 TC 动能变化具有明显的调制作用。El Niño 事件期间,西太平洋 TE 处在较高水平,1970 年之后 TE 的变化与 ACE 指数相关性极高,表明通过量化 TC 动能而得到的 TE 指数能够较为准确地反映 ENSO 期间 TC 强度变化。另外,

ENSO 不仅可以调制西北太平洋 TC 强度的年际变化，同时能够增加 El Niño 事件期间 TC 动能在全部大气总涡动动能中的比例。与之相反，La Niña 事件期间，TE 处在较低水平，同时 TC 动能占大气总涡动动能中的比例明显减少。除此之外，ENSO 对 TE 和 TET 的影响存在区域性选择的差异，表现在 TE 与 Niño-3.4 指数的相关性在除中国南海和北太平洋西北边缘之外海域为显著正相关；TET 与 Niño-3.4 指数的相关性呈现出偶极型的分布，在西北太平洋东部为显著正相关，而在西北太平洋西部和中国南海为负相关。

2.3　动能及其经向输送的时空分布

目前的研究工作较多地关注 ENSO 对西北太平洋 TC 生成频数的影响，Wang 和 Chan（2002）指出，虽然 ENSO 不同位相上西北太平洋 TC 生成总数在夏秋季节变化不大，但暖位相年东南象限（0°～17°N、140°E～180°E）TC 生成频数增加，西北象限（17°N～30°N、120°E～140°E）减少，而冷位相年反之。Zhan 等（2011a）通过进一步分析，将两象限的东西分界线进一步确定为 145°E。研究 TC 强度及其动能经向输送不仅需要考虑 TC 活动水平，还应考虑 TC 活动范围内的大气环流状况等诸多因素。

图 2.7（a）和图 2.7（e）分别为合成的暖年和冷年 6～10 月平均的 TE 分布。从位置上看，合成暖年的极大值中心位于 24°N、136°E，而冷年的极值中心位于 24°N、127°E，位置比暖年偏西。通过对比，可以发现暖年 TC 的强度更大、生命史更长，因此动能集中的区域偏东，这种冷暖年 TC 强度的东-西分布形态与 TC 生成频数西北-东南分布存在明显差别。从强度上看，暖年比冷年的量值大近一倍，这表明尽管 TC 生成总数变化不大，但 El Niño 事件对西北太平洋 TC 强度的影响更为明显，导致暖年期间 TC 强度也更大。产生这种现象的一个重要原因是，El Niño 事件夏秋季西北太平洋东南区域有更多的 TC 生成，TC 在向西向北移动过程中不断发展加强，因此会有更多 TC 增强至台风或强台风的等级，结果综合地表现为 20°N～30°N、135°E～140°E 区域 TC 强度出现极大值中心。La Niña 事件夏秋季 TC 多生成于西北太平洋的西北区域，相对于 El Niño 事件，这一时期 TC 活动的海域范围变小，发展到台风或强台风等级的可能性也减小，因此气旋强度的极大值位置偏西，量值小于 El Niño 事件。图 2.7（c）和图 2.7（g）分别为冷暖年 TE 的异常分布。暖位相和冷位相与气候平均态差异最大的区域均位于 23°N、139°E 附近，正异常的绝对值比负异常的稍大，表明 TC 强度在 El Niño 事件夏秋季的变化幅度更大。

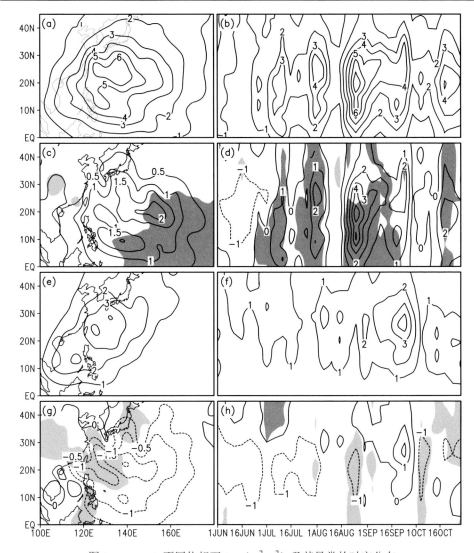

图 2.7　ENSO 不同位相下 TE（$m^2 \cdot s^{-2}$）及其异常的时空分布

（a）暖位相年的空间分布；（b）暖位相年海盆纬向平均的时间演变；（c）暖位相年异常的空间分布；（d）暖位相年异常的时间演变；（e）冷位相年的空间分布；（f）冷位相年的时间演变；（g）冷位相年异常的空间分布；（h）冷位相年异常的时间演变；深（浅）色阴影区域表示正（负）异常通过置信水平为95%的 t 检验

　　图 2.7（b）和图 2.7（f）分别为暖年和冷年海盆纬向平均 TE 的经向-时间演变图，从时间演变和经向分布上看，暖年从 6 月开始，TC 最大平均强度中心随时间向高纬移动，8 月中旬达到最强，23°N 附近强度达到最大，在此之后强度中心随时间向低纬移动并明显减弱。冷年的 TC 最大平均强度中心在 7 月中旬出现，9 月达到最强，强度中心位于 29°N 附近，随后强度中心向低纬移动，11 月在 10°N

附近减弱消失。暖年 TC 最大强度低纬-中纬-低纬的时间演变与冷年中纬-低纬的时间演变是 ENSO 期间 TC 活动时间演变的主要特征，Wang 和 Chan（2002）对 ENSO 不同位相 TC 生成频数的经向演变特征也得到了类似的结论。值得注意的是，暖年 TC 的活动时间从 6 月中旬持续到 12 月，而冷年则是从 7 月中旬持续到 11 月中旬，比暖年短 1 个月以上，并且冷年的强度和影响范围均明显小于暖年。图 2.7（d）和图 2.7（h）为纬向平均 TE 时间演变的异常分布。暖年正异常集中在 7～8 月 20°N 以南的海域，而冷年负异常出现在 8 月中旬到 9 月初，分布范围较广。

图2.8的左列是合成的暖年和冷年6～10月平均TET经向输送及其异常分布。暖年 TET 呈现出偶极型分布，向极输送所在的区域从日本以南到西北太平洋东部，呈现出西北-东南的走向，向赤道输送所在的区域包括中国南海和西北太平洋的西部[图 2.8（a）]。西北太平洋东（西）部暖年 TET 为正（负）异常，这与 TET 本身的分布十分类似[图 2.8（c）]。冷年的向极输送主要分布在 10°N～45°N、125°E～150°E，而向赤道输送则在 125°E 以西的海域[图 2.8（e）]。总体上看，冷年 TET 弱于暖年，并且位置偏西，这导致冷年 TET 异常出现了与暖年相反的东负西正的格局[图 2.8（g）]。以上结果清晰表明，El Niño 事件期间，西北太平洋东部的向极输送和西部的向赤道输送强度均有所增加，并且位置偏东，而 La Niña 事件期间，TC 动能经向输送强度减弱，位置西移。

图 2.8 右列是 TET 及其异常的时空演变特征。暖年 TET 向极输送出现在 6 月下旬到 10 月下旬 15°N～35°N 之间区域，极大值出现在 7 月下旬和 9 月，同时在 15°N 以南为较弱的向赤道输送[图 2.8（b）]。暖年 TET 异常的演变与 TET 近似，显著异常出现在 7 月下旬和 9 月[图 2.8（d）]。冷年 TET 向极输送较弱，并集中在 9 月下旬的 30°N 附近[图 2.8（f）]。总体上看，暖年 TET 及其异常的向极（向赤道）输送集中在 15°N 以北（南），而冷年这种经向输送的异常特征不明显[图 2.8（h）]。

总体上看，暖年和冷年最大 TE 中心分别位于 24°N、136°E 和 24°N、127°E，呈现出东-西分布格局。TE 在暖年的正异常绝对值比冷年负异常绝对值大一倍，表明 El Niño 事件对 TE 影响更明显。暖年 TET 表现为偶极型分布，日本以南到西北太平洋东部为向极输送，西北太平洋西部为向赤道输送；其异常也表现出类似的形态，东部为正，西部为负。冷年 TET 强度较弱，输送整体偏西，暖（冷）年西北太平洋东部的向极输送和西部的向赤道输送均增强（减弱）。

图 2.8　ENSO 不同位相下 TET（m³·s⁻³）及其异常的时空分布

（a）暖位相年的空间分布；（b）暖位相年海盆纬向平均的时间演变；（c）暖位相年异常的空间分布；（d）暖
位相年异常的时间演变；（e）冷位相年的空间分布；（f）冷位相年的时间演变；（g）冷位相年异常的空间分布；
（h）冷位相年异常的时间演变；深（浅）色阴影区域表示正（负）异常通过置信水平为95%的 t 检验

2.4　热带气旋对东亚大气环流的潜在影响

ENSO 对 TC 生成、强度和生命史具有重要的调制作用，同时，TC 将巨大的
能量和充沛的水汽从低纬向高纬区域输送，通过大气不同尺度系统的相互作用过

程，调节大气内部物质和能量的交换，进而对全球能量输送和平衡发挥重要影响，并能够在一定程度上改变区域和全球气候格局。

TC 通过海洋混合使大气环流产生异常响应一般为天气过程时间尺度，而 TC 活动直接对气候变化产生反馈的时间尺度一般为年际和年代际尺度。首次提出 TC 活动会对其周围环境场造成直接影响并对大气环流有反馈作用的是 Sobel 和 Camargo（2005）。他们用 ACE 指数代表 TC 活动水平，将其回归影响 TC 的各个环境场变量。结果表明，TC 的季节变化和 ENSO 信号表现出清晰的对应关系，与 TC 活动密切相关的环境场变量瞬变扰动表现出 ENSO 循环季节演变特征。根据 ACE 和 ENSO 指数在季节尺度上的强相关性，他们猜测 TC 活动可能会在 ENSO 循环的动力过程中起到积极的作用。

天气尺度的 TC 活动和大尺度低频系统存在着密切的联系，并且这种多尺度系统间的相互作用很可能成为影响气候变率的关键因素。TC 在热带海域生成后，自身的动力机制与周围环境场条件共同决定了其强度的变化，同时大尺度环流对其移动起到引导作用。TC 通过与周围环境场的相互作用，将自身能量向外频散；另外，TC 本身裹挟着巨量的能量和水汽，在移动过程中将动量向极输送。这些反馈机制很可能会影响到副热带高压或季风槽等大尺度系统，而在热带区域留下气候变率的 TC 活动"尾迹"。因此，TC 与大尺度系统的相互作用，特别是 TC 影响并反馈大尺度系统的天气过程和作用机理是研究 TC 气候效应的核心问题。

以往的工作使用了类似本章的方法研究 TC 的气候学效应问题。例如，Hsu 等（2008）通过分离 TC 涡旋的方法，发现西北太平洋 TC 活动对东亚夏季气候及其降水的季节内变率、季节平均和年际变化均具有重要贡献，某些海域的贡献率甚至超过 50%，他们据此推断，长时间尺度气候变率不完全由低频扰动所决定，大量 TC 活动也可能对低频气候背景场产生显著贡献；Zhong 和 Hu（2007）将这一方法运用到区域气候模拟中，发现 TC 活动可以通过减弱 WPSH 或中断西北太平洋季风槽，对东亚夏季气候造成影响。需要指出的是，由于分辨率高的再分析资料中 TC 风场强度更大，因而高精度空间分辨率的再分析资料能够更为精确地估算出 TE 和 TET。虽然 TC 涡旋分量不可能完全从再分析中分离并提取，但对于研究 TC 年际和年代际变化等气候学特征而言，这种分离 TC 风场和环境场变量的方法能够有效获取 TC 的长时间尺度变化趋势，同时，TE 和 TET 作为基于 TC 风场的连续变量，对 TC 活动年际和年代际变化特征具备充分的代表性。

本章利用 TC 涡旋消除技术，对 TC 活动影响东亚大气环流这一问题进行了探索性思考，主要考察了 ENSO 背景下 TE 和 TET 的统计特征和时空分布，给出了 ENSO 对西北太平洋 TC 强度和能量输送影响的定量评估。ENSO 的影响下西北太平洋 TC 活动在东亚大气能量输送和平衡的作用，以及其对东亚气候的反馈效应都是具有重要意义的课题，需要进一步深入研究。

第 3 章　ENSO 事件期间热带气旋正压能量转化特征

　　ENSO 事件期间，西北太平洋季风槽显著的年际变率对 TC 生成和发展存在重要作用（Ha et al.，2013c），以往研究季风槽对 TC 生成的影响时，通常利用线性化涡动动能倾向方程，诊断分析季风槽内纬向风辐合与切变对 TC 扰动发展正压能量来源的贡献，定量解释 ENSO 冷暖位相期间 TC 生成异常的原因。需要注意的是，直接将再分析资料进行天气尺度带通滤波计算得到的是包括 TC 在内的所有天气尺度系统的涡动动能及其正压能量转化，然而并非所有的天气尺度扰动都能发展成 TC，那么如果能将 TC 动能（EKE_{TC}）及其来自正压能量的部分分离出来，TC 活动的年际变化规律将能够被更为精确地描述；相比于 KmKe，正压能量向 TC 扰动转化（$KmKe_{TC}$）对 TC 生成频数和源地分布将具备更强的指示意义；另外，正压转化向 TC 扰动转化的四项动力过程也将表现出更为细致的特征及差异性。为此，本章仍采用第 2 章从再分析资料中分离 TC 涡旋的方法，精准定位 TC 涡动动能的正压能量来源这一研究对象，利用线性化涡动动能倾向方程诊断 TC 涡旋扰动变化，分析 ENSO 不同位相上西北太平洋 TC 生成的能量转化特征。

3.1　正压能量转化诊断方法

　　由于热带地区气温的南北向梯度很小，因此有别于中高纬度区域，有效位能不大可能成为热带扰动发展最主要的能量来源，即斜压不稳定不是热带扰动发生的主要机制。一般来说，热带扰动发生发展有两种基本物理机制，一种是正压不稳定机制，另一种是与行星边界层中水气辐合有关，由有组织对流诱发所导致的第二类条件不稳定（CISK）机制。

　　在对流层低层的季风槽或对流层中高层热带辐合带（ITCZ）中，平均纬向气流存在明显的经向切变，这种纬向气流的侧向切变所导致的正压不稳定很可能成为热带扰动发生发展的机制之一。另外，只有在气流切变或辐合可以长时间维持的条件下，正压不稳定扰动才能从平均气流中源源不断汲取能量，扰动才能发展维持。西北太平洋季风槽切变线中，每年有 70%以上的 TC 在这里生成，因而这一区域成为包括 TC 在内的天气尺度系统生成的有利环境场，也是正压不稳定扰动发展的密集区。

　　由此可见，TC 作为重要的热带天气尺度系统，正压能量是其生成和发展的主要能量来源之一（Shapiro，1978；Maloney and Hartmann，2001）。ENSO 导致的赤道太平洋冬西风异常往往会引起季风槽等背景场的变化，环流背景的改变能够直接影响这一区域正压能量向天气尺度扰动系统的转化，进而影响 TC 活动水平；另外，与 ENSO 循环相联系的西北太平洋夏季遥相关波列的活动也会影响 TC 正压能量的转化，进一步导致冷暖事件期间 TC 生成频数的差异。

从正压涡动和基本气流相互作用的理论出发，通过线性化涡动动能倾向方程研究冷暖年西北太平洋 850 hPa 正压能量向天气尺度扰动转化特征。基本方法是将环境变量分解为基本态（用"-"表示）和涡动分量（用"'"表示），基本态取变量的 11 天滑动平均结果，涡动分量为原变量和基本态的余差项，线性化的涡动动能倾向方程可以表示成以下的形式（Lau and Lau，1992；Seiki and Takayabu，2007；Zhan et al.，2011a）：

$$\frac{\partial K'}{\partial t} = \overline{-V_h' \cdot (V' \cdot \nabla)\overline{V_h}} - \overline{V} \cdot \nabla K' - \overline{V' \cdot \nabla K'} - \frac{R}{p}\overline{\omega' T'} - \nabla \cdot \overline{(V' \Phi')} + D \tag{3.1}$$
$$\qquad\quad \text{KmKe}$$

其中，

$$K' = \frac{1}{2}(\overline{u'^2} + \overline{v'^2}) \tag{3.2}$$

更进一步，式（3.1）中右端第一项在笛卡儿坐标系下可以表示为

$$[-\overline{V_h' \cdot (V' \cdot \nabla)\overline{V_h}}]_{\text{baro}} = -\overline{u'^2}\frac{\partial \overline{u}}{\partial x} - \overline{u'v'}\frac{\partial \overline{u}}{\partial y} - \overline{u'v'}\frac{\partial \overline{v}}{\partial x} - \overline{v'^2}\frac{\partial \overline{v}}{\partial y} \tag{3.3}$$
$$\qquad\quad \text{KmKe} \qquad\qquad \overline{u}_x \qquad\quad \overline{u}_y \qquad\quad \overline{v}_x \qquad\quad \overline{v}_y$$

式中，K' 是天气尺度涡动动能（EKE），其表达形式如式（3.2）所示，其中 u、v 分别是纬向风和经向风；V 是三维风矢量；V_h 是水平风矢量；R 是干空气气体常数；p 是气压；ω 是垂直速度；T 是气温；Φ 是位势。式（3.1）左端表示天气尺度涡动动能的变化率，右端第一项表示正压能量向 EKE 的转化（KmKe），第二项和第三项分别表示环境场和涡动对 EKE 的平流贡献，第四项表示涡动有效势能向 EKE 的转化，第五项表示涡动位势通量向 EKE 的辐合，最后一项是残差项。另外，KmKe 项主要包含了大尺度流场和扰动场相互作用的 4 个动力过程，分别是式（3.3）右端的平均纬向气流纬向辐合（$\overline{u}_x$）和经向切变（$\overline{u}_y$），平均经向气流的纬向切变（$\overline{v}_x$）和经向辐合（$\overline{v}_y$）。

本章将从正压能量向包括 TC 在内的天气尺度扰动转化的观点，讨论西北太平洋 TC 生成和发展的正压能量来源，以及 ENSO 期间正压能量转化对 TC 生成的贡献。这一方法还运用到本书第 4～5 章对 TC 发展能量来源的讨论中。

3.2 涡动动能特征

TC 是重要的热带天气尺度系统,其主要能量来源是大尺度流场的正压能量转化(Shapiro,1978;Maloney and Hartmann,2001;哈瑶和钟中,2012)。ENSO 导致的赤道太平洋东西风异常引起季风槽变化和西北太平洋夏季遥相关波列活动异常,会影响正压能量向 TC 等天气尺度扰动的转化,进一步导致 ENSO 冷暖年 TC 生成频数的多寡。

图 3.1 是西北太平洋区域夏季多年平均、El Niño 事件和 La Niña 事件期间 EKE 和 EKE_{TC} 异常的分布。夏季平均的 EKE 最大值分布在 25°N、130°E 和 35°N 以北[图 3.1(a)]。El Niño 事件期间正 EKE 异常分布在 0°~30°N、120°E~170°E 的西北-东南向带状区域内,异常中心位于 10°N、153°E 附近,中国南海北部有较弱的负异常分布[图 3.1(b)]。图 3.1(c)是 La Niña 事件期间 EKE 异常分布,显著异常的区域与 El Niño 事件基本相同,但负异常绝对值小于 El Niño 事件,异常中心位于西北太平洋西北部 21°N、136°E 附近。

夏季平均 EKE_{TC} 的最大值位于 23°N、130°E 附近[图 3.1(d)],其分布与 TC 路径频数十分接近,表明 EKE_{TC} 能够更加客观地表示 TC 活动频数和强度的变化情况。图 3.1(e)是 El Niño 事件期间 EKE_{TC} 的异常分布,其正异常位于西北太平洋西北部,量值比 EKE 稍大,La Niña 事件期间 EKE_{TC} 异常分布的区域与 El Niño 事件期间十分相似[图 3.1(f)],显著负异常位于西北太平洋西北部,同时可以看到,ENSO 冷暖年 EKE_{TC} 异常特征与 TC 路径频数异常也十分近似[图 3.1(e)和图 3.1(f)]。这种一致性表明,ENSO 事件对西北太平洋 TC 年际变化活动具有显著影响。

图 3.1 左列所示的 EKE 异常特征与 Zhan 等(2011a)的结果基本一致,而右列所示的 EKE_{TC} 的异常特征表明,无论 El Niño 事件还是 La Niña 事件,EKE_{TC} 异常分布形态都明显区别于 EKE。这说明虽然 EKE_{TC} 是 EKE 的重要组成部分,但使用 EKE 代替表示 EKE_{TC} 是不够准确的,主要体现在 EKE_{TC} 显著区域集中在西北太平洋的南部,这对应于极端 ENSO 事件期间 TC 活动的强度在西太平洋南部海域显著的年际变化(Chia and Ropelewski,2002;Wang and Chan,2002;Camargo and Sobel,2005;Chen et al.,2006)。同时,EKE_{TC} 异常最大的区域位于西北太平洋的中西部,这是因为大多数 TC 在西北太平洋东南部生成向西北移动过程中会不断加强,由于 El Niño 事件期间在这一区域生成的 TC 较多,而 La Niña 事件期间则较少,因此造成 EKE_{TC} 异常最大的区域位于偏西的海域。另外,El Niño 事件期间正 EKE_{TC} 异常稍大于 La Niña 事件负 EKE_{TC} 异常的绝对值,表明 El Niño 事件对 TC 活动的调制作用更强。通过对比可见,EKE 对 TC 活动特征

的刻画能力明显小于 EKE_{TC}，因此 EKE_{TC} 能够更好地反映出西北太平洋 TC 活动强度年际变化特征。

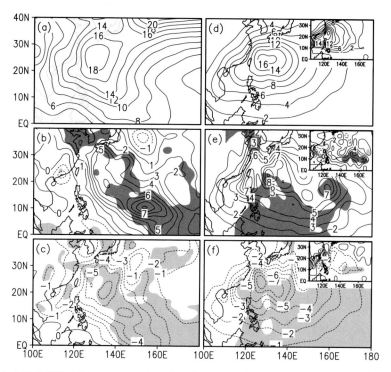

图 3.1 合成夏季平均（上）、El Niño 年（中）和 La Niña 年（下）850 hPa EKE（$m^2 \cdot s^{-2}$）（a）、EKE 异常（$m^2 \cdot s^{-2}$）[（b）、（c）]、EKE_{TC}（$m^2 \cdot s^{-2}$）（d）、EKE_{TC} 异常（$m^2 \cdot s^{-2}$）[（e）、（f）]
右列插图从上到下依次为合成的夏季平均、El Niño 年和 La Niña 年 TC 出现频数（或异常），深（浅）色阴影区域表示正（负）异常通过置信水平为 95% 的 t 检验

3.3 正压能量转化特征

图 3.2 是西北太平洋夏季多年平均、El Niño 事件和 La Niña 事件期间 KmKe 和 $KmKe_{TC}$ 异常的分布。

如图 3.2（b）所示，El Niño 事件期间正 KmKe 异常位于 $10°N \sim 20°N$、$130°E \sim 165°E$ 区域，东西两个正异常中心分别位于 $15°N$、$140°E$ 和 $12°N$、$155°E$，东部的异常更强，与之形成对比，La Niña 事件期间负 KmKe 异常集中在 $10°N \sim 20°N$、$105°E \sim 160°E$，异常量值明显小于 El Niño 事件[图 3.2（c）]。值得注意的是，无论是暖年还是冷年，KmKe 异常的分布与 TC 生成频数异常存在明显差别[图 3.2（e）和图 3.2（f）]，这说明 KmKe 不能客观反映 TC 生成能量来源的分布情况，因而与 TC 生成频数差异较大。

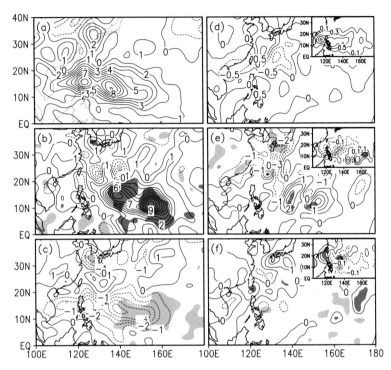

图 3.2　合成夏季平均（上）、El Niño 年（中）和 La Niña 年（下）850 hPa KmKe（$10^{-5}\ m^2 \cdot s^{-3}$）（a）、KmKe 异常（$10^{-5}\ m^2 \cdot s^{-3}$）[（b）、（c）]、KmKe$_{TC}$（$10^{-5}\ m^2 \cdot s^{-3}$）（d）、KmKe$_{TC}$ 异常（$10^{-5}\ m^2 \cdot s^{-3}$）[（e）、（f）]

右列插图从上到下依次为合成的夏季平均、El Niño 年和 La Niña 年 TC 生成频数（或异常），深（浅）色阴影区域表示正（负）异常通过置信水平为 95% 的 t 检验

与 KmKe 的气候态分布不同，夏季多年平均的 KmKe$_{TC}$ 并未呈现出特定形态，其振幅也远小于 KmKe 的异常 [图 3.2（a）和图 3.2（d）]。造成这个现象的可能原因是，季节平均的 KmKe$_{TC}$ 是由季风槽区域大尺度流场的辐合和切变构成的，由于受到 ENSO 影响的季风槽活动存在巨大的年际变率，多年平均的结果在年际变化合成中存在相互抵消的影响。另外，EKE$_{TC}$ 异常中心位于西北太平洋西部 25°N 附近 [图 3.1（d）]，与 KmKe$_{TC}$ 异常的位置不相匹配，这暗示了 KmKe$_{TC}$ 可能不是 EKE$_{TC}$ 季节平均中最主要的贡献项，而涡动动能最主要的来源则需要进一步研究明确。

尽管如此，在极端的 ENSO 位相上，KmKe$_{TC}$ 异常表现出明显的区域差异特征，在 El Niño 年，显著的正（负）KmKe$_{TC}$ 异常分布在西北太平洋东南（西北）象限 [图 3.2（e）]，这与图 3.2（e）插图中 El Niño 年 TC 生成频数异常的分布极为相似。在 La Niña 年，KmKe$_{TC}$ 异常的分布除位相与 El Niño 年相反外，其他特征都较为相似[图 3.2（f）]。KmKe$_{TC}$ 异常在 ENSO 冷暖年的偶极型与 TC 生成源地的偶极型分布是十分近似的，这种形态上相似性暗示了 ENSO 背景下正压能量转化在西北太平洋 TC 生成过程中扮演着十分重要的角色。

我们将 TC 生成频数、KmKe 和 KmKe$_{TC}$ 异常标准化后，计算 5°N～40°N、100°E～180°区域内 KmKe/KmKe$_{TC}$ 分别和 TC 生成频数的均方根误差（RMSE），据此来定量对比 KmKe$_{TC}$ 和 KmKe 相对于 TC 生成频数的指示意义。结果如表 3.1所示，合成 El Niño 年平均的 KmKe$_{TC}$ 异常和 TC 生成频数异常的 RMSE 为 125.2，仅有 KmKe 异常和 TC 生成频数异常 RMSE 的 45.3%，而合成 La Niña 年平均的KmKe$_{TC}$ 异常和 TC 生成频数异常的 RMSE 为 105.0，仅有 KmKe 异常和 TC 生成频数异常 RMSE 的 55.9%，并且每个冷暖年个例都有类似的特征。总体上看，KmKe$_{TC}$的 RMSE 均大致为 KmKe 的一半。因此，KmKe$_{TC}$ 可以从 TC 生成正压能量转化的角度更准确地刻画 TC 生成频数的年际变化特征。

表 3.1　El Niño 年和 La Niña 年标准化的 KmKe/KmKe$_{TC}$ 异常分别和 TC 生成频数异常的均方根误差

El Niño 事件				La Niña 事件			
年份	RMSE			年份	RMSE		
	KmKe	KmKe$_{TC}$	比率/%		KmKe	KmKe$_{TC}$	比率/%
1972	478.6	255.5	53.4	1973	338.3	195.5	57.8
1982	531.2	183.3	34.5	1975	357.6	167.7	46.9
1987	469.1	201.7	43.0	1988	362.7	207.0	57.1
1997	515.6	230.3	44.7	1999	348.0	195.2	56.1
2002	566.8	235.0	41.5	2010	325.3	179.4	55.1
合成	276.2	125.2	45.3	合成	187.9	105.0	55.9

季风槽区域正压能量转化在 TC 形成和发展过程中扮演着重要的作用，是 TC扰动发展最主要的能量来源之一，其能够通过对流层低层风场的辐合与切变等动力过程，显著影响 TC 的形成，上述 KmKe$_{TC}$ 与 TC 生成位置匹配误差的计算结果清晰地反映出 KmKe$_{TC}$ 能够从正压转化角度解释 TC 生成能量的来源。为了进一步证明正压能量转化的重要作用，此处计算了式（3.1）左端 EKE$_{TC}$ 倾向项[图 3.3（a）和图 3.3（b）]，结果表明，在 ENSO 冷暖年夏季，KmKe$_{TC}$ 比 EKE$_{TC}$ 倾向项大 1 到 2 个量级。计算包括 TC 在内的所有天气尺度扰动也得到了与 TC 扰动类似的结果（图 3.4），即 KmKe 的量值远大于 EKE。如此悬殊的量值差异说明，KmKe$_{TC}$ 在 EKE$_{TC}$ 的变化过程中发挥了巨大的作用，进而证明了 KmKe$_{TC}$ 对 TC生成具有重大意义的结论。

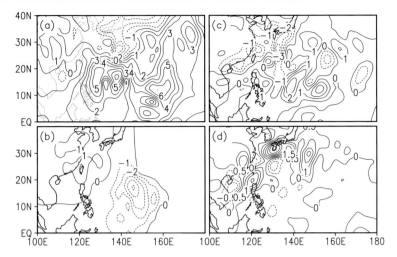

图 3.3　合成夏季 El Niño 年（上）和 La Niña 年（下）850hPa EKE_{TC} 倾向（10^{-7} m^2·s^{-3}）[（a）、（b）]和 $KmKe_{TC}$（10^{-5} m^2·s^{-3}）[（c）、（d）]

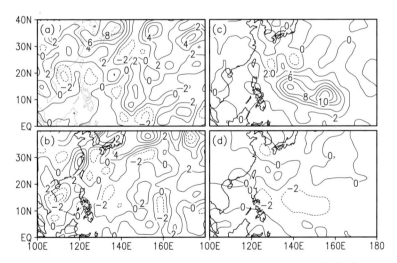

图 3.4　合成夏季 El Niño 年（上）和 La Niña 年（下）850hPa EKE（10^{-7} m^2·s^{-3}）[（a）、（b）]和 KmKe（10^{-5} m^2·s^{-3}）[（c）、（d）]

　　ENSO 事件期间，EKE_{TC} 的分布与 TC 路径频数十分接近，表明 EKE_{TC} 对 TC 活动具有很强的代表性。El Niño 和 La Niña 事件对西北太平洋 TC 的调制和影响程度大于其他天气度扰动系统。El Niño 事件期间，TC 活动异常幅度大于同等强度的 La Niña 事件。EKE_{TC} 相比于 EKE 能够更加客观描述 TC 活动状况，$KmKe_{TC}$ 通过直接定量化与 TC 扰动活动密切相关的大尺度环流场辐合和切变作用，更加准确地反映正压能量转化对 TC 生成的贡献。

3.4　正压能量转化过程

　　图 3.5 是式(3.3)右端正压能量转化四个动力过程项在 El Niño 事件与 La Niña 事件的差值分布。显著的 $\bar{u}_x$ 正异常分布在 12°N、160°E 附近[图 3.5（a）]，但大尺度纬向风辐合导致的正压能量向 TC 扰动转化（$\bar{u}_{xTC}$）异常在整个西北太平洋分布不明显[图 3.5（b）]，表明 $\bar{u}_{xTC}$ 项对极端 ENSO 事件期间 TC 生成的直接贡献较小。显著的正和负 $\bar{u}_y$ 异常分别分布在 10°N～20°N、125°E～160°E 和 15°N～25°N、120°E～125°E 区域[图 3.5（c）]，而大尺度纬向风切变导致的正压能量向 TC 扰动转化（$\bar{u}_{yTC}$）的正负异常分别位于 12°N、155°E 和 12°N 以北的海域 [图 3.5（d）]。尽管显著的负 $\bar{v}_x$ 异常位于 20°N、130°E 附近[图 3.5（e）]，但大尺度经向风切变导致的正压能量向 TC 扰动转化（$\bar{v}_{xTC}$）在整个西北太平洋未出现明显异常[图 3.5（f）]。图 3.5（g）中 $\bar{v}_y$ 的异常也呈现出西北负-东南正的偶极型分布，大尺度经向风辐合导致的正压能量向 TC 扰动转化（$\bar{v}_{yTC}$）异常与 $\bar{v}_y$ 十分类似，但量值稍小[图 3.5（h）]，负异常分布在西北太平洋西北部，而正异常中心位于 12°N、140°E 附近。

　　Wang 和 Chan（2002）指出，大尺度纬向气流的经向切变增加了西北太平洋东南部的低层涡度，导致水汽辐合和 TC 内部位势涡度增加，本书的研究从正压能量转化和季风槽动力学的角度支持了他们的观点，并进一步补充证明，尽管环境场气流的切变和辐合作用为 TC 生成和发展提供了有利环境，但其动力过程具有不同的作用和效果。

　　值得注意的是，KmKe$_{TC}$ 的异常分布与 $\bar{u}_{yTC}$ 和 $\bar{v}_{yTC}$ 的相似度很大，表明各项动力过程中纬向风切变和经向风辐合是 ENSO 事件期间 KmKe$_{TC}$ 年际变率的主要贡献项。另外，纬向风切变项 $\bar{u}_{yTC}$ 的显著异常主要位于 150°E 以东，而经向风辐合项 $\bar{v}_{yTC}$ 的显著异常则位于 150°E 以西，这说明在西北太平洋不同海域，正压能量转化的动力过程存在差异性，而其联合的效应共同导致了 El Niño 事件期间 TC 生成东南（西北）偏多（偏少），而 La Niña 事件期间相反的现象。可见，ENSO 期间季风槽活动显著的年际变率很大程度上影响了 $\bar{u}_{yTC}$ 和 $\bar{v}_{yTC}$ 的异常变化，并最终调制了 TC 的生成源地和强度发展。

　　以前学者通过研究正压能量向天气尺度扰动转化的四个动力过程，认为大尺度纬向风的纬向辐合和经向切变过程均对 TC 生成源地西北-东南分布有重要贡献（Zhan et al.，2011a）。本章研究进一步表明，大尺度纬向气流的切变（$\bar{u}_{yTC}$）和经向气流的辐合（$\bar{v}_{yTC}$）作用对 TC 生成影响最显著，这两个过程直接为 TC

扰动提供正压能量来源，而相对于的 $\bar{u}_{y\mathrm{TC}}$ 和 $\bar{v}_{y\mathrm{TC}}$，大尺度纬向气流的辐合（$\bar{u}_{x\mathrm{TC}}$）和经向气流的切变（$\bar{v}_{x\mathrm{TC}}$）的贡献似乎并不明显。

图 3.5　El Niño 年和 La Niña 年 850 hPa 差值的合成

（a）$\bar{u}_x$、（b）$\bar{u}_{x\mathrm{TC}}$、（c）$\bar{u}_y$、（d）$\bar{u}_{y\mathrm{TC}}$、（e）$\bar{v}_x$、（f）$\bar{v}_{x\mathrm{TC}}$、（g）$\bar{v}_y$ 和（h）$\bar{v}_{y\mathrm{TC}}$（$10^{-5}\,\mathrm{m^2 \cdot s^{-3}}$），深（浅）色阴影区域表示正（负）异常通过置信水平为 95% 的 t 检验

图 3.6 是合成的 El Niño 和 La Niña 年 850hPa 风场、相对涡度及 TC 生成频数异常，TC 生成频数高的位置大多位于 $\bar{u}_{y\mathrm{TC}}$ 和 $\bar{v}_{y\mathrm{TC}}$ 正异常所在区域，El Niño（La Niña）事件期间，赤道区域西风（东风）异常增强，导致大尺度纬向风在西北太平洋东南象限表现出显著的年际变化，这是纬向气流切变项 $\bar{u}_{y\mathrm{TC}}$ 作用的具体表现，也是西北太平洋东南部 TC 生成异常的重要原因。另一方面，大尺度经向风

在 WPSH 西侧的辐合是经向气流的辐合项 $\bar{v}_{yTC}$ 作用的体现，以上两项过程都与 ENSO 循环存在密切的联系，共同造成了西北太平洋西北-东南象限 TC 活动年际变化的显著差异。综上可见，不同的正压能量转化动力过程对 TC 生成的贡献存在差异。大尺度纬向风的切变和经向风的辐合是 TC 生成直接的正压能量来源，但它们作用的区域有所差异。前者主要分布在 150°E 以东，与赤道中东太平洋增暖所造成的纬向风异常密切相关；而后者在 150°E 以西，与副热带高压的纬向变化有关。两者的联合效应使得 El Niño 事件期间西北太平洋东南部 TC 活动活跃，而西北部受到抑制，La Niña 事件期间 TC 活动呈现出相反的特征，即西北太平洋西北部 TC 活动活跃，东南部则受到抑制。

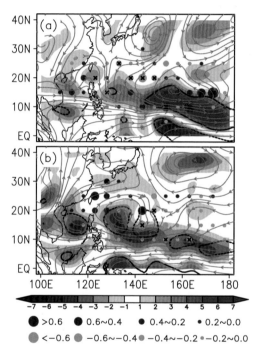

图 3.6　合成的 El Niño 年（a）和 La Niña 年（b）850hPa 风场异常（流线）、相对涡度异常（阴影；$10^{-6}\ \mathrm{s}^{-1}$）

深（浅）色圆点表示 5°×5° 网格内 TC 生成频数正（负）异常；深（浅）色连线圈住的区域以及星号标注的格点表示正（负）异常通过置信水平为 95% 的 t 检验

第4章 太平洋增暖衰亡事件与热带气旋

东亚夏季风因其多变的时间尺度和复杂的空间结构，显著地影响了西北太平洋的 TC 活动（Lander，1990；Chen et al.，2006）。Wu 等（2009）通过季节演变经验正交函数（SEOF）方法，发现东亚夏季风年际变率存在两个主要模态，按方差贡献大小分别是 El Niño 衰亡模态（EDC）和 El Niño 发展模态（EDV），它们分别对应于 El Niño 事件衰亡年以及 El Niño 事件发生当年的东亚夏季风降水特征。东亚大气环流和环境场在这两个模态演变期间表现出巨大的年际变化特征，环流异常进而对西北太平洋 TC 活动和其他天气尺度扰动带来显著影响。由于 EDV 东亚夏季风变率模态处在 El Niño 事件期间，针对这一时期西北太平洋 TC 的活动规律已取得较为全面的研究（Chan，2000；Chia and Ropelewski，2002；Wang and Chan，2002；Camargo and Sobel，2005；Zhan et al.，2011a）。近两年的研究工作较多关注了 EDC 模态——El Niño 事件衰亡年夏季和秋季的 TC 活动变化，而热带印度洋 SST 增暖成为解释这一 ENSO 位相下 TC 活动变化异常的"金钥匙"。本书第 5 章和第 6 章部分内容也涉及热带印度洋 SSTA 对西北太平洋 TC 生成和移动路径的潜在影响。

本章聚焦于不同类型 ENSO 位相下西北太平洋 TC 活动特征，依据太平洋 SST 位相及其演变差异，区分不同类型的太平洋海温增暖衰亡事件，分析三类 El Niño 衰亡事件夏秋季节 TC 活动的差异及其机制，并探讨这项研究工作对 TC 活动季节预测的意义。

4.1 热带太平洋增暖衰亡年的分类

El Niño 事件和 La Niña 事件持续时间的不对称性是 ENSO 循环的一个重要特征（Okumura and Deser，2010），这种不对称性表明赤道中东太平洋增暖衰亡的持续时间在不同 ENSO 位相具有较大差异，能够对 ENSO 循环和演变的进程产生显著影响。例如，传统的赤道东太平洋 El Niño 事件往往在北半球冬季达到最强 [图 4.1（a）]，次年春夏季迅速消亡，并在次年冬季快速转变成 La Niña 位相 [图 4.1（b）]。因此，虽然东部型 El Niño 事件强度较大，但其持续时间短，而 La Niña 事件强度虽不及 El Niño 事件，却往往能持续两年以上。这种典型的从 El Niño 位相快速转变成 La Niña 位相的循环，与 La Niña 事件可长期维持的 ENSO 演变特征形成了鲜明反差。有学者研究表明，这种差异性是赤道地区表面风场在

ENSO 强迫作用下对热带印度洋-太平洋 SSTA 反馈的非线性效应造成的（Ohba and Ueda, 2009）。

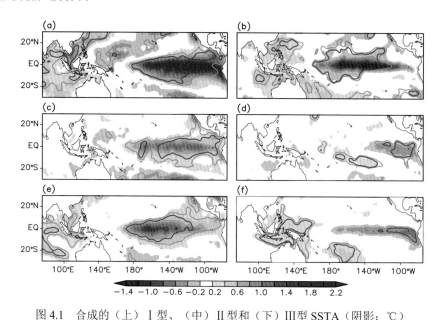

图 4.1　合成的（上）Ⅰ型、（中）Ⅱ型和（下）Ⅲ型 SSTA（阴影；℃）

（a）、（c）、（e）El Niño 发展年/成熟位相 12 月到次年 2 月平均；（b）、（d）、（f）El Niño 衰亡位相 7 月到次年 10 月平均；深（浅）灰连线圈住的区域表示异常通过置信水平为 95%（90%）的 t 检验

目前对 El Niño 衰亡年西北太平洋 TC 活动的研究主要是指 EP El Niño 事件的衰亡年，往往这类年份处于 La Niña 位相上（Du et al., 2011；Ha et al., 2013d），因而 TC 活动特征很大程度上受到热带印度洋增暖和赤道中东太平洋 La Niña 事件的共同影响。与此同时，除了这种典型的位相演变关系，另一部分 EP El Niño 事件会逐渐衰亡并恢复至正常 ENSO 位相。如图 4.1（c）和图 4.1（d）所示，这类 El Niño 事件次年，夏季热带太平洋 SSTA 回归到正常水平。由于这类 EP El Niño 衰亡事件期间热带太平洋 SSTA 的强迫效应不明显，对应的 TC 活动异常也会明显有别于典型的 EP El Niño 衰亡事件，因而有必要将 EP El Niño 衰亡年重新划分为衰亡到 La Niña 事件（简称 El Niño Ⅰ型）和衰亡到正常 ENSO 位相（简称 El Niño Ⅱ型）两类，以便更加细致地研究 TC 活动。

除此之外，当 CP El Niño 事件达到成熟位相[图 4.1（e）]之后，次年夏季热带太平洋东部和西部分别出现较弱的冷和暖 SSTA[图 4.1（f）]。由于这类 El Niño 事件衰亡年也有别于传统上对 El Niño 衰亡期间 TC 活动的认识，加之目前相关的研究工作很少，因而有必要对 CP El Niño 衰亡年（简称 El Niño Ⅲ型）西北太平洋 TC 活动特征进行深入研究。

　　另外注意到，Ⅱ 型 El Niño 事件发展到峰期时，其 SSTA 的分布［图 4.1（c）］较大程度上类似于介于 El Niño Ⅰ 型［图 4.1（a）］和 El Niño Ⅲ 型［图 4.1（e）］之间的一种过渡状态，但 El Niño Ⅱ 型衰亡年 SSTA［图 4.1（d）］却与其同时期的 Ⅰ 型［图 4.1（b）］和Ⅲ型［图 4.1（f）］异常分布毫无关联，这种演变过程的对比暗示出 El Niño Ⅱ 型可能是 ENSO 循环中一类独立的增暖-衰亡演变模态，有其内在机制和独立的演变特征。因此，将其单独分离出来研究是十分必要的。

　　为了客观衡量 EP El Niño 事件和 CP El Niño 事件的强度特征，这里将 Niño-3 指数和 EMI 分别进行标准化，用以表征 EP 事件和 CP 事件的年际演变规律（图 4.2）。本章将依据 Niño 指数（Niño-3 和 EMI）和图 4.1 所示的 ENSO 循环特征，划分出三类 El Niño 衰亡年，研究各型夏秋季西北太平洋 TC 活动特征及其产生的原因。

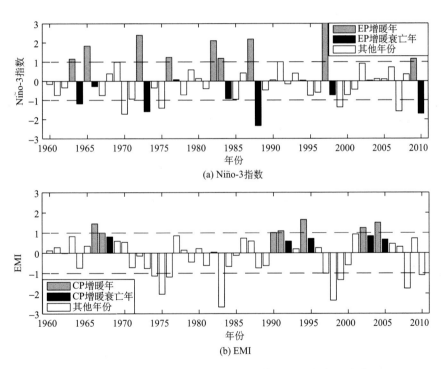

图 4.2　7～10 月标准化的 Niño-3 指数和 EMI 的年际变化

虚线表示 1 倍标准差

4.2　El Niño Ⅰ 型期间热带气旋生成异常的东移现象

　　图 4.3 给出了 El Niño Ⅰ 型 7～10 月逐月的 TC 生成频数（TCGF）异常。从

整体上看，Ⅰ型夏秋季西北太平洋 TC 生成频数偏少 1.7 个。7～9 月各月 TC 生成频数也少于各自的多年平均（图 4.3）。这与以往研究得到的 El Niño 衰亡年夏季 TC 活动受到抑制的结论是一致的（Du et al., 2011；Zhan et al., 2011a；Tao et al., 2012；Ha et al., 2013b）。但 10 月份 TC 生成频数稍多于多年平均[图 4.3（d）]，说明Ⅰ型西北太平洋 TC 活动在夏季和秋季存在季节性的变化。

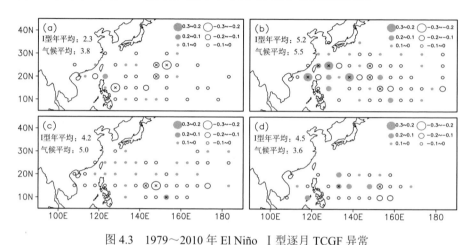

图 4.3　1979～2010 年 El Niño Ⅰ型逐月 TCGF 异常

（a）7 月、（b）8 月、（c）9 月和（d）10 月；星号标注的格点表示异常通过置信水平为 95%的 t 检验，左上角
数字分别表示该月 TCGF 和气候平均该月 TCGF

TCGF 异常在Ⅰ型 8～10 月表现出西部正-东部负的偶极型分布[图 4.3（b）～图 4.3（d）]。为定量描述 7～10 月西北太平洋 TCGF 纬向演变与移动特征，本节利用 1979～2010 年每 10 天平均的 TCGF 资料，分别绘出季节平均 TCGF 和Ⅰ型 TCGF 异常的时间-经度剖面[图 4.4（a）和图 4.4（b）]。TCGF 及其异常在 0°～40°N 平均所在经度的位置也标注在图上，其代表了 100°E～170°W 范围内 TCGF 及其异常质心的所在位置。用 fre_i 表示 TCGF 正负异常，lon_i 是 fre_i 对应的经度坐标，$i=1\sim n$ 表示从西北太平洋 100°E～170°W 的格点数。其数学表达式为

$$\sum_{i=1}^{n} \text{fre}_i \text{lon}_i \bigg/ \sum_{i=1}^{n} \text{fre}_i \tag{4.1}$$

从图 4.4（a）中可以看出，TCGF 气候平均的质心位置从夏季到秋季持续东移，从 7 月的 130°E 附近逐渐东移到 10 月下旬的 150°E，这种西北太平洋 TC 生成源地的东移与 Lander（1990）和 Ho 等（2004）所揭示出夏季风环流中心位置演变的结论基本一致，表明夏秋季节东亚大气环流活动会驱使西北太平洋 TC 主要生成源地向东移动。

值得注意的是，7～10 月Ⅰ型 TCGF 异常也表现出明显的季节性东移特征。

如图 4.4（b）所示，TCGF 正（负）异常分别位于西北太平洋偏西（东）的区域，负异常中心从 7 月 130°E 附近东移到 10 月中旬的 160°E 附近，正异常中心也表现出类似变动，从 7 月的 120°E 附近东移到 10 月的 145°E，负异常移动演变的幅度比正异常稍大，这种 TC 活动异常的偶极型分布在夏秋季节的持续性演变特征十分明显。

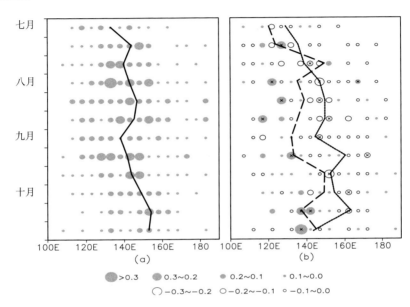

图 4.4　1979～2010 年合成的 0°～40°N 平均 TCGF 时间-经度断面

（a）气候平均；（b）El Niño Ⅰ 型 TCGF 异常；（a）中实线、（b）中长（短）虚线分别表示气候平均 TCGF 和正（负）TCGF 异常质心位置所在经度，（b）中星号标注的格点表示异常通过置信水平为 95%的 t 检验

　　TC 的生成位置对后期 TC 强度的发展变化和生命史长度具有重要贡献（Walsh and Ryan，2000；Wu，2007），为了研究 TCGF 异常对 TC 强度的影响，本章利用消除 TC 涡旋技术（Low-Nam and Davis，2001），计算了 7～10 月西北太平洋 TC 动能（TCKE），用其来表示 TC 强度的时空分布特征。图 4.5 给出的是气候态和 El Niño 衰亡位相 0°～40°N 平均 TCKE 时间-经度断面。对于气候态平均而言，TCKE 以约 130°E 为强度大值中心，8 月中旬到 10 月强度最为集中，最大强度出现在 9 月[图 4.5（a）]。El Niño 衰亡年夏季，TCKE 负异常位于正异常东侧，且正负异常均出现东移现象[图 4.5（b）]，可见，TCKE 的异常变化主要是由 TCGF 季节性演变造成的。在接下来的秋季，显著的 TCKE 负异常占据了整个西北太平洋，表明 Ⅰ 型期间西北太平洋 TC 活动具有明显的季节变化特征。秋季较为一致性的负异常主要有两个原因：一是气候态的 TCKE 在 9 月中旬达到最强[图 4.5（a）]，而 El Niño 衰亡年秋季整个西北太平洋的 TC 活动均受到抑制[图 4.3（c）]，

造成了这一时段内显著的 TCKE 负异常；另外，9 月西北太平洋东部海域 TC 生成频数明显减少，使得 TC 强度和生命史进一步缩短。值得注意的是，显著的 TCKE 异常在 9 月中旬和 10 月也表现出明显的东移特征[图 4.5（b）]，进一步证明了 I 型期间 TC 强度的异常分布和演变很大程度上受到 TC 生成位置季节性移动的影响。

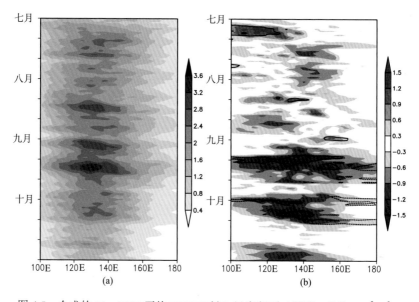

图 4.5　合成的 0°～40°N 平均 TCKE 时间-经度断面（阴影；单位：m²·s⁻²）

（a）气候平均；（b）El Niño I 型 TCKE 异常；（b）中实（虚）连线圈住的区域表示正（负）异常通过置信水平为 95%的 t 检验

西北太平洋异常反气旋环流在 El Niño 衰亡年期间同时受到热带印度洋增暖和赤道中东太平洋冷却的联合调制（Klein et al.，1999；Yang et al.，2007），这个异常环流系统能够显著影响 TCGF 的分布。在 El Niño 衰亡年夏季，西北太平洋反气旋环流控制了整个西北太平洋海域，抑制了局地对流活动和 TC 的生成。另外，I 型年春夏季期间，热带印度洋 SSTA 对西北太平洋异常反气旋环流遥强迫的贡献随时间逐渐增强（Wu et al.，2010），说明热带印度洋 SSTA 对夏季西北太平洋 TC 活动发挥了重要影响。在接下来的秋季，由于印度洋 SST 暖异常减弱，西北太平洋异常反气旋环流位置东移，强度有所减弱，导致西北太平洋西部以及中国南海 TC 活动有所增加。与此同时，赤道中东太平洋 SST 冷异常在 I 型后期发展增强，从而抑制了西北太平洋东部的 TC 生成。

为了研究西北太平洋反气旋环流对 TCGF 异常纬向演变的贡献，图 4.6 给出了 El Niño 衰亡位相 850hPa 逐月流函数异常。夏初，海洋性大陆附近的东风异常增强，西北太平洋西部出现异常反气旋环流。到了 7 月，东风异常向西延伸到孟加拉湾，西太平洋异常反气旋环流继续增强，异常中心位于 20°N、130°E 附近[图 4.6（a）]，而这里正好是 TCGF 负异常中心所在区域[图 4.3（a）]。8 月份反气旋环流继续东移，异常中心位于 20°N、140°E，但强度有所减弱[图 4.6（b）]，9 月份异常环流东移到 18°N、160°E 附近[图 4.6（c）]。由此可见，8 月到 9 月期间，TCGF 负异常所在区域与异常反气旋环流的位置存在很好的对应关系。进入 10 月后，异常反气旋环流将进一步东移至北太平洋中部[图 4.6（d）]。

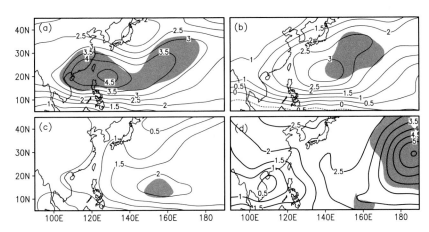

图 4.6　El Niño Ⅰ 型 850hPa 逐月流函数异常（等值线间隔为 0.5；单位：$10^6 \ \mathrm{m^2 \cdot s^{-1}}$）
（a）7 月、（b）8 月、（c）9 月和（d）10 月；阴影区域表示异常通过置信水平为 95% 的 t 检验

对应于对流层低层环流异常的变化，Ⅰ 型年期间夏秋季节对流层中高层也呈现出相似的变化特征。图 4.7 给出了 El Niño 衰亡位相 200hPa 速度势函数的逐月异常。从图中可以看到，200hPa 速度势函数异常的零线从 7 月 120°E 附近东移到 10 月 160°E 附近，这表明 Walker 环流异常在 Ⅰ 型期间也存在东移现象。因此，TCGF 在西北太平洋东（西）部的负（正）异常的东移现象是由大尺度环流异常下沉（上升）运动的变化决定的。

由于海平面气压（SLP）能够反映低层环流强度的变化（Wang and Zhang，2002；Yuan et al.，2012），为了更好地解释热带印度洋增暖和赤道中东太平洋冷却对大尺度环流的联合影响，图 4.8 给出了逐月 SLP 与 Niño-3.4 指数和印度洋 SSTA 指数的相关分布。

从图 4.8 中左列看到，逐月 SLP 与 Niño-3.4 指数之间的正相关从 7 月到 10 月逐步东移并加强，同时负相关也存在东移的现象[图 4.8（a）～图 4.8（d）]。另一方面，SLP 与印度洋 SSTA 指数也表现出类似的特征，显著的相关性从 7 月 120°E 附近东移到 10 月份的 180°[图 4.8（e）～图 4.8（h）]。以上结果说明，Ⅰ 型年夏秋季节期间热带印度洋 SST 增暖和赤道中东太平洋冷却对西北太平洋大气

环流异常的东移发挥了联合的影响，大气背景环流的异常变化造成了局地 TCGF
异常东移的现象。

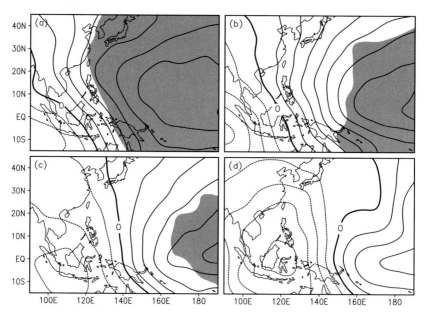

图 4.7　El Niño Ⅰ型 200hPa 逐月速度势函数异常（等值线间隔为 0.5；单位：$10^6 \ m^2 \cdot s^{-1}$）
（a）7 月、（b）8 月、（c）9 月和（d）10 月；实（虚）线表示正（负）异常，零线已在图中标示，阴影区域表
示异常通过置信水平为 95% 的 t 检验

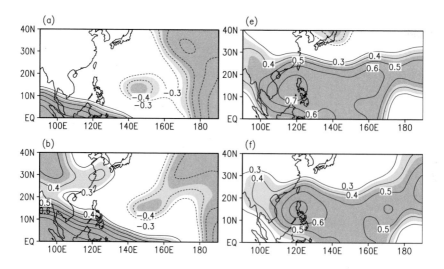

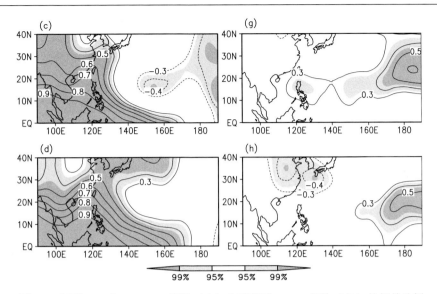

图 4.8　逐月 SLP 与 Niño-3.4 指数（左）和印度洋 SSTA 指数（右）的相关分析

（a）、（e）7 月；（b）、（f）8 月；（c）、（g）9 月；（d）、（h）10 月；阴影区域表示其相关性通过置信水平为 95%的统计检验

　　GPI 是衡量 TC 生成环境场状况的综合性指标（Emanuel and Nolan，2004；Camargo et al.，2007；Walsh et al.，2007）。利用 Emanuel 和 Nolan（2004）提出的 GPI 指数，考察西北太平洋 I 型夏秋季节逐月与 TC 生成密切相关的环境场变化。为了更清晰地反映出背景场对 TC 生成的贡献，计算 GPI 时将 TC 涡旋部分所产生的正涡度扣除，类似的方法在第 2 章、第 3 章和第 5 章也使用过。

　　从图 4.9 可以看出，El Niño 衰亡位相逐月的 GPI 异常主要集中在西北太平洋 10°N～20°N 之间的海域，而这里正是 TC 的主要生成源地。通过对比 TCGF 和 GPI 异常发现，类似于 TCGF 负异常的逐月东移演变（图 4.3），GPI 负异常从 7～10 月也呈现出季节性东移现象，这暗示了局地环境场不仅能够抑制西北太平洋 TC 的生成，并且对 TC 生成异常位置进行了纬向调制。但同时也注意到，GPI 正异常的季节性纬向演变特征并不明显，这与图 4.3 中 TCGF 正异常的变化不太一样，产生这种差异的原因需要进一步分析。

　　除 I 型模态外，EDV 也是东亚夏季风年际变率季节演变的主要模态之一（Wu et al.，2010），以往对 El Niño 事件期间 TC 活动的研究已取得较为丰富的成果（Chan，2000；Chia and Ropelewski，2002；Wang and Chan，2002；Camargo and Sobel，2005；Chen et al.，2006；Zhan et al.，2011a，2011b），最典型的特征是 TC 生成频数东南象限偏多、西北象限偏少的偶极型分布。类比于 EDC 期间 TC 活动规律的研究方法，下面简要讨论 EDV 夏秋季节 TC 生成异常的时间演变特征。

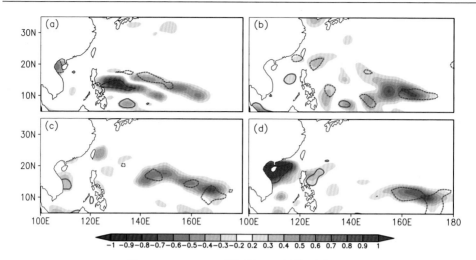

图 4.9　El Niño Ⅰ型逐月 GPI 异常（阴影）

（a）7 月、（b）8 月、（c）9 月和（d）10 月；实（虚）连线圈住的区域表示正（负）异常通过置信水平为 95% 的 t 检验

图 4.10 给出了西北太平洋经向 $0°\sim40°N$ 平均的 TCGF 异常和 TCKE 异常的时间演变。总体上看，$7\sim9$ 月 TC 生成频数稍多，而 10 月稍低于气候平均，生成频数偏多（少）的区域分布在西北太平洋东（西）侧。TCGF 正异常中心从 7

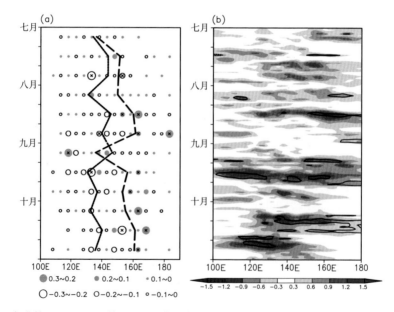

图 4.10　合成的 $0°\sim40°N$ 平均 El Niño 发展位相（a）TCGF 异常时间-经度断面和（b）TCKE
异常（阴影；单位：$m^2 \cdot s^{-2}$）

（a）中长（短）虚线分别表示气候平均 TCGF 和正（负）TCGF 异常质心位置所在经度，（a）中星号标注的格
点和（b）中实（虚）连线圈住的区域表示正（负）异常通过置信水平为 95% 的 t 检验

月 140°E 附近东移到 10 月的 160°E 附近[图 4.10（a）]，说明 EDV 夏秋季节 TC 主要生成源地的异常也会发生季节性东移。与之形成对比的是，TCGF 负异常纬向变化不明显，异常主要集中在 135°E～145°E 海域。尽管相对于正常 ENSO 位相，El Niño 事件期间西北太平洋西部 TC 生成偏少，同时海盆尺度上 TC 频数并无明显变化，但从图 4.10（b）中可以看到，TCKE 正异常几乎占据了整个西北太平洋海域，并可以一直持续到 10 月下旬。造成这种现象的一个重要原因是，西北太平洋东南象限生成的 TC 在向西向北移动时，有广阔的海面和活动空间供其发展增强，导致这一时期 TCKE 偏强，这一结果与第 3 章结论有所对应。

4.3　热带气旋生成的统计特征

表 4.1 列出了 7～10 月西北太平洋 TCGF。Ⅰ型 140°E 以西（东）TC 频数显著高（低）于气候平均值，而Ⅱ型 TC 生成并未呈现出类似Ⅰ型的东-西偶极型分布。Ⅲ型 TCGF 与气候态较为接近。

表 4.1　Ⅰ型、Ⅱ型和Ⅲ型和气候平均的西北太平洋 TCGF

	海盆	140°E 以西	140°E 以东
El Niño Ⅰ型	19.3	11.0（▲）	8.3（△）
El Niño Ⅱ型	22.0	9.7	12.3
El Niño Ⅲ型	18.8	8.6	10.2
气候平均	18.6	8.5	10.1

注：实（空）心三角表示其与气候平均值的差异达到 99%（95%）的置信水平。

表 4.2 列出的是长生命史 TC 频数和平均生命史的长度。Ⅰ型长生命史 TC 频数较低，而持续 7 天以上的 TC 为 7 个，显著少于气候平均的 8.9 个。Ⅱ型长生命史 TC 频数和平均生命史长度都显著缩短，持续 7 天以上和 10 天以上的 TC 分别比气候平均显著减少 4.1 个和 2.8 个，平均生命史也缩短为 5.3 天，比气候平均少 1.5 天。Ⅲ型表现出不同于上述两型的特征，频数和平均长度均略高于气候平均，但均未达到显著水平。

表 4.2　JTWC 资料Ⅰ型、Ⅱ型和Ⅲ型西北太平洋长生命史 TCGF 和 TC 平均生命史

	7 天以上	10 天以上	平均生命史
El Niño Ⅰ型	7.0（△）	2.8	6.6
El Niño Ⅱ型	4.8（▲）	1.2（▲）	5.3（▲）
El Niño Ⅲ型	11.1	5.4	7.5
气候平均	8.9	4.0	6.8

注：实（空）心三角表示其与气候平均值的差异达到 99%（95%）的置信水平。

表 4.3 列出了强 TC（强台风及其以上强度的 TC，近中心平均最大风速≥ 41.5 m·s⁻¹）的生成频数。Ⅰ型的强 TC 频数不仅小于其他两型，同时也显著低于气候平均值，这主要是由于Ⅰ型 TC 大都生成在西北太平洋西部，生成后在向西向北移动的过程中，在海面上活动的区域较小，发展并加强的空间受到限制，因此发展成强 TC 的可能性也大幅减小。从统计特征上看，虽然Ⅰ型和Ⅱ型同属于 EP 增暖事件的衰亡位相，但两类情形下 TC 频数却表现出差异化的特征。

表 4.3　Ⅰ型、Ⅱ型和Ⅲ型西北太平洋强 TCGF

	El Niño Ⅰ型	El Niño Ⅱ型	El Niño Ⅲ型
强 TCGF	15.0（△）	16.0	16.3
气候平均		15.7	

注：空心三角表示其与气候平均值的差异达到95%的置信水平。

4.4　热带气旋生成的空间分布

图 4.11 给出了三种类型合成的 TCGF、850 hPa 风场和 GPI 异常。Ⅰ型与 La Niña 事件期间 TC 的生成状况非常类似，TCGF 异常表现出偶极型分布[图 4.11 （a）]。受到西太平洋低层东风异常增强的影响，10°N～30°N 海域出现反气旋环流异常[图 4.11（b）]，其与印度洋 SST 增暖和赤道东太平洋冷却密切相关，是影响西太平洋的重要环流系统（Du et al.，2011；Zhan et al.，2011a）。正（负） GPI 异常与 TCGF 异常在西北太平洋西（东）部的分布非常吻合[图 4.11（b）]， 130°E 以东观测到负涡度异常，表明Ⅰ型期间西北太平洋季风槽强度较弱，同时不活跃的对流活动以及西北太平洋东部低层辐散异常都是不利于 TC 生成的环境场条件，但西北太平洋西部和中国南海的正涡度异常则有利于 TC 活动。

对于Ⅱ型，由于受气旋性环流异常控制，西北太平洋东北部 TC 活动增强。然而从菲律宾海到西北太平洋东部 160°E 附近区域的 TC 生成频数则有所增加[图 4.11（c）]，GPI 呈现出与 TCGF 异常十分类似的分布形态[图 4.11（d）]。区别于Ⅰ型，Ⅱ型最主要的大气环流影响系统是位于 27°N、145°E 附近的气旋性环流异常，其有利于西北太平洋东北区域 TC 活动增强。与之形成对比，TCGF 和 GPI 的负异常分布在气旋性环流的西南侧，这一区域的 TC 活动强度由于受环境场的负涡度的影响而受到抑制。对于Ⅲ型，TC 生成增加的区域位于以 15°N、 135°E 为中心的西北太平洋西部以及菲律宾海[图 4.11（e）]，GPI 正异常也出现在这一区域[图 4.11（f）]，而其他海域并未出现明显异常。

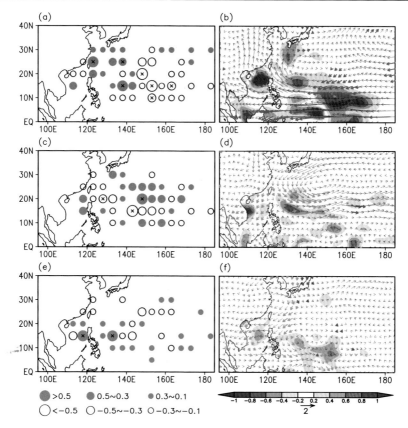

图 4.11　合成的（上）Ⅰ型、（中）Ⅱ型和（下）Ⅲ型 TCGF 和环境场异常

（a）、（c）、（e）TCGF 异常，（b）、（d）、（f）850hPa 风场（矢量；单位：m·s^{-1}）和 GPI（阴影）异常；
左列星号标注的格点和右列深色风场矢量表示异常通过置信水平为 95% 的 t 检验

　　图 4.12 是三种类型事件期间 850hPa 的 EKE 和 KmKe 异常分布。Ⅰ型期间，负 EKE 异常占据了除中国南海之外西北太平洋大部分海域[图 4.12（a）]，表明天气尺度扰动发展受到抑制，因而不利于 TC 扰动生成。Ⅱ型期间，EKE 异常分布与Ⅰ型呈现几乎相反的位相，EKE 正异常分布在 140°E 以东海域，负异常位于 18°N、125°E 附近[图 4.12（b）]。由于 EKE 与 TCGF 异常位置的对应关系较为一致，表明 EKE 的变化可能是 EP 衰亡年 TC 活动异常的重要机制。而对于Ⅲ型，EKE 并无显著异常[图 4.12（c）]。

　　为了进一步明确大尺度环流对包括 TC 在内的天气尺度扰动的贡献，下面对 EKE 倾向中正压能量转化项 KmKe 的异常分布进行简要分析。Ⅰ型期间，KmKe 的正异常位于西北太平洋西部，异常中心位于 15°N、120°E 和 25°N、130°E 附近，负异常位于东亚季风槽所在的 10°N～20°N、130°E～150°E 海域[图 4.12（d）]，这种偶极型的分布特征表明，季风槽区域内涡动动能通过涡流相互作用造成西北太平洋中东部正压能量转化减少，而西部有所增加。对于 II 型，显著的 KmKe 正异常位于 20°N、145°E 附近，这里正是气旋性环流异常中心的位置所在，同时，菲律宾群岛东侧出现负异常[图 4.12（e）]。对于 III 型，正异常主要集中在 10°N、135°E 附近的菲律宾海[图 4.12（f）]。通过上述分析能够发现，KmKe 异常与 EKE 异常具有较好的一致对应关系，表明大尺度基本气流的异常变化调制了西北太平洋季风槽区域正压能量向天气尺度扰动的转化过程，进而影响了 TC 的生成和增强。

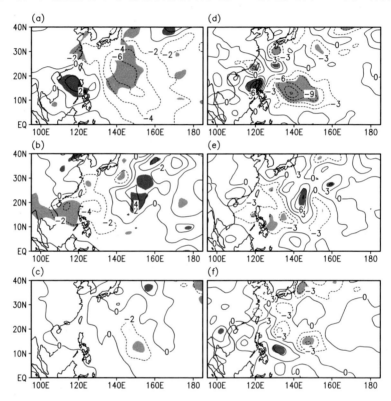

图 4.12　合成的（上）I 型、（中）II 型和（下）III 型 EKE 异常和 KmKe 异常

（a）、（b）、（c）EKE 异常（等值线；单位：$m^2 \cdot s^{-2}$），（d）、（e）、（f）KmKe 异常
（等值线；单位：$10^{-6} \, m^2 \cdot s^{-3}$）；阴影区域表示异常通过置信水平为 95% 的 t 检验

4.5　热带气旋的路径和登陆特征

图 4.13 是依据 JTWC 提供的 TC 最佳路径集资料，绘出的三类衰亡年 TC 频数、路径及其异常分布。由于 TC 的移动和路径很大程度上受对流层中层引导气流（Harr and Elsberry，1991，1995）和 beta 效应（Wang and Holland，1996）的共同控制，因此本节用 5870 gpm 等值线所圈区域代表 WPSH，进一步研究 TC 移

动路径与大尺度流场的关系。

对于 I 型，大多数 TC 在菲律宾海生成后向西行[图 4.13（a）]，因此中国南海出现明显的 TC 路径频数（TCOF）正异常，而西北太平洋其他区域为负异常[图 4.13（a）]。由于 WPSH 在这一类型期间强度增加并向西伸展[图 4.14（b）]，西北太

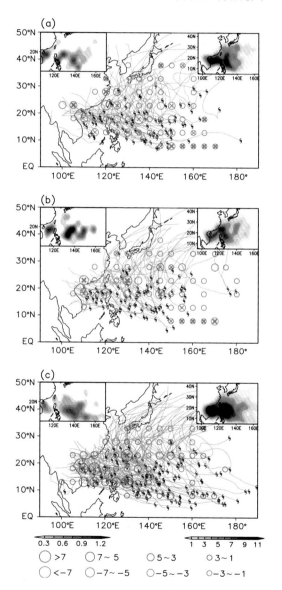

图 4.13　利用 JTWC 最佳路径资料绘出的（a）I 型、（b）II 型、（c）III 型 TC 路径频数异常（圈）

黑色 TC 符号和灰线分别表示 TC 生成位置和移动路径，粗（细）星号标注的格点表示异常通过置信水平为 95%（90%）的 t 检验，三种类型 TC 生成和路径频数分别标注在各图左上角和右上角

平洋西部和中国南海受 WPSH 南侧东风引导气流的影响,因而出现更多西行 TC。对于II型,一部分 TC 在 140°E 附近出现提前转向,而后向东北移动[图 4.13(b)],因此西行和西北行登陆东亚沿岸的 TC 明显减少[图 4.13(b)],这也可以解释 TC 生命史在这一类型较短的现象。对于III型,西行 TC 频数高于气候平均[图 4.13(c)],WPSH 偏强和东风引导气流是西行 TC 增多的主要原因[图 4.14(f)]。

对于 I 型,TC 在东亚的登陆表现出偶极型分布,即登陆海南岛和北部湾增多,而登陆台湾以北的华东沿海地区减少[图 4.13(a)]。这与以往研究中 La Niña 事件夏季 TC 登陆活动特征是一致的(Wang and Chan,2002;Ha et al.,2013d)。对应于 SST 冷却,Walker 环流的异常下沉支位于赤道太平洋 140°E~140°W[图 4.14(a)],这使得西北太平洋中东部海域 TC 活动受到抑制。

在 140°E 以西的海域,受到海洋性大陆和东印度洋暖 SSTA 强迫,形成 Walker 环流的异常上升运动,在局地哈德利环流的作用下,经圈环流异常下沉支位于 30°N 附近,加强了 WPSH,并通过减少云量和增加短波辐射,使局地 SST 被动相应出现暖异常[图 4.1(b)]。结果造成 WPSH 增强并向西南延伸,并在西北太平洋 20°N 以南和以北分别形成纬向拉伸的强东风和西风异常[图 4.14(b)],这导致了较多 TC 沿盛行东风登陆海南岛和北部湾,而由于异常西风的“阻挡”作用,登陆华东沿岸的 TC 较少。

对于II型,TC 路径频数在西北太平洋西部和东南部为显著的负异常[图 4.13(b)],同时,长生命史 TC 频数明显下降,单个 TC 持续时间显著缩短(表 4.2)。登陆中国华南、中南半岛和菲律宾群岛的 TC 频数也明显减少(图 4.15 和表 4.4)。从 SSTA 的强迫上看,热带太平洋 SSTA 在这一 ENSO 位相上呈现三极型分布,暖中心位于赤道中太平洋 140°W 附近,两个冷中心位于东太平洋和海洋性大陆[图 4.1(c)]。对应于这种配置的下垫面,异常 Walker 环流上升支位于 130°E 到 150°W,下沉支分别位于东太平洋和 120°E 以西[图 4.14(c)],西北太平洋中部的异常上升运动和较为丰沛的水汽促进了局地 TC 生成。然而,120°E 以西的下沉运动则抑制了西部 TC 的活动,尽管 WPSH 和对流层中层的引导气流并未出现明显异常[图 4.14(d)],120°E 以西的异常下沉运动则会极大地抑制 TC 在东亚沿岸的登陆,其作用犹如阻挡 TC 向西移动的“路障”,最终抑制了 TC 在这一海域的生成,并造成在东亚沿岸登陆活动减少和过早在海面上消亡。

III型相比于 I 型和II型,TC 生成的区域明显扩大[图 4.13(c)]。大部分 TC 在生成后向西移动,造成西北太平洋西部和中国南海 TC 路径频数偏高[图 4.13(c)]。同时,这一类型长生命史 TC 出现频次较高,大部分 TC 的平均生命史达到了 7.5 天(表 4.2),造成登陆中国华南、中南半岛和菲律宾群岛的 TC 频数增加(图 4.15 和表 4.4)。

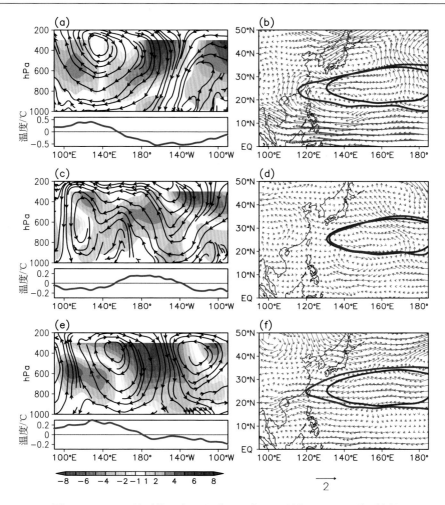

图 4.14　7～10 月平均（上）Ⅰ型、（中）Ⅱ型和（下）Ⅲ型环境场

（a）、（c）、（e）0°～20°N 平均的相对湿度（阴影；单位：%）、速度场（流线）和 SSTA（红线；单位：℃）；
（b）、（d）、（f）500 hPa 流场（矢量；单位：m·s⁻¹）和 5870 gpm（红线），p 坐标下垂直速度乘以-50，右列
中蓝线表示 1951～2010 年同期多年平均

表 4.4　登陆东亚四个区域的 TCGF

	区域Ⅰ	区域Ⅱ	区域Ⅲ	区域Ⅳ
El Niño Ⅰ型	3.2	3.6（▲）	4.6	6.0
El Niño Ⅱ型	3.0	4.1	2.8（△）	3.2（△）
El Niño Ⅲ型	2.6	5.8	6.7（▲）	8.9（△）
气候平均	4.3	5.1	4.2	5.8

注：实（空）心三角表示其与气候平均值的差异达到 99%（95%）的置信水平。

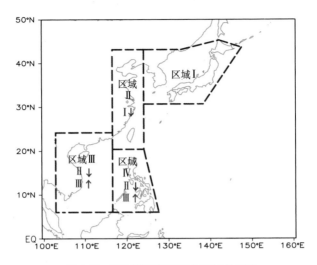

图 4.15　TC 登陆东亚四个区域的划分

区域Ⅰ：日本和朝鲜半岛；区域Ⅱ：中国东部和北部沿海；区域Ⅲ：中国南部沿海和中南半岛；区域Ⅳ：菲律宾群岛。上（下）箭头表示该区域登陆 TC 频数高（低）于气候平均

　　具体来说，与Ⅰ型衰亡过程（EP El Niño 衰亡到 La Niña）相比，CP La Niña 衰亡有两个主要特点：首先在其衰亡位相夏季，冷 SSTA 出现在赤道东太平洋的秘鲁沿岸[图 4.1（f）]，虽然强度较弱，但 SSTA 的分布表明这是一个十分典型的 EP La Niña 事件。以往在划分 CP 事件和 EP 事件时，较多关注增暖问题，这是因为热带太平洋的增暖存在较为清晰的地域差异（CP 和 EP），而 La Niña 事件中冷 SSTA 的地域差别不如暖事件明显，因此 EP/CP La Niña 的研究比增暖的工作少很多。对应于冷 SSTA 偏东的地理分布[图 4.1（f）]，异常 Walker 环流上升（下沉）支位于 160°E 以西（东），这种大气环流异常与Ⅰ型相比，除整体向东移了 20～40 个经距外，其他方面都十分相似[图 4.14（a）和图 4.14（e）]，因此，西北太平洋的上升运动和丰沛水汽促发了 TC 的生成和加强。另一方面，CP 增暖并未像 EP 增暖一样，在其衰亡年引起印度洋大面积增暖[Yuan et al.，2012；图 4.1（b）和图 4.1（f）]。因此在Ⅲ型衰亡位相上，印度洋 SSTA 不会激发出西北太平洋反气旋环流异常，进而也不存在抑制这一区域 TC 活动的效应。另外，由于受赤道西太平洋和海洋性大陆暖 SSTA 的影响，异常哈得来环流的下沉支位于西太平洋副热带区域，其加强了 WPSH，并加剧 25°N 附近的西风异常。在西风引导气流的作用下，更多西行路径的 TC 登陆中国华南和中南半岛。

　　综上所述，对于Ⅰ型而言，更多 TC 在海南岛和北部湾登陆，而在中国东部沿岸登陆的 TC 明显减少；Ⅱ型登陆东亚的 TC 低于正常水平；对于Ⅲ型，登陆中国华南、中南半岛和菲律宾的 TC 明显增加。不同类型 El Niño 衰亡年热带太平洋和印度洋 SSTA 对东亚大气环流影响的差异性造成了 TC 登陆的不同特征。

4.6　热带气旋活动异常的机制

4.6.1　El Niño Ⅰ 型

如图 4.1 所示，Ⅰ 型赤道中东太平洋冷 SSTA 明显，这是 EP 增暖衰亡年 La Niña 事件迅速发展的结果[图 4.1（a）和图 4.1（b）]。由于 Rossby 波对赤道中东太平洋 SST 冷却的响应，西太平洋对流层东风异常增强，低层受到异常反气旋环流控制（Wang et al.，2000）。同时，热带印度洋 SST 出现较大幅度的增暖[图 4.1（b）]，Ⅰ 型各年印度洋 SST 标准化指数均高于 0.8 倍标准差（图 4.16）。热带印度洋 SST 显著增暖强迫出赤道斜压 Kelvin 波，西太平洋对流层低层东风异常增强，边界层辐散导致西太平洋异常反气旋环流增强（Xie et al.，2009；Wu et al.，2009）。在上述两个调制因子的共同作用下，东亚季风槽明显减弱，负涡度异常占据了从中国南海到西太平洋东部的广大区域，这种异常环境场最终导致 140°E 以东海域 TC 生成频数减少。

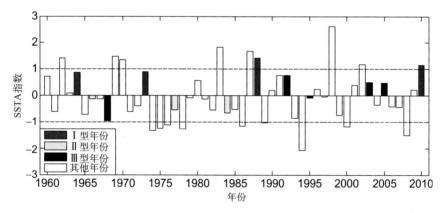

图 4.16　3～10 月标准化的印度洋 SSTA 指数的年际变化

深灰、浅灰和黑柱分别表示 Ⅰ、Ⅱ和Ⅲ型，虚线表示 1 倍标准差

为了进一步说明印度洋和太平洋 SSTA 对 TC 活动影响的一致性，图 4.17 给出了 1960～2010 年 TCGF 和 TCOF 与 Niño-3 指数以及印度洋 SSTA 指数的相关分布。从图中可见，TCGF 与负 Niño-3 指数显著的负（正）相关区域位于西北太平洋东南（西北）海域[图 4.17（a）]，而 TCGF 与印度洋 SSTA 指数的显著负相关区域位于西北太平洋的大部分区域[图 4.17（b）]，因此两调制因子对 TCGF 的联合影响存在重叠区域。与此同时，Niño-3 指数与 TCGF 的相关性更强，表明 ENSO 对 TC 活动的贡献更大，这与本书第 2 章、第 3 章阐述的 ENSO 主导了 TC 年际异常变化，以及接下来第 6 章所得出的印度洋 SST 对 TC 活动发挥"次级调

制"的结论相一致。另外，TCOF 与负 Niño-3 指数和印度洋 SSTA 指数的相关分布也呈现出和 TCGF 类似的特征[图 4.17（c）和图 4.17（d）]。上述结果表明，印度洋增暖与 La Niña 事件对西北太平洋中部和东部的 TC 活动具有相似的贡献。

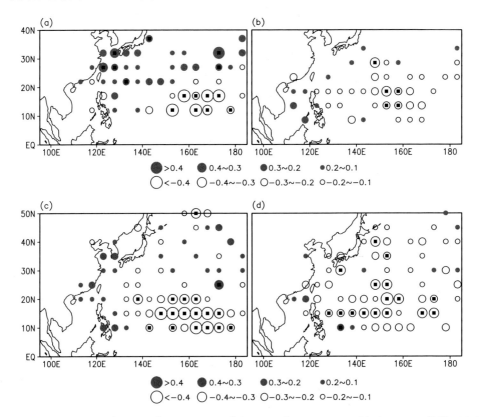

图 4.17　1960～2010 年 TCGF［（a）、（b）］和 TCOF［（c）、（d）］与负 Niño-3 指数（左）和印度洋 SSTA 指数（右）的相关分布

正方形标注的格点表示异常通过置信水平为 95%的 t 检验

4.6.2　El Niño Ⅱ型

尽管Ⅱ型和Ⅰ型同属 EP 增暖衰亡年，但由于衰亡位相的热带 SSTA 所分布得海域和强度都不相同，因此大尺度环流异常和 TC 活动也表现出差异化的特征。

对Ⅱ型而言，SST 增暖分布在 CP 海域，而冷 SSTA 则出现在赤道东太平洋和东印度洋海域[图 4.1（d）]，由此可见，Ⅱ型热带海域 SSTA 与Ⅰ型的分布几乎相反。另外，Ⅱ型热带太平洋 SSTA 分布与典型的 CP 增暖年相比，除异常的振幅偏小以外，整体上分布格局都较为类似[图 4.1（e）]。事实上，从 SSTA 指数的年际变化可以看到，3 个Ⅱ型年中，有 2 年（1966 年，1977 年）CP 都出现了较为明显的增暖，其标准化 EMI 均高于 0.8[图 4.2（b）]。上述结果表明，Ⅱ型年期间西太平洋大尺度环流和 TC 活动的异常特征在很大程度上类似于 CP 增暖年。

　　为了证实这一猜测，图 4.18 给出了 CP 增暖年夏季西北太平洋 TC 活动和大尺度环流的异常分布。由于Ⅱ型夏季赤道中太平洋增暖相比 CP 事件整体偏弱，

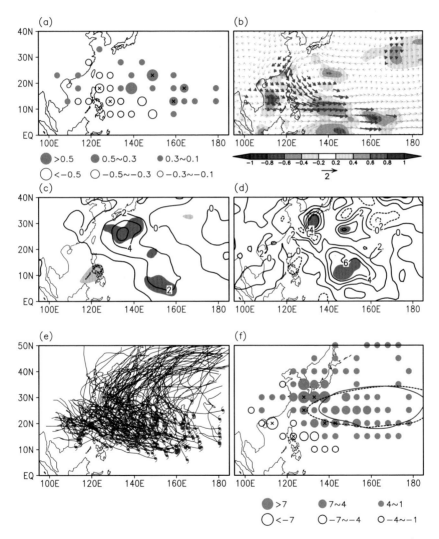

图 4.18　CP 增暖年夏季 TCGF 异常（圈）（a）、850 hPa 风场（矢量；单位：m·s⁻¹）和 GPI 异常（阴影）（b）、850 hPa EKE 异常（等值线；单位：m²·s⁻²）（c）、850 hPa KmKe（等值线；单位：10⁻⁶ m²·s⁻³）（d）、TC 生成源地和路径（e）、TCOF 异常（圈）（f）

（a）、（b）同图 4.11，（c）、（d）同图 4.12，（e）、（f）同图 4.13

大尺度环流异常位置整体偏东,导致 TC 生成频数偏多的海域相对 CP 事件整体向东偏移这一观测事实[图 4.18(a)]。CP 事件期间,GPI、EKE 和 KmKe 的异常振幅大于Ⅱ型[图 4.18(b)～图 4.18(d)],这与两类事件期间大气环流的差异性特征一致。另外,CP 事件期间的转向 TC 频数增多[图 4.18(e)],更多 TC 在朝鲜半岛和日本沿岸登陆(Kim et al.,2011;Zhang et al.,2012),而菲律宾海和中国南海 10°N～20°N 之间海域 TC 活动有所减少。值得注意的是,Ⅱ型期间 TC 转向位置大多集中在 140°E 附近,相比于 CP 事件位置偏东,转向后 TC 向东北移动,登陆东北亚(朝鲜半岛、日本)的可能性明显降低。CP 事件期间西太副热带高压比气候平均稍弱,整体上和Ⅱ型的差别不明显[图 4.14(d)和图 4.18(f)]。

总体上看,Ⅱ型 TC 活动和 CP 事件期间较为类似,这与两类 ENSO 位相下热带 SSTA 分布的近似性有关。由于Ⅱ型赤道中太平洋 SST 增暖比 CP 事件弱,因此Ⅱ型 TC 生成频数和路径频数异常总体上比 CP 事件偏东北。同时,Ⅱ型期间东印度洋 SST 出现变冷的现象,依据图 4.17(b)和图 4.17(d)所揭示的印度洋 SST 与西北太平洋 TC 活动的关系,印度洋 SST 的冷却也能够在一定程度上激发西北太平洋中部和西部 TC 的活动,但这种影响效应从本章的个例看并不明显。

4.6.3 El Niño Ⅲ型

Ⅲ型期间,仅菲律宾海附近 TC 活动增强,西北太平洋其他海域 TC 生成并无明显变化。CP 增暖的衰亡过程与 EP 相比存在两点显著差异:一方面,CP 增暖并未引起次年热带印度洋增暖事件[图 4.19(a)和图 4.19(f)],因而印度洋 SSTA 影响西北太平洋的途径并未建立。出现这种状况的可能原因是,CP 增暖幅度相对于 EP 偏小,印度洋 SSTA 对其响应也偏弱(Wang and Zhang,2002;Yuan et al.,2012)。另一方面,CP 事件及其衰亡过程相对于 EP 循环而言较为平缓,从 CP 事件本身明显的年代际尺度变率也有所体现(Matsuura et al.,2003)。通过计算 1960～2010 年标准化的 Niño-3 指数和 EMI 的年际变率,可以看到 Niño-3 的年际变率几乎是 EMI 的 2 倍(Niño-3/EMI:1.5/0.8),两者的差异通过了置信水平为 99%的 t 检验。

另外,虽然 CP 事件衰亡年(Ⅲ型事件)赤道中太平洋的暖 SSTA 有所衰减,衰亡期间已恢复到正常位相[图 4.19(a)],同时,热带印度洋也未出现明显的 SSTA[图 4.19(a)],这表明 CP 衰亡年热带 SSTA 的信号并不强,仅存在来自赤道东太平洋弱 SST 冷却和中-西太平洋强度弱 SST 增暖的影响。图 4.19(b)给出了 CP 事件循环中 10°S～10°N 平均 850hPa 风场和相对涡度异常的经向-时间剖面,CP 事件当年期间,由于 150°E 以东 SST 增暖的激发作用,西太平洋和菲律宾海为正涡度异常,这种环境场是有利于 TC 活动的。而在Ⅲ型衰亡位相期间,由于 CP 增暖较弱以及 SSTA 位置西移,气旋性环流也减弱西移,TC 活动的主要源地随之西移，而其他海域并未出现明显的 TC 活动异常。

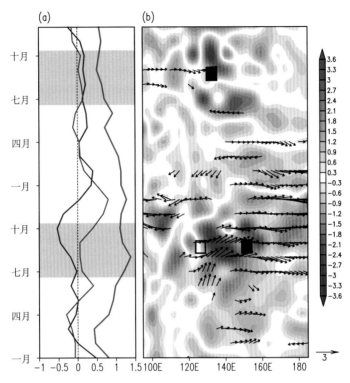

图 4.19　CP 增暖年（用"00"表示）和其衰亡位相（III 型；用"01"表示）环境场

（a）标准化月平均 Niño-3 指数（蓝线）、EMI（红线）和印度洋 SSTA 指数（棕线）；（b）10°S～10°N 平均 850 hPa 风场（矢量；单位：m·s^{-1}）和相对涡度（阴影；单位：10^{-6}·s^{-1}）异常的经向-时间剖面；（a）中灰色区域标识出 CP 增暖年及其衰亡年 TC 活动频繁的夏秋季；（b）中风矢量表示 90%置信水平，正方形标出西北太平洋 TC 生成的平均经度位置

第 5 章　两类 La Niña 事件与热带气旋活动

Wang 等（2000）、Chia 和 Ropelewski（2002）指出，不同类型的 ENSO 事件所引起的海洋大气持续性异常是造成 ENSO 对西北太平洋区域 TC 活动影响呈现复杂性的主要原因。Chan（2000）利用合成分析的方法，给出了冷暖事件当年及其前后年西北太平洋 TC 活动的异常分布，发现暖事件成熟位相的后一年，西北太平洋 TC 的活动显著低于正常年，而冷事件的后一年 TC 活动则高于正常年，表明由 ENSO 导致的大气环流异常在 ENSO 成熟位相之后仍可以对西北太平洋区域 TC 的活动产生影响。进一步的研究表明，El Niño 事件后一年的夏季，虽然中东太平洋海表温度正异常已经消失，但 ENSO 的异常信号会通过大气桥和遥相关等作用传播到较高纬度和太平洋以外的区域，一个重要的效应就是引起热带印度洋 SST 增温，从而激发出东传的赤道斜压 Kelvin 波，进而会对西北太平洋夏季气候格局产生影响。

ENSO 循环中，强 El Niño 事件之后往往会发生中等强度以上的 La Niña 事件。如图 5.1 所示，1971～2010 年共有 10 次 La Niña 事件，其中 5 次是由前一年 El Niño 事件转入的 La Niña 年，其他 5 次是由正常位相或发展中的 La Niña 事件转入的 La Niña 年。Du 等（2011）对比了 El Niño 事件的后一年和发展中的 La Niña 年这两种情况下西北太平洋 TC 的数目，发现前者略少于后者，并猜测热带印度洋增暖和赤道中太平洋冷却可能是导致 TC 总数差异的原因。

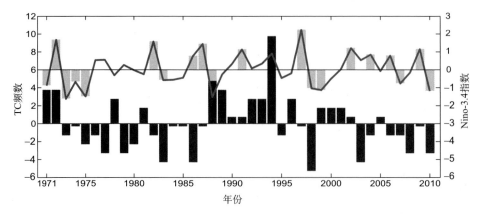

图 5.1　1971～2010 年西北太平洋 7～9 月 TC 生成频数距平（黑柱）和 Niño-3.4 指数（灰线）的年际变化

灰柱表示 Niño-3.4 指数绝对值大于 0.6 倍标准差（0.56）的年份

本章仍将聚焦不同类型 ENSO 位相下西北太平洋 TC 活动特征，延续上一章研究极端事件时滞影响的思路，依据太平洋 SST 位相及其演变差异，关注 El Niño 事件之后的 La Niña 年（简称 La Niña Ⅰ型）和由正常年或发展的 La Niña 事件转入的 La Niña 年（简称 La Niña Ⅱ型）西北太平洋 TC 活动峰期的 TC 频数差异及其产生的原因，在研究两类 La Niña 事件期间 TC 活动特征差异的基础上，从大尺度环境场的调制和正压能量转化的观点，解释两类 La Niña 事件期间环境场对西北太平洋 TC 频数的影响，并简要阐述研究结论对 TC 活动季节预测的指示意义。

5.1　热带气旋生成的统计特征

表 5.1 列出了两类 La Niña 事件期间 TC 的年平均生成频数。可见，西北太平洋 TC 活动特征在两类 La Niña 事件期间存在显著差异。La Niña Ⅰ型生成 TC 总数为 62 个，年平均 12.4 个，比 1971~2010 年 40 年平均的 14.3 个少约 2.0 个；长生命史热带气旋（LTC，指持续时间达到 7 日以上 TC）总数为 30 个，年平均 6 个，比多年平均的 9.4 个少 3.4 个，TC 和 LTC 的年平均数均显著低于正常年。La Niña Ⅱ型生成的 TC 总数为 73 个，年平均为 14.6 个，比多年平均多 0.3 个；LTC 总数为 46 个，年平均为 9.2 个，比多年平均少 0.2 个，两者均与正常年相近。La Niña Ⅰ型与 La Niña Ⅱ型相比，无论是 TC 还是 LTC 的年平均数都明显偏少。

表 5.1　西北太平洋 La Niña Ⅰ型和 La Niña Ⅱ型各年 7~9 月 TC 和 LTC 生成频数

La Niña Ⅰ型事件			La Niña Ⅱ型事件		
年份	TC 频数	LTC 频数	年份	TC 频数	LTC 频数
1973	13	6	1971	18	15
1983	10	5	1974	14	9
1988	19	9	1975	12	6
1998	9	3	1999	16	8
2010	11	7	2007	13	8
总数 / 年均	62 / 12.4	30 / 6	总数 / 年均	73 / 14.6	46 / 9.2
多年平均	14.3	9.4	多年平均	14.3	9.4

图 5.2（a）和图 5.2（d）为两类 La Niña 事件期间 TC 的生成频数和位置，可见最主要的差异位于西北太平洋东部。根据 Wang 和 Chan（2002）对冷暖事件年西北太平洋区域 TC 生成源地东西分布划分的界线，在 140°E 以东，La Niña Ⅰ型和 La Niña Ⅱ型 TC 生成频数分别为 20 个和 37 个。已有的研究认为 La Niña 事件期间 TC 生成源地集中在西北太平洋西北部，这和本章节中的 La Niña Ⅰ型 TC

生成源地较一致，而 La Niña Ⅱ型西北太平洋东北部 TC 的生成频数则明显偏高。

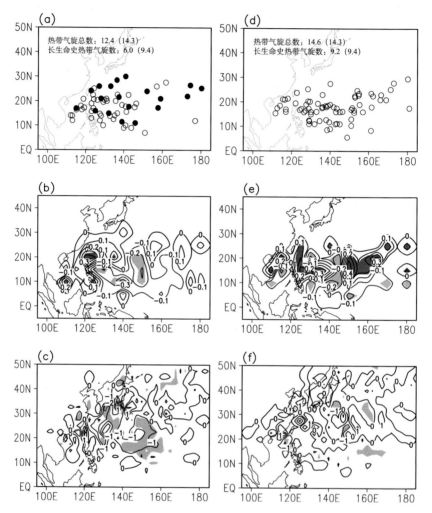

图 5.2　La Niña Ⅰ型（左）和 La Niña Ⅱ型（右）7～9 月的 TC 生成源地［（a）、（d）］、生成频数异常［（b）、（e）］和路径频数异常［（c）、（f）］

（a）中实心圆点表示 1988 年 7～9 月期间 TC 生成位置，（b）～（f）中的深（浅）色阴影区域表示正（负）异常通过置信水平为 95% 的 t 检验

图 5.2（b）、（e）和图 5.2（c）、（f）分别为两类 La Niña 事件期间 5°×5°网格内 TC 生成频数和路径频数（将 TC 路径出现的位置点绘）的异常分布。La Niña Ⅰ型 TC 生成频数在 5°N～20°N、125°E～170°E 存在分布较广的负异常［图 5.2（b）］，原因在于 La Niña 事件期间 TC 生成源地转向西北太平洋西北部，而整个西北太平洋 TC 的生成频数与 El Niño 事件期间相比变化不大，因此导致中部和东

南部出现负异常。对应于 TC 生成数量的减少和生成源地的移动,TC 的路径频数在 10°N～30°N、120°E～160°E 也为分布较广的负异常区[图 5.2(e)]。La Niña Ⅱ型 TC 生成频数的正异常分布在中国南海西北部的 10°N～20°N、120°E～140°E 以及西北太平洋东北部的 10°N～20°N、150°E～170°E,而负异常只分布在 10°N～20°N、145°E 附近和 10°N 以南的 125°E～170°E 部分区域[图 5.2（c）],TC 路径频数没有显著的异常[图 5.2（f）]。

由此可见,两类 La Niña 事件期间 TC 生成源地分布和主要活动区域均存在显著差异。以往的研究工作在分析西北太平洋 TC 频数特征时,没有区分不同类型的 La Niña 事件,虽然得到了类似于 La Niña Ⅰ型西北太平洋西北区域 TC 生成频数偏高,其他区域频数偏低的结论,但忽略了 La Niña Ⅰ型与 La Niña Ⅱ型 TC 活动的差异以及相应的大尺度环境场差异,因此,将 La Niña Ⅰ型事件从 La Niña 事件分离出来能够有效地提高 ENSO 冷事件对西北太平洋 TC 活动影响的认识水平。

Lander（1990）发现西北太平洋 TC 的活动受到季风槽的直接影响,Ritchie 和 Holland（1999）、Chen 等（2004）进一步指出,季风槽提供了适合 TC 生成和发展的正相对涡度、辐合运动以及较高的水汽含量等大尺度环境场条件,因此该区域 70%以上的 TC 在季风槽内生成。

图 5.3（a）和图 5.3（c）给出了合成的两类 La Niña 事件 7～9 月平均 850 hPa 风场和涡度场,可见位于台湾东南部的季风槽存在较为显著的差异。La Niña Ⅱ型比 La Niña Ⅰ型季风槽位置更偏北,延伸到 140°E 以东,并且强度更强,这个季风槽所在的区域是 La Niña Ⅱ型 TC 活动最为频繁的区域之一。对比图 5.2（b）和图 5.2（e）可见,该季风槽可以很好地解释 15°N～20°N、125°E～140°E 区域 La Niña Ⅱ型 TC 的生成频数高于 La Niña Ⅰ型的现象。此外,La Niña Ⅱ型位于 SCS 的季风槽也稍强于 La Niña Ⅰ型,导致 La Niña Ⅱ型中国南海 TC 生成频数高于 La Niña Ⅰ型。

需要指出的是,虽然再分析资料能体现出两类 La Niña 事件期间对应夏季东亚和西太平洋大尺度环境场（包括季风槽）的特征,但由于东亚夏季季风槽是 TC 活动的主要区域,并且此区域夏季 TC 峰期的 TC 活动非常频繁,平均时间不能完全平滑和消除大尺度环流场中包含的 TC 信息,而频繁的 TC 活动也会影响东亚夏季气候的分布格局（Zhong and Hu,2007；Hsu et al.,2008）,图 5.3（a）和图 5.3（c）中风场和季风槽实际上包括了 TC 季节平均效应的贡献,因而是背景环流和 TC 环流叠加的结果。

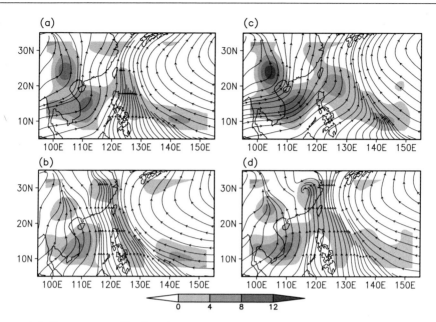

图 5.3　合成的 La Niña Ⅰ 型（左）和 La Niña Ⅱ 型（右）7~9 月平均 850 hPa 风场和相对涡
度分布（阴影，单位：$10^{-6} \cdot s^{-1}$）

（a）、（c）NCEP 再分析资料，（b）、（d）消除 NCEP 再分析资料中 TC 涡旋后的结果，图中仅表示正涡度所在区域

在 La Niña 事件期间，背景环流中的季风槽无疑有利于更多的 TC 生成，与此同时，频繁的 TC 活动伴随着大量的正涡度切变亦会加深季风槽系统。为了分离并简化不同尺度天气系统间复杂的相互作用过程，同时也更为准确地反映两类 La Niña 事件对应夏季背景环流的特征，我们利用第 2 章中介绍的消除 TC 涡旋的方法（Low-Nam and Davis，2001），将 TC 风场从再分析资料中消除，图 5.3（b）和图 5.3（d）为消去 TC 涡旋后两类 La Niña 事件 7~9 月平均 850 hPa 风场和涡度场，消除了 TC 风场的贡献后，位于中国南海和西北太平洋西部的季风槽强度均有所减弱。与图 5.3（a）和图 5.3（c）类似的是，消去 TC 涡旋后 La Niña Ⅱ型的季风槽仍比 La Niña Ⅰ型强，影响范围也依然更大，表明两类 La Niña 事件期间 10°N~20°N、120°E~140°E 区域 TC 的活动差异确是大尺度背景场调制的结果。

图 5.4（b）和图 5.4（c）分别给出了两类 La Niña 事件期间垂直风切变方向及其量值异常，由于西北太平洋副热带区域气候平均垂直风切变在 150°E 以东是西风切变，150°E 以西是东风切变[图 5.4（a）]，气候平均垂直风切变与低层东风异常叠加的结果，使西北太平洋东部西风切变增大，西部东风切变减小，Du 等（2011）发现 El Niño 事件之后夏季西北太平洋 TC 频数异常减少也和该区域西风切变增大有关。

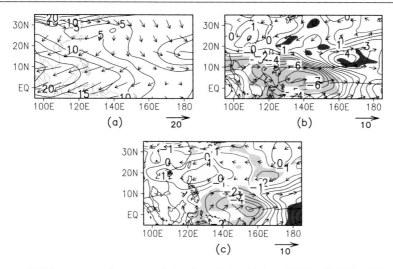

图 5.4　7～9 月平均 200 hPa 减 850 hPa 垂直风切变方向（箭头）及量值（等值线，单位：m·s⁻¹）

（a）季节平均；（b）合成的 La Niña Ⅰ型异常；（c）合成的 La Niña Ⅱ型异常；（b）和（c）中深（浅）色阴影区域表示垂直风切变量值正（负）异常通过置信水平为 95% 的 t 检验

如图 5.4（b）所示，La Niña Ⅰ型较强的低层东风异常导致 10°N～20°N、150°E～180°存在一个垂直风切变正异常中心，较强的垂直风切变抑制了该区域 TC 的生成，导致 150°E 以东区域 TC 生成频数和路径频数出现负异常[图 5.2（b）和图 5.2（c）]。而 La Niña Ⅱ型低层东风异常较弱，整个西北太平洋垂直风切变异常不如 La Niña Ⅰ型明显，并且 10°N～25°N、150°E～170°E 垂直风切变量值小于气候平均态[图 5.4（c）]。这是由于赤道中东太平洋负 SSTA 激发的负降水异常及其对应的反气旋环流异常位置较 La Niña Ⅰ型偏东，反气旋北侧的西风异常减小了这一区域的垂直风切变。

另外，由于 10°N～25°N、150°E～170°E 位于西北太平洋东部，TC 在暖洋面生成后向西和向北移动过程中，更有可能发展成为 LTC。这一区域 La Niña Ⅱ型共生成 16 个 LTC，而 La Niña Ⅰ型仅生成 2 个 LTC，两类 La Niña 事件期间西北太平洋 LTC 生成频数的差异主要来自这一区域，并且 La Niña Ⅱ型在此区域的 TC 频数高于正常年[图 5.2（e）和图 5.2（f）]。因此，两类 La Niña 事件期间不同强度热带印度洋和西太平洋 SSTA 对西北太平洋低层东风产生的影响不同，所导致的垂直风切变的变化是西北太平洋东北部 TC 生成频数差异的主要原因。

综上可见，La Niña Ⅰ型 TC 和 LTC 数量均明显少于 La Niña Ⅱ型，并且在 140°E 以东更明显。区域特征的第一个显著差异是 La Niña Ⅰ型 10°N～20°N、120°E～140°E 区域 TC 的生成频数低于 La Niña Ⅱ型，La Niña Ⅰ型 TC 路径频数在 10°N～30°N、120°E～160°E 存在显著的负异常，而 La Niña Ⅱ型没有明显

异常。TC 在这一区域的活动受到台湾东南部季风槽的影响，La Niña Ⅱ型季风槽比 La Niña Ⅰ型位置偏北偏东，强度更强，并且在消除 TC 风场季节平均的影响后，La Niña Ⅱ型季风槽依然比 La Niña Ⅰ型强，导致了 La Niña Ⅱ型这一区域 TC 频数显著高于 La Niña Ⅰ型。区域特征的第二个显著差异是 La Niña Ⅱ型 10°N～20°N、150°E～170°E 的 TC 生成频数高于 La Niña Ⅰ型，这与此区域 La Niña Ⅱ型垂直风切变显著小于 La Niña Ⅰ型有关。

5.2　正压能量转化特征

最近的研究表明，热带印度洋 SSTA 会对西北太平洋夏季气候以及 TC 活动产生显著的影响（Du et al.，2011；Zhan et al.，2011a），特别是 El Niño 事件后一年春夏季印度洋 SST 出现大面积正异常，其"电容效应"通过"放电过程"影响西北太平洋区域夏季气候（Xie et al.，2009）。本书中 La Niña Ⅰ型就是 El Niño 事件后一年所对应的类型，因此热带印度洋的"电容效应"可以解释 La Niña Ⅰ型西北太平洋区域夏季大尺度环境场异常响应特征，与之形成对比的是，"电容效应"对 La Niña Ⅱ型的影响不明显。

La Niña Ⅰ型夏季赤道东印度洋和西太平洋出现较强的正 SSTA[图 5.5（a）]，加热了西太平洋和热带印度洋海域的对流层大气[图 5.5（b）]，低纬区域地表气压降低，导致低层辐合和上升运动，对流活动发展[图 5.5（d）]，热带太平洋东风异常增强[图 5.5（a）]。正 SSTA 激发出东传赤道斜压 Kelvin 波，增加了赤道外区域边界层顶的负涡度，造成边界层辐散，西太平洋低层形成反气旋环流异常，负涡度异常增强[图 5.5（c）]，产生异常下沉运动（Wu et al.，2009），同时地表气压升高[图 5.5（b）]。海陆温差的减小使东亚夏季风减弱，导致季风槽位置偏西偏南，强度偏弱[图 5.3（a）]，另外，增强的低层东风使西北太平洋东部副热带区域垂直风切变增强[图 5.4（b）]。这种由海洋下垫面加热导致整层大气增温并激发出行星波，造成大气环流异常十分类似于 Matsuno-Gill 模态（Matsuno，1966；Gill，1980），这也是热带印度洋的"电容效应"的典型特征的体现。

La Niña Ⅱ型赤道东印度洋和西太平洋正 SSTA 比 La Niña Ⅰ型要弱，所以热带太平洋东风异常也较小[图 5.5（e）]，西北太平洋西部副热带区域虽然仍为弱的气旋性环流异常，但东亚夏季风无明显变化。故相比于 La Niña Ⅰ型，季风槽位置偏北偏东，强度更强[图 5.3（c）]，并且西北太平洋东部副热带区域垂直风切变量值小于气候平均态[图 5.4（c）]。

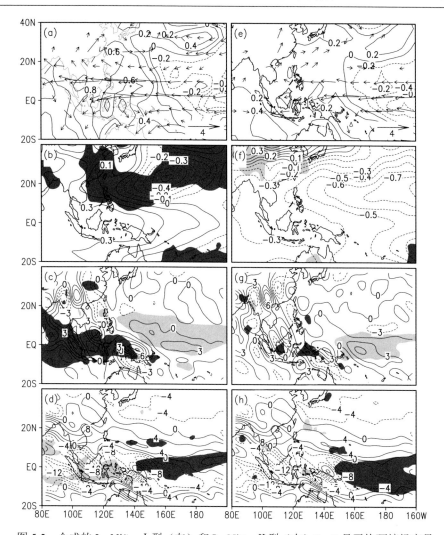

图 5.5　合成的 La Niña Ⅰ型（左）和 La Niña Ⅱ型（右）7～9 月平均环境场变量

（a）、（e）海表温度异常（等值线，单位：℃）和 850 hPa 风场异常（单位：m·s⁻¹）；（b）、（f）200～925 hPa
平均温度异常（等值线，单位：℃），深（浅）色阴影表示地表气压正（负）异常绝对值超过 0.05 hPa 的区域；
（c）、（g）850 hPa 相对涡度异常（等值线，单位：10⁻⁶·s⁻¹），深（浅）色阴影表示降水率正（负）异常绝对值
超过 1 mm·d⁻¹ 的区域；（d）、（h）925 hPa 散度异常（等值线，单位：10⁻⁶·s⁻¹），深（浅）色阴影表示 OLR 正
（负）异常绝对值超过 10 W·m⁻² 的区域

两类 La Niña 事件期间不同类型的赤道东印度洋和西太平洋 SSTA 对西北太
平洋大气环流强迫作用的差异，造成了 La Niña Ⅰ型和 La Niña Ⅱ型 TC 活动的
显著不同。

TC 作为重要的热带天气尺度系统，正压能量转化是其维持和发展的主要能
量来源之一（Shapiro，1978；Maloney and Hartmann，2001）。Lau 和 Lau（1992）

曾利用线性化涡动动能倾向方程研究夏季热带天气尺度扰动能量的转换。Seiki
和 Takayabu（2007）首先将这种方法运用到 ENSO 对西北太平洋区域天气尺度系
统的能量来源研究，Zhan 等（2011a）还利用该方法研究了 El Niño 年和 La Niña
年西北太平洋海域正压能量转化的特征，较好地解释了冷暖位相年 TC 活动的差
异。下面将对两类 La Niña 事件期间正压能量转化和 TC 能量来源进行诊断分析。

　　Lau 和 Lau（1992）的研究表明，与有效位能转化相关的过程集中在 500 hPa
以上，KmKe 向 EKE 的转化主要在 500 hPa 以下的对流层中下层，而 850 hPa 环
境场对于包括 TC 在内的天气尺度系统的生成和发展起到重要作用，因此这里讨
论 850 hPa 环境场 KmKe 向 EKE 的转化特征。利用 Zhan 等（2011a）的假设，即
在其他有利于 TC 生成和发展的条件相同时，KmKe 提供了 TC 扰动发展的主要能
量来源。从 850 hPa 的 7～9 月平均环境场分布可以看到[图 5.5（c）和图 5.5（g）]，
La Niña Ⅰ型西北太平洋西部为异常反气旋环流，低层异常辐散运动加强，10°N～
20°N、110°E～150°E 区域对流运动受到抑制，降水减少。而 La Niña Ⅱ型西北太
平洋，10°N～20°N、110°E～150°E 区域内存在对流运动，因此 La Niña Ⅰ型不利
于包括 TC 在内的天气尺度扰动的发展。

　　图 5.6（a）为 La Niña Ⅰ型与 La Niña Ⅱ型 850 hPa 的 EKE 差值分布，两类
La Niña 事件 EKE 差异最大的区域位于 10°N～30°N、120°E～160°E，该区域 La
Niña Ⅰ型涡动动能明显小于 La Niña Ⅱ型，对应于两类 La Niña 事件 850 hPa 涡
度场存在的明显差异。对 EKE 贡献最显著的是 KmKe 项，其负异常大值区位于
10°N～30°N、120°E～140°E[图 5.6（b）]，表明西北太平洋西部 La Niña Ⅰ型由
正压能量转化的天气尺度扰动能量明显小于 La Niña Ⅱ型，而 La Niña Ⅱ型该区
域位于季风槽内[图 5.3（b）]，因此包括 TC 在内的天气尺度扰动更容易发展。

　　为了进一步研究正压能量转化中不同动力过程的特点和影响，我们分别计算
了正压能量转化的各个动力过程项。图 5.7 给出了两类 La Niña 事件期间正压能量
转化各项的异常分布，总体上，La Niña Ⅰ的异常相对 La Niña Ⅱ而言更为显著。
图 5.7（a）～图 5.7（h）为两类 La Niña 事件期间 KmKe 各项的差值分布。可见
对 KmKe 变化有主要贡献的是 $\bar{u}_x$ 和 $\bar{u}_y$[图 5.7（a）和图 5.7（b）]，这两项的异
常分布与 KmKe 基本相同，背景场纬向气流纬向辐合和经向切变的负异常分别对
应于低层异常辐散运动和异常反气旋环流，表明 La Niña Ⅰ型不利于正压能量转
化，因此不利于 TC 发生和发展。$\bar{v}_x$ 和 $\bar{v}_y$ 对 KmKe 虽然贡献相对纬向风而言较小
[图 5.7（c）和图 5.7（d）]，但仍可以看到 $\bar{v}_y$ 在 15°N～30°N、130°E～150°E 存
在正异常中心，表明 La Niña Ⅰ型西北太平洋西北部经向气流经向辐合对正压能
量转化有一定贡献。

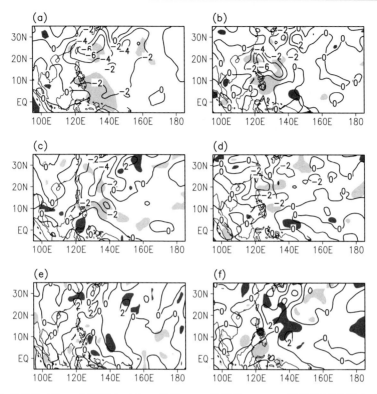

图 5.6　合成的 La Niña Ⅰ型和 La Niña Ⅱ型 7～9 月平均 850 hPa 线性化正压涡动动能倾向方程各项及正压能量转化各项的差值

（a）涡动动能（单位：$m^2 \cdot s^{-2}$）；（b）正压能量转化（单位：$10^{-5}\ m^2 \cdot s^{-3}$）；（c）纬向风辐合项（单位：$10^{-5}\ m^2 \cdot s^{-3}$）；（d）纬向风切变项（单位：$10^{-5}\ m^2 \cdot s^{-3}$）；（e）经向风切变项（单位：$10^{-5}\ m^2 \cdot s^{-3}$）；（f）经向风辐合项（单位：$10^{-5}\ m^2 \cdot s^{-3}$）；深（浅）色阴影区域表示正（负）异常通过置信水平为 95%的 t 检验

正压能量转化不同动力过程的分析表明，背景场纬向气流纬向辐合和经向切变偏小是造成 La Niña Ⅰ型正压能量转化显著小于 La Niña Ⅱ型的主要原因，因而不利于 TC 的发生和发展。因此，造成两类 La Niña 事件期间西北太平洋 TC 活动差异的主要原因在于热带东印度洋和西太平洋 SST 不同幅度的增温变化。La Niña Ⅰ期间，东印度洋和西太平洋海域 SST 出现大幅度增温，加热了西北太平洋以西包括热带印度洋在内的对流层大气，西北太平洋近赤道区域地表气压降低，低层辐合上升运动和对流活动增强，并出现大范围较强的东风异常。正 SSTA 激发出东传赤道斜压 Kelvin 波，西北太平洋副热带区域低层异常反气旋环流和负涡度异常，出现异常辐散和下沉运动，造成地表气压升高。与此同时，西北太平洋东部副热带区域垂直风切变增大，西部垂直风切变减小，因此导致了西北太平洋东部 TC 生成频数出现负异常。另外，由于海陆温差减小使东亚夏季风减弱，季风槽位置偏西偏南，强度偏弱，也对西北太平洋西部减弱的 TC 活动具有一定贡献。

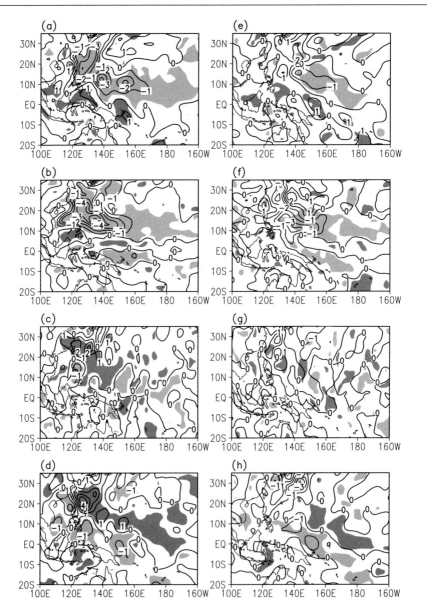

图 5.7　合成的 La Niña Ⅰ型（左）和 La Niña Ⅱ型（右）7～9 月平均 850 hPa 正压能量转化各项

(a)、(e) 纬向风辐合项（单位：$10^{-5}\,\mathrm{m^2 \cdot s^{-3}}$）；(b)、(f) 纬向风切变项（单位：$10^{-5}\,\mathrm{m^2 \cdot s^{-3}}$）；(c)、(g) 经向风切变项（单位：$10^{-5}\,\mathrm{m^2 \cdot s^{-3}}$）；(d)、(h) 经向风辐合项（单位：$10^{-5}\,\mathrm{m^2 \cdot s^{-3}}$）；深（浅）色阴影区域表示正（负）异常通过置信水平为 95% 的 t 检验

　　La Niña Ⅱ型热带东印度洋和西太平洋 SST 增温小于 La Niña Ⅰ型，热带太平洋东风异常较小，西北太平洋副热带区域垂直风切变的变化不明显，因而垂直

风切变对 TC 生成频数的影响较小。西北太平洋副热带区域仍以气旋性环流为主，季风槽相比于 La Niña Ⅰ型位置偏北偏东，且强度偏强，导致该区域 TC 活动频繁。

5.3　对 1988 年个例的解释

对线性化涡动动能倾向方程诊断表明，大尺度环境场的不同配置会导致西北太平洋西部两类 La Niña 事件期间涡动动能和正压能量转化存在显著差异，两类 La Niña 事件期间不同类型的热带东印度洋和西太平洋 SSTA 强迫对西北太平洋区域夏季气候的影响方式不同，因此对 TC 活动的调制作用也有所区别，这是两类 La Niña 事件期间西北太平洋热带气旋活动表现出显著差异的主要原因。

需要指出的是，虽然 1988 年是由强 El Niño 事件转入的 La Niña 年，按定义应被划入 La Niña Ⅰ型分类，但相对于其他 La Niña Ⅰ型年而言，该年 TC 峰期的 TC 活动具有一定特殊性。例如，其他 4 个 La Niña Ⅰ型年 7~9 月生成的 TC 和 LTC 平均数分别为 10.8 个和 5.3 个，而 1988 年为 19 个和 9 个，远多于其他 La Niña Ⅰ型年及平均水平，并且该年 TC 的生成源地多集中在 15°N 以北及 143°E 以东区域［图 5.2（a）］，并非传统认为的西北太平洋西北部（Chia and Ropelewski, 2002）。由此可见，西北太平洋北部和东北部相比于平均状况而言有更频繁的 TC 活动，是造成这一年 TC 频数偏高的主要原因。

图 5.8 是 1988 年夏季西北太平洋区域环境场变量的分布，这一年夏季热带东印度洋和西太平洋出现较强的正 SSTA，赤道太平洋东风异常增强［图 5.8（a）］，热带东印度洋和西太平洋 SSTA 加热了对流层整层大气［图 5.8（b）］，西北太平洋副热带区域 20°N 以南低层以异常负涡度和辐散运动为主［图 5.8（c）和图 5.8（d）］，这种状况不利于 TC 的生成和发展。从与图 5.5 的对比中可以清晰地看到 1988 年 20°N 以南的环境场和 TC 活动具有明显的 La Niña Ⅰ型的特征，而西北太平洋 20°N 以北的环境场则有利于 TC 的生成。如图 5.8（c）和 5.8（d）所示，20°N 以北 TC 生成区域的对流层低层以异常正涡度和辐合运动为主，并且 SLP 降低［图 5.8（a）］，垂直风切变量值异常偏弱［图 5.8（c）］。20°N~30°N、140°E~160°E 区域活跃的对流活动［图 5.8（d）］和丰沛的水汽［图 5.8（b）］为西北太平洋东北部 TC 生成提供了有利条件，因此 LTC 频数也相应增加。

这一年夏季西北太平洋 30°N 附近大气环流状况的异常可能与北半球夏季太平洋-日本（PJ）波列的遥相关（Nitta, 1987）有关，暗示了北半球夏季大气季节内振荡对这一区域 TC 活动的影响更为显著。对 1988 年的个例分析表明，由 ENSO 导致的热带印度洋的"电容效应"对西北太平洋区域夏季气候以及 TC 活动的影响集中在 20°N 以南的热带海域，在某些特殊年份中（例如 1988 年），包括诸如大气遥相关和季节内振荡等中高纬度的气候信号可能会对局地 TC 活动产生更为显著的影响。由此可见，ENSO 对西北太平洋 TC 活动的影响存在一定的区域局限性。

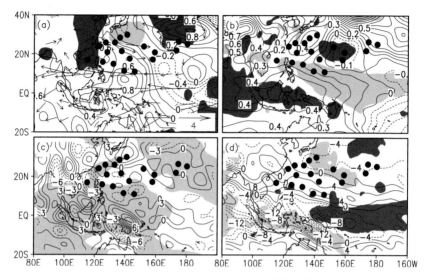

图 5.8　1988 年 7～9 月平均环境场变量

（a）海表温度异常（等值线，单位：℃）和 850 hPa 风场异常（单位：m·s^{-1}），深（浅）色阴影表示地表气压正（负）异常绝对值超过 0.05 hPa 的区域；（b）200～925 hPa 平均温度异常（等值线，单位：℃），深（浅）色阴影表示降水率正（负）异常绝对值超过 1 mm·d^{-1} 的区域；（c）850 hPa 相对涡度异常（等值线，单位：10^{-6} s^{-1}），浅色阴影表示 200 hPa 减 850 hPa 垂直风切变异常量值小于 1 m·s^{-1} 的区域；（d）925 hPa 散度异常（等值线，单位：10^{-6} s^{-1}），深（浅）色阴影表示 OLR 正（负）异常绝对值超过 10 W·m^{-2} 的区域；图中实心圆点表示 1988 年 7～9 月期间 TC 生成位置

　　由于 ENSO 不同位相与西北太平洋 TC 活动存在对应关系，研究 ENSO 循环与 TC 活动的关系及机制，对 TC 季节预测具有积极的指导意义。如果能够比较准确预测 La Niña 事件的发生，本书研究结果可用于 La Niña 事件发生当年西北太平洋 TC 活动的季节预测。例如，若当年为 El Niño 衰减年，并监测到热带东印度洋和西太平洋 SST 出现大幅度海表增温，可以预测出当年 TC 活动频数偏低；若前一年为正常位相或发展中的 La Niña 年，并监测到热带东印度洋和西太平洋 SST 增温不明显，则可预测当年 TC 活动与正常水平相差不大。

　　在气候变化和全球变暖的背景下，20 世纪 90 年代太平洋 SST 发生了显著的年代尺度突变。Lee 和 McPhaden（2010）的研究表明，自 20 世纪 90 年代开始，热带中太平洋出现持续而显著的 SST 异常增暖，而赤道东太平洋 SST 则有所下降，这种异常变化被认为是热带太平洋年代际尺度突变的结果，也有学者将这次异常变化称为异常 La Niña 型模态。CP 增暖事件的出现频次在突变发生后明显增加（Yeh et al.，2009；Lee and McPhaden，2010），伴随着此次突变过程，东亚 TC 活动在 20 世纪 90 年代中后期也发生了年代际尺度的转变。从本章所得结果可以进一步分析出，随着未来 CP 增暖事件的增多，CP El Niño 衰亡年夏秋季节西北太平洋西部将会有更多 TC 活动，同时中国华南沿海、中南半岛和菲律宾群岛受 TC 登陆影响的潜在威胁也相应增大。将 La Niña 事件分成两类后，西北太平洋 TC 活动在这一 ENSO 背景下的特征显得更加清晰。随着对 ENSO 事件及其循环机制研究的不断深入，将不同类型的 ENSO 事件考虑到 TC 季节预测模型中，无疑会有助于提高西北太平洋 TC 预测和预报的准确度。

第 6 章　热带印度洋 SSTA 对热带
气旋的"次级调制"作用

　　热带印度洋 SSTA 对东亚夏季风（Xie et al.，2009）及西北太平洋 TC 活动影响深远（Du et al.，2011；Ha et al.，2014a，2014b），这部分研究进展在本书 1.2 节进行了概述。值得注意的一个现象是，在 El Niño 发展年和衰亡年，热带印度洋 SST 均表现为正异常，但西北太平洋 TC 的活动似乎与 ENSO 循环的位相存在着更为密切的关系。例如，印度洋增暖对西北太平洋 TC 生成的抑制作用在 El Niño 衰亡年表现最为明显，而在 El Niño 发展年几乎无法被观测到，这暗示了热带印度洋 SSTA 与西北太平洋 TC 生成频数（TCGF）的相关关系在 ENSO 极端位相（例如 El Niño 发展年）是不显著的。也就是说，印度洋 SSTA 与 TC 活动的关系似乎高度依赖于 ENSO 事件所处的位相。除此以外，La Niña 事件期间印度洋 SSTA 对西北太平洋 TC 生成的影响在以往工作中也未见系统性研究。以往研究 ENSO 或热带印度洋 SSTA 对西北太平洋 TC 活动影响时，往往单独讨论这两个调制因子的作用。然而，若 ENSO 和热带印度洋 SST 同时处于异常位相，即两种异常同时存在时，TC 活动异常将呈现出有别于单一调制因子的状态。

　　本章将关注重点放在 ENSO 和印度洋 SSTA 对西北太平洋 TC 活动联合调制与协同影响，从统计分析、分类特征提取和不同资料长度对比等多个角度，研究在热带印度洋 SST 和 ENSO 异常共同存在的情况下，两者对 TC 活动调制程度的差异性，以及 El Niño 和 La Niña 位相下，印度洋 SSTA 对 TC 活动的相对贡献，并进一步探讨印度洋和太平洋 SSTA 这两类调制因子联合影响西北太平洋 TC 活动的过程机理。

6.1　热带气旋生成的统计特征

　　将 Niño-3.4 指数和印度洋 SSTA 指数标准化，选择 0.5 倍标准差作为挑选异常事件的阈值（图 6.1），分别确定了 1951～2010 年 ENSO 事件和印度洋 SST 异常年。表 6.1 列出了 1951～2010 年每年 ENSO 和印度洋 SSTA 的异常程度。这里需要指出，由于 ENSO 事件一般在年末达到最强，因此传统上定义 ENSO 事件往往用冬季 Niño 指数作为指标。而本章的研究对象为夏秋季节西北太平洋 TC 活动，因此使用了夏季同期的气候指数作为背景调制因子的指标。由于 7～10 月 Niño-3.4

指数与其当年冬季 11 月到次年 1 月的相关性十分显著，相关系数高达 0.90，表明
ENSO 事件的分类对 Niño 指数的选取时间并不敏感，夏秋季 TC 活动同期的
Niño-3.4 指数能够准确表征当年 ENSO 事件的位相特征。因此，本章在确定 ENSO
事件时，使用了 TC 活动同期的 7～10 月 Niño-3.4 指数。

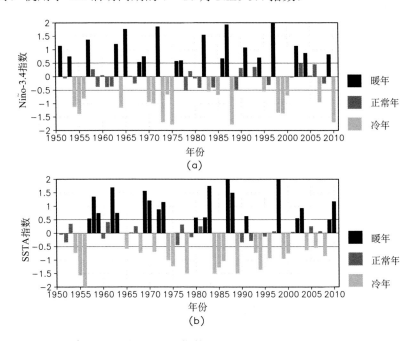

图 6.1　1951～2010 年 7～10 月 Niño-3.4 指数（a）和 4～10 月热带印度洋 SSTA 指数（b）的
年际变化

实线表示 0.5 倍标准差

表 6.1　依据 Niño-3.4 指数和印度洋 SSTA 指数对各年分类

	El Niño 年	La Niña 年	正常状态年
印度洋暖年	1957，1963，1969，1972，1982，1987，1991，2002，2009	1970，1973，1983，1988，1998，2010	1958，1959，1962，1980，2003
印度洋冷年	1965，1968，1986，1994，2004	1954，1955，1956，1971，1974，1975，1978，1985，1999，2000	1984，1989，1993，1996，2006，2008
印度洋正常年	1951，1953，1976，1977，1997	1964，1995，2007	1952，1960，1961，1966，1967，1979，1981，1990，1992，2001，2005

1951～2010 年 Niño-3.4 指数与印度洋 SSTA 指数的同期相关系数仅为 0.16，

而当印度洋 SSTA 指数滞后 Niño-3.4 指数 1 年时，两者的相关性大幅增加到 0.59，并达到 99%的置信水平。这主要是因为 ENSO 对印度洋 SST 的遥相关效应往往发生在 ENSO 事件达到最强的后一年（衰亡年）。为了检查单个调制因子对西北太平洋 TC 生成的贡献，图 6.2 给出了 TCGF 分别与 Niño-3.4 指数和印度洋 SSTA 指数在 1951～2010 年的空间相关性。由于 Niño-3.4 指数与印度洋 SSTA 指数同期相关不显著，因此图 6.2 使用了常规的相关性分析方法，并未使用线性偏相关分析方法。

从图 6.2 中可以看到，类似于以往的研究（Chan，2000；Chia and Ropelewski，2002；Wang and Chan，2002；Camargo and Sobel，2005；Chen et al.，2006），JTWC 资料中 TCGF 与 Niño-3.4 指数的相关在西北太平洋呈现出偶极型分布，即显著的负相关出现在西北象限，正相关位于东南象限[图 6.2（a）]，表明 El Niño 事件期间西北太平洋东南部 TC 活动增加，西北部减少，而 La Niña 事件期间则体现出相反的位相特征。

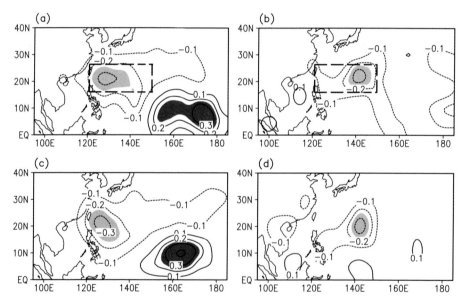

图 6.2　1951～2010 年 JTWC 资料（上）和 JMA 资料（下）的 TCGF 与 Niño-3.4 指数[（a）、（c）]和印度洋 SSTA 指数[（b）、（d）]的相关分布
阴影区域表示其相关性通过置信水平为 95%的统计检验，（a）、（b）中虚线框住的区域是定义 TCI 的区域

印度洋 SSTA 与 TCGF 的相关性呈现出以 20°N、140°E 为中心的负相关[图 6.2（b）]，这与 Du 等（2011）、Zhan 等（2011a）和 Tao 等（2012）给出的结果是一致的，即印度洋 SST 增暖会抑制西北太平洋 TC 生成，而 SST 冷却则对 TC 活动具有一定的正贡献。利用 JMA 资料所揭示的 TCGF 与 Niño-3.4 指数/印度

洋 SSTA 指数的空间相关分布与 JTWC 资料结果具有高度的一致性[图 6.2（c）和图 6.2（d）]，表明这两套资料都能够较好地刻画 TC 生成与 ENSO 循环及印度洋 SSTA 变化的关系。

值得注意的是，TCGF 与印度洋 SSTA 在 150°E 以西的相关性，和 TCGF 与 Niño-3.4 指数在这一区域的相关性是一致的，均表现为负相关关系。这说明当 ENSO 信号和印度洋 SSTA 同时存在时，西北太平洋中西部 TC 生成将受到两个潜在调制因子的共同影响。为了进一步研究 El Niño 和 La Niña 位相下印度洋 SSTA 对 TCGF 的贡献，把图 6.2 中显著相关性重叠的 15°N～25°N、120°E～150°E 标记为 TC 影响关键区，记为 KR，并定义 KR 内 7～10 月 TCGF 为 TCI。表 6.2 列出了 ENSO 冷暖年各印度洋 SSTA 位相的 TCI。可以看到，El Niño 事件期间，无论印度洋 SSTA 位相如何变化，TCI 均低于 1951～2010 年气候平均值（印度洋正常/暖/冷年：3.2/4.0/5.4；气候平均：6.1），并且这种差异在印度洋正常/暖位相达到了 95%的置信水平。

表 6.2　El Niño 和 La Niña 年不同印度洋 SSTA 位相的 TCI

	印度洋正常年	印度洋暖年	印度洋冷年
El Niño	**3.2（△）**	**4.0（△）**	5.4
La Niña	8.2	6.7	**8.3（▲）**
1951～2010 年气候平均		6.1	

注：实心（空心）三角形表示其与气候平均值之差通过置信水平为 99%（95%）的 t 检验。

与之形成对比，La Niña 事件期间，不同位相印度洋 SSTA 分类年 TCI 均高于气候平均水平（印度洋正常/暖/冷年：8.2/6.7/8.3；气候平均：6.1），尤其在印度洋冷年与气候平均状况的差异达到 99%的置信水平。这表明 ENSO 对 KR 的 TC 生成起到主导的作用，而印度洋 SSTA 的调制作用似乎是居于 ENSO 之后的。同时我们注意到的，在 El Niño 事件期间，印度洋暖年 TCI（4.0）低于冷年（5.4）；而 La Niña 事件期间，印度洋冷年 TCI（8.3）高于暖年（6.7）。这种对比表明，印度洋 SSTA 对西北太平洋 TC 的影响在特定 ENSO 位相下依然是可分辨的，这在一定程度上佐证了印度洋 SSTA 调制作用居于次的观点。也就是说，尽管其对西北太平洋 TC 生成影响程度小于 ENSO，但依然发挥了相对 ENSO 而言"次级调制"的作用。另外也证明了，从 ENSO 循环的背景下分离出印度洋 SSTA 对 TC 活动的贡献是存在一定难度的。

图 6.3 给出了 1951～2010 年标准化的 Niño-3.4 指数、印度洋 SSTA 指数和 TCI 的散点图，红、绿和灰色散点分别表征当年 TC 活动处于高、低和平均水平。从图中可以看到，ENSO/印度洋 SSTA 对 TCI 存在明显的联合影响，当 La Niña

事件和印度洋冷年同时发生时（图 6.3 左下象限），TCI 往往处在高水平（红色三角），这种位相组合占据了 10 个高 TCI 中的 6 个；而有一半以上的低 TCI 出现在 El Niño 事件及印度洋暖年同时发生的情形下（图 6.3 右上象限，绿色三角）。

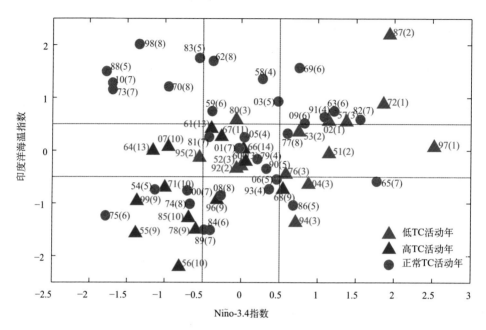

图 6.3　1951～2010 年 Niño-3.4 指数和印度洋 SSTA 指数分布的散点图

括号中的数字表示当年 6～10 月 TCI，三角形标注出高（低）TCI 年的定义是 TCI 大于（小于）1 倍标准差，实线定义了 ENSO 和印度洋 SSTA 极端年

为了更进一步研究 TCI 和两个调制因子间的关系，图 6.4（a）给出了 TCI 与 Niño-3.4 指数的散点图，散点的颜色标识了印度洋 SSTA 事件异常。首先注意到，TCI 和 Niño-3.4 指数的相关性高达–0.51，通过了置信水平为 99% 的信度检验。但如果仅考察印度洋正常年，相关关系稍有下降[–0.48；图 6.4（a）]。另外，TCI 与印度洋暖/冷年的相关系数也很显著（–0.61/–0.48），并且在暖年达到 99% 的置信水平[图 6.4（a）]。上述结果均表明，印度洋 SSTA 极端年对 TCI 与 ENSO 指数的负相关关系具有一定程度的贡献。另外，如图 6.4（a）所示，大多数印度洋暖年都位于回归线以下，这表明在 ENSO 循环中，印度洋暖 SSTA 对 KR 区域 TC 活动的抑制作用是可见的。从散点分布和回归趋势上看，TCI 与 Niño-3.4 指数的线性关系十分明显。

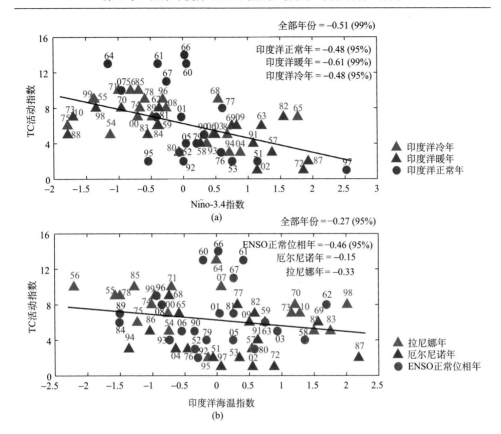

图 6.4　1951～2010 年 TCI 与线性化的（a）Niño-3.4 指数和（b）印度洋 SSTA 指数的散点分布
图中标注出对应年份 TCI 与相关指数的相关系数，括号中的百分比表示相关系数的置信水平，实线为线性回归后的变化趋势

另一方面，从图 6.4(b)所示的 TCI 与印度洋 SSTA 指数关系可以看出，1951～2010 年 TCI 与印度洋指数的相关性仅为–0.27，两者的线性关系也明显弱于图 6.4（a）中 ENSO 与 TCI 的关系。值得注意的是，在大多数 El Niño（La Niña）年，TCI 普遍处在较低（高）的水平上，大部分 ENSO 极端事件的散点位于回归曲线上下两侧[图 6.4（b）红、绿三角]，这种有规则的离散分布很大程度上破坏了 TCI 与印度洋 SSTA 的线性关系和相关性，并进一步暗示出 ENSO 对西北太平洋 TC 活动的影响强于印度洋 SSTA。具体来说，在 ENSO 的正常位相上，TCI 与印度洋 SSTA 的相关系数达到显著的–0.46，这一相关性明显高于 60 年总体的相关性；同时，在 El Niño/La Niña 位相上，TCI 与印度洋 SSTA 的相关系数为–0.15/–0.33，大幅低于正常状态的–0.46[图 6.4（b）]。这个结果表明，El Niño 和 La Niña 事件的存在破坏了 TCI 与印度洋 SSTA 线性关系，也就是说，在 ENSO 的极端位相，热带印度洋 SSTA 对 TC 活动的影响在很大程度上被 El Niño 和 La Niña 事件所掩

盖,其影响相对于 ENSO 事件而言是居于其次的。

综上可见,当印度洋 SSTA 处于正常位相时,TCGF 与 Niño-3.4 指数的相关性小于 1951~2010 年整段时期,表明印度洋暖年和冷年对西北太平洋中西部 TCGF 与 ENSO 循环的线性关系存在一定贡献;与之形成对比的是,El Niño 和 La Niña 事件期间,印度洋 SSTA 对西北太平洋 TC 活动的影响弱于 ENSO,同时,El Niño 和 La Niña 事件在较大程度上破坏了 TCGF 与印度洋 SSTA 指数的负相关关系。

6.2　ENSO 和热带印度洋 SSTA 的联合影响

6.2.1　ENSO 正常位相

为了最大程度上消除来自 ENSO 的影响,本节首先考察 ENSO 正常位相下印度洋 SSTA 对西北太平洋 TC 活动的贡献。

图 6.5 给出了正常状态下,冷暖印度洋年 TCGF 和 850 hPa 相对涡度场的异常分布。两套 TC 最佳路径资料在暖年和冷年表现出相似的分布形态,其空间相关系数分别为 0.32 和 0.38(表 6.3)。印度洋暖年,西北太平洋大部分海域的 TC 活动受到抑制,KR 区域出现显著的负 TCGF 异常[图 6.5(a)和图 6.5(b)]。印度洋 SST 增暖激发出赤道斜压 Kelvin 波,导致西太平洋边界层辐散和对流层下沉运动异常,西北太平洋 10°N~25°N 出现负涡度异常[图 6.5(c);Wu et al., 2010]。

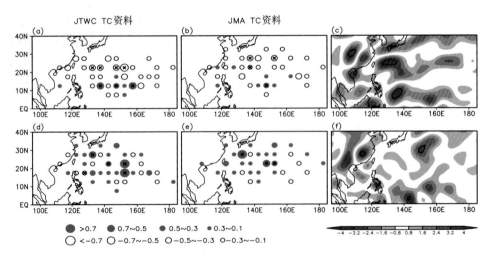

图 6.5　ENSO 正常位相下(左)JTWC 资料、(中)JMA 资料所记录的 TCGF 异常、(右)850 hPa 相对涡度场异常(阴影;单位:$10^{-6}\,s^{-1}$)

(a)、(b)、(c)印度洋暖年;(d)、(e)、(f)印度洋冷年;实(虚)线包围的区域以及星号标注的格点表示正(负)异常通过置信水平为95%的 t 检验

另一方面，印度洋增暖激发了局地上升运动和对流活动，通过热带印度洋-西太平洋经向环流，西北太平洋被异常下沉气流控制，上述两个因素共同造成了西北太平洋对流层低层的反气旋环流异常，这种环境场能够抑制季风槽对流活动和 TC 扰动的发展，导致 TCGF 减少。

表 6.3　JTWC 和 JMA 资料西北太平洋区域（10°N～40°N、100°E～180°E）TCGF 异常的空间相关系

JTWC 资料和 JMA 资料	印度洋正常年	印度洋暖年	印度洋冷年
ENSO 正常位相年	—	0.32	0.38
El Niño	0.43	0.52	0.42
La Niña	0.33	0.35	0.53

印度洋冷年西北太平洋出现 TCGF 正异常，与暖年负异常的位相相反[图 6.5（d）和图 6.5（e）]。由于东印度洋和海洋性大陆的西风异常使季风槽环流加强，西北太平洋低层受正涡度控制[图 6.5（f）]，同时 20°N 以南的辐合运动有利于对流运动发展和 TC 生成。尽管冷年相对涡度正异常的振幅小于暖年，但加强的 TC 活动与环境场异常分布具有较好的匹配关系，因此印度洋冷 SSTA 在 ENSO 正常位相上对西北太平洋 TC 生成也具有重要作用。以上结论证实了图 6.4（b）的结果，即在 ENSO 正常位相下，TCI 与印度洋 SSTA 存在显著的负相关关系。

下面将讨论 ENSO 和印度洋 SSTA 对西北太平洋 TC 活动的联合影响。首先需要指出的是，JTWC 资料和 JMA 资料对不同 ENSO 位相下 TCGF 异常东-西的分布格局具备一致的描述能力，如表 6.3 所示，El Niño（La Niña）事件期间，两套资料的空间相关系数在印度洋正常/暖/冷年达到 0.43/0.52/0.42（0.33/0.35/0.53），表明两套 TC 最佳路径资料都能够较为准确地刻画 ENSO 循环对 TC 活动的影响。

6.2.2　El Niño 位相

El Niño 位相下，印度洋正常年的西北太平洋西北（东南）象限 TCGF 偏低（偏高）[图 6.6（a）和图 6.6（b）]。El Niño 夏秋季，赤道中东太平洋 SST 出现增暖，由于 Rossby 波对下垫面加热的直接响应，西太平洋对流层低层西风异常增强（Wang et al., 2000）；同时，东亚季风槽伴随着正涡度异常也显著增强，从菲律宾海延伸到中太平洋[图 6.7（a）]，中国南海及 KR 区域由于受异常下沉运动影响，对流活动受到抑制[图 6.7（b）]，导致上述海域 TC 活动减少。

对于 El Niño 位相下的印度洋暖年，两套资料的空间相关系数达到 0.52，TCGF 异常分布与印度洋正常年十分接近，同样表现 KR 区域负异常-东南象限正异常的偶极型分布[图 6.6（c）和图 6.6（d）]。150°E 以东正涡度异常有利于这一区域

TC 的活动[图 6.7（c）]，对流活动的区域差异性也对应于西北太平洋 TCGF 异常分布的偶极型态[图 6.7（d）]。

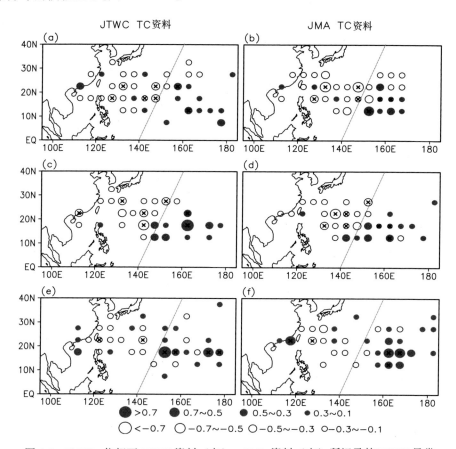

图 6.6　El Niño 位相下 JTWC 资料（左）、JMA 资料（右）所记录的 TCGF 异常

（a）、（b）印度洋正常年；（c）、（d）印度洋暖年；（e）、（f）印度洋冷年；星号标注的格点表示正（负）异常通过置信水平为 95%的 t 检验，细灰线将西北太平洋划分成西北象限和东南象限

　　在 El Niño 位相下的印度洋冷年，KR 区域 TCGF 负异常相比于暖年偏弱[图 6.6（e）和图 6.6（f）]，而西北太平洋中部则未出现显著异常。这可能与有印度洋 SST 冷却导致赤道东风增强、西北太平洋季风槽减弱及正涡度区异常西移有关[图 6.7（e）]。另外，印度洋暖年期间西北太平洋中西部 TCGF 负异常比冷年显著得多[图 6.6（c）～图 6.6（f），表 6.2]，表明 El Niño 事件和印度洋增暖对 KR 区域 TC 生成具有联合的抑制效应。与之形成对比，El Niño 事件和印度洋 SST 冷却对西北太平洋 150°E 以西的大气环流变化具有相反的影响。整体上看，尽管 El Niño 位相上 TCGF 的偶极型态和大气环流异常在不同的印度洋 SSTA 位相下

十分近似，但 El Niño 事件对 KR 区域 TC 生成的抑制效果受印度洋冷却的影响而有所抵消和减弱。

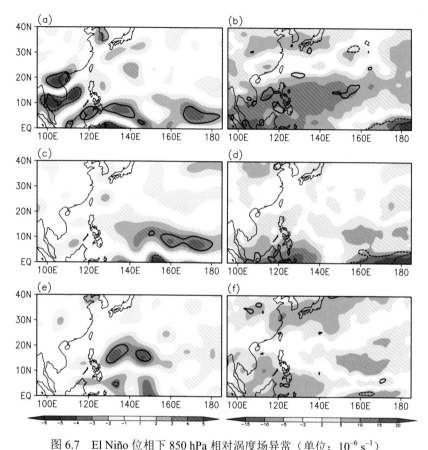

图 6.7　El Niño 位相下 850 hPa 相对涡度场异常（单位：$10^{-6}\,\mathrm{s}^{-1}$）

（a）、（b）印度洋正常年；（c）、（d）印度洋暖年；（e）、（f）印度洋冷年；实（虚）线包围的区域正（负）
异常通过置信水平为 95% 的 t 检验

另外，由于 ENSO 循环不同位相强度的差异特征，印度洋暖年相比于冷年，对流层低层涡度和 OLR 异常的振幅更强。如图 6.8（a）所示，印度洋暖年 El Niño 事件强度比印度洋其他位相都稍有偏大，同时由于印度洋增暖与冷却的振幅相近，综合地造成了印度洋暖年西北太平洋东南部西风异常和 TCGF 变化均强于冷年。因此，El Niño 事件期间，无论印度洋 SSTA 位相如何，西北太平洋 TCGF 均表现出西北负异常-东南正异常的偶极型分布，ENSO 主导了西北太平洋 TC 生成和发展异常，当热带印度洋 SSTA 与 ENSO 异常信号同时存在时，印度洋对 TC 活动影响程度由于受到 El Niño/La Niña 事件的削弱，印度洋 SSTA 辅助性影响了 TC 生成的局部特征，发挥了"次级调制"的作用。

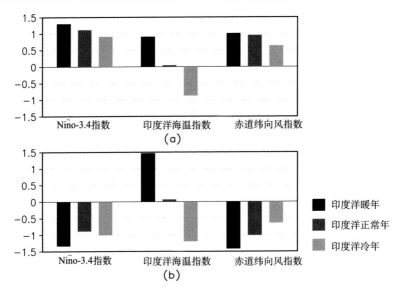

图 6.8　标准化的赤道西太平洋（10°S～10°N、120°E～160°E）平均纬向风指数、

Niño-3.4 指数和印度洋表面温度指数

（a）El Niño 年；（b）La Niña 年

6.2.3　La Niña 位相

图 6.9 给出了 La Niña 位相下三类印度洋 SSTA 年 TCGF 异常分布。总体上看，TCGF 异常与 El Niño 事件期间呈现相反的位相分布，同时也存在差异性。印度洋正常年期间，TCGF 在西北太平洋 20°N 附近偏西海域显著增加，而在西北太平洋东南象限则明显减少[图 6.9（a）和图 6.9（b）]。130°E 以东能够观测到季风槽强度减弱[图 6.10（a）]，低层异常辐散和受抑制的对流活动不利于这一区域 TC 生成。同时，西北太平洋西北部对流活动旺盛[图 6.10（b）]，有利于这一区域的 TC 活动。

在 La Niña 位相下的印度洋暖年，TCGF 异常呈现出与正常年近似的偶极型分布，但西北象限 25°N、120°E 附近区域 TC 生成有所增加，同时，140°E 以东TC 生成明显减少[图 6.9（c）和图 6.9（d）]。造成这种状况的可能原因是，在印度洋暖 SSTA 和 La Niña 事件期间赤道中东太平洋 SST 冷却的共同作用下，西太平洋东风异常增强，导致 25°N 以南反气旋环流异常增强，季风槽明显减弱，140°E以东出现负相对涡度异常，对流活动受到抑制[图 6.10（c）和图 6.10（d）]。但JTWC 资料中 KR 区域 TCGF 异常并不明显[图 6.9（c）]，这可能是 La Niña 事件和印度洋增暖在 KR 区域对 TC 生成施加了相反的影响而造成的。

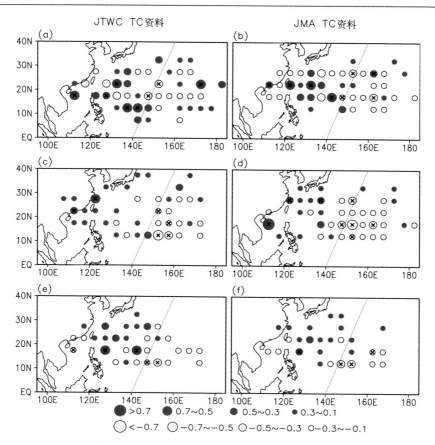

图 6.9　La Niña 位相下 JTWC 资料（左）、JMA 资料（右）所记录的 TCGF 异常

（a）、（b）印度洋正常年；（c）、（d）印度洋暖年；（e）、（f）印度洋冷年；星号标注的格点表示正（负）
异常通过置信水平为 95% 的 t 检验，细灰线将西北太平洋划分成西北象限和东南象限

对于 La Niña 位相下的印度洋冷年，TCGF 正（负）异常位于西北太平洋西北（东南）象限[图 6.9（e）和图 6.9（f）]，这种偶极型分布与 La Niña 事件期间 TC 生成状况基本一致。尽管西北太平洋西南部（0°～25°N、145°E～180°E）的 TCGF 在印度洋冷年（JTWC/JMA：8.1/7.9）比暖年（JTWC/JMA：4.5/3.8）偏多，但生成频数仍少于这一区域的气候平均值（JTWC/JMA：10.3/10.3）[图 6.9（c）～图 6.9（f）]，这是因为印度洋冷年西北太平洋东南部低层辐散异常和对流活动减弱的程度都略小于暖年[图 6.10（c）～图 6.10（f）]。因此，La Niña 事件期间，大尺度环流和环境场异常造成印度洋冷（暖）年 140°E 以东 TCGF 稍低于（显著低于）正常水平。另一方面，La Niña 事件期间印度洋暖年 SSTA 强于印度洋冷年的 SSTA[图 6.8（b）]，导致了印度洋暖年西太平洋东风异常偏强，两者共同作用削弱了东亚夏季风，进一步抑制了西北太平洋东南象限对流运动的发展。

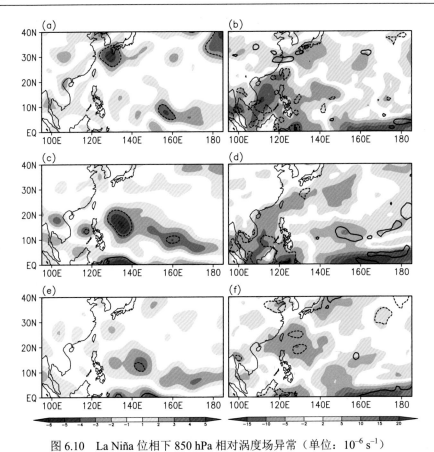

图 6.10　La Niña 位相下 850 hPa 相对涡度场异常（单位：10^{-6} s^{-1}）

（a）、（b）印度洋正常年；（c）、（d）印度洋暖年；（e）、（f）印度洋冷年；实（虚）线包围的区域正（负）异常通过置信水平为 95% 的 t 检验

以上结果表明，赤道中东太平洋增暖和冷却对西北太平洋 TC 活动发挥了主导性影响，导致了 TCGF 西北-东南的异常分布，TCGF 异常的偶极型格局与印度洋 SSTA 处在何种位相并无直接关系。另一方面，从观测资料中能够发现，印度洋 SSTA 在 ENSO 背景下发挥对 TC "次级调制" 的作用，印度洋 SSTA 仅对 KR 海域 TC 生成表现出较强的影响效果，因此在 El Niño 和 La Niña 事件期间对西北太平洋中西部 TCGF 的变化产生一定辅助性的影响。

印度洋 SST 增暖对西北太平洋 TC 生成的影响在 El Niño 和 La Niña 事件期间表现出非对称性特征。具体来说，El Niño 事件和印度洋 SST 增暖由于发挥了相似的作用，联合使得西北太平洋中西部 TC 生成减少；而印度洋 SST 增暖和 La Niña 事件对西北太平洋中西部 TC 生成则具有相反的效果，前者对 TC 生成的抑制作用被 La Niña 事件部分掩盖，最终表现出弱的 TCGF 正异常。以上结果得到融合卫星观测后 1979~2010 年资料的证实。

6.3　不同资料长度的结果对比

20 世纪 70 年代后期卫星观测资料的应用，使得最佳路径集对 TC 频数和位置的定位更加准确，本节通过对比 20 世纪 70 年代之后的 TC 资料，进一步阐述上述结果可信度和确定性。图 6.11 给出的是 1979~2010 年 JTWC 资料所记录的 TCGF 异常。

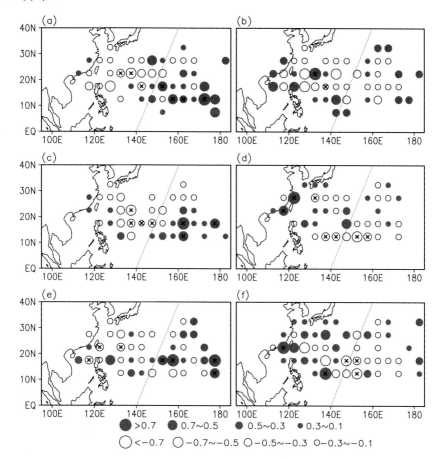

图 6.11　1979~2010 年 El Niño（左）和 La Niña（右）位相下 JTWC 资料所记录的 TCGF 异常
（a）、（b）印度洋正常年；（c）、（d）印度洋暖年；（e）、（f）印度洋冷年；星号标注的格点表示正（负）
异常通过置信水平为 95% 的 t 检验，细灰线将西北太平洋划分成西北象限和东南象限

El Niño 事件期间，TCGF 负（正）异常分布在西北太平洋西北（东南）部 [图 6.11（a）、图 6.11（c）和图 6.11（e）]，而 La Niña 事件期间 TCGF 位相表现出相反的分布特征 [图 6.11（b）、图 6.11（d）和图 6.11（f）]。因此，20 世纪

70 年代之后 ENSO 极端位相下 TCGF 与 1951～2010 年是高度一致的，JMA 资料也得到了极为相似的结果。

　　表 6.4 是两套资料西北太平洋区域（10°N～40°N、100°E～180°E）1951～2010 年与 1979～2010 年 TCGF 异常的空间相关系数。JTWC/JMA 资料在各位相的空间相关系数均达到 0.50/0.42 以上，在印度洋暖年更是达到了 0.62 以上（表 6.4），说明印度洋 SSTA 相对于 ENSO 事件对西北太平洋 TC 活动的"次级调制"影响效应在不同类型资料、不同资料长度中都能有所体现。同时看到，JMA 资料所揭示的空间相关系数稍小于 JTWC 资料，一定程度上揭示出 JTWC 资料所记录 TC 信息的时间连续性和一致程度更高。

表 6.4　JTWC 和 JMA 资料西北太平洋区域（10°N～40°N、100°E～180°E）1951～2010 年与 1979～2010 年 TCGF 异常的空间相关系数

1951～2010 / 1979～2010（JTMC 资料 / JMA 资料）	印度洋正常年	印度洋暖年	印度洋冷年
El Niño	0.50 / 0.42	0.67 / 0.66	0.68 / 0.51
La Niña	0.71 / 0.69	0.68 / 0.63	0.52 / 0.47

6.4　印度洋 SSTA "次级调制"的机制分析

　　本节通过研究印度洋 SSTA 位相变化与局地对流活动的关系，进一步探讨在 ENSO 循环影响下印度洋 SSTA 对西北太平洋 TC 活动调制的过程机制。

　　图 6.12 给出了 ENSO 正常位相下印度洋冷暖年降水率异常。赤道东印度洋在暖（冷）SSTA 的直接强迫下，局地出现正（负）降水异常。这表明当 ENSO 信号较弱时，印度洋局地 SSTA 是包括海洋性大陆在内的热带东印度洋海域大气环境场变率最重要的调制因子。然而，当 ENSO 处在冷暖极端位相时，局地影响与遥强迫、直接调制与"次级调制"的关系将会发生变化。

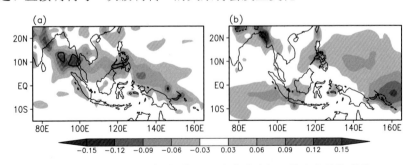

图 6.12　ENSO 正常位相下合成的印度洋暖年(a)、印度洋冷年(b)降水率异常(单位：mm·month^{-1})

实（虚）线包围的区域正（负）异常通过置信水平为 95% 的 t 检验

　　首先，对于 El Niño 位相下的印度洋正常年，对流层低层强西风异常和东风异常分别占据海洋性大陆的东侧和西侧[图 6.13（a）]。由于受到赤道中东太平洋增暖的影响，Walker 环流异常下沉支位于东印度洋和海洋性大陆，造成这一区域的对流活动受到抑制，降水偏少。因此，El Niño 通过赤道区域的纬圈环流，抑制了东印度洋的对流活动。在印度洋暖年，海洋性大陆以东依然是赤道西风异常，降水明显减少[图 6.13（b）]，这与印度洋正常年降水的状况十分相似。这里需要注意的是，尽管在印度洋暖年，热带印度洋局地 SSTA 为正，但对流活动受到抑制、降水减少的状况依然出现在从印度尼西亚到 70°E 附近的广阔区域，印度洋暖年西北太平洋大气环流的基本状况与正常年保持了一致性，这表明 El Niño 事件所激发的西太平洋低层西风异常强度较大，尽管热带印度洋 SST 有所增暖，但这种局地增暖无力改变 Walker 环流异常下沉于东印度洋的基本事实。这种热带印度洋 SSTA 与降水负相关的关系表明，局地增暖在 El Niño 事件期间扮演的是被动响应 ENSO 的角色（Wu et al.，2009），印度洋 SST 增暖对局地和西太平洋大气环流的影响在很大程度上被 El Niño 事件所掩盖。因此，在强 El Niño 事件期间，印度洋暖 SSTA 对西北太平洋的影响效应并未直接表现出来，这就造成了尽管印度洋 SST 为暖异常，西北太平洋典型的西北-东南 TCGF 分布特征依然十分明显。在印度洋冷年，东印度洋降水异常以及赤道纬向风异常与印度洋 SST 正常年/暖年分布特征十分类似，但振幅较弱[图 6.13（c）]。综上所述，无论东印度洋 SSTA 位相如何，西北太平洋 TCGF 分布的基本特征均为西北负异常-东南正异常，这主要是 El Niño 事件调制的结果，印度洋 SSTA 仅发挥了次要作用。

　　La Niña 事件期间，当印度洋处于正常位相时，赤道中东太平洋 SST 冷却激发了西太平洋的东风异常，受 Walker 环流异常上升支的影响，东北印度洋降水增多[图 6.13（d）]，表明 La Niña 事件主导了东印度洋、西太平洋的大气环流异常状况，并调制了西北太平洋 TC 活动。在印度洋暖年，强东风异常和西风异常分别位于海洋性大陆的东侧和西侧[图 6.13（e）]，同时东印度洋降水增加。与印度洋正常年相比可以发现，暖年大气环境场变量的振幅较大，说明印度洋增暖和 La Niña 事件的联合作用对西太平洋和东印度洋大气环流产生了一致的影响效应。赤道太平洋增强的东风减弱了东亚季风槽，造成了西北太平洋东南象限 TC 活动的显著减少。而在印度洋冷年，降水异常和赤道纬向风异常与印度洋 SST 正常年/暖年类似，但强度有所减弱[图 6.13（f）]。

　　总体上看，尽管 ENSO 冷暖事件期间印度洋 SSTA 的位相相同，但东印度洋和西太平洋的大气环境场在 El Niño 事件[图 6.13（b）和图 6.13（e）]和 La Niña 事件[图 6.13（c）和图 6.13（f）]期间却表现出明显的反位相特征。这一现象说明，ENSO 循环是东亚区域大气环流异常变化的决定性因素，在特定的 ENSO 位相下，印度洋 SSTA 由于对 ENSO 循环存在被动响应的特性，而发挥了"次级调制"西北太平洋 TC 活动的作用。因此，ENSO 正常位相下印度洋 SSTA 是影响西北太平洋 TC 活动的主导因素，表现为西北太平洋 TCGF 与印度洋 SSTA 显著的负相关关系；然而，在 El Niño 和 La Niña 事件期间，印度洋暖/冷 SSTA 对西北太平洋 TC 活动的贡献会很大程度上被 ENSO 信号所掩盖。

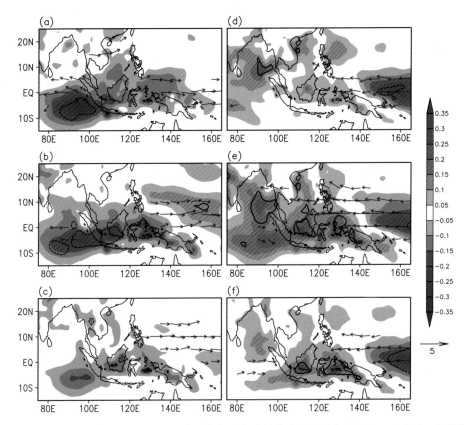

图 6.13　El Niño（左）和 La Niña（右）位相下合成的印度洋正常年［（a）、（d）］、印度洋暖年［（b）、（e）］、印度洋冷年［（c）、（f）］的降水率异常（阴影；单位：mm·month^{-1}）和 850 hPa 风场异常（矢量；单位：m·s^{-1}）

连线包围和标注矢量的区域分别表示降水异常和风场异常通过置信水平为 95% 的 t 检验

　　本章利用统计诊断方法分析了 ENSO 和热带印度洋 SSTA 对西北太平洋 TC 活动联合影响的观测事实和基本机制。然而，ENSO 极端位相下热带印度洋 SSTA 对西北太平洋 TC 活动影响的定量描述仍然是一个开放性的问题。下一步工作将结合观测资料和数值模式结果，进一步研究 ENSO 和热带印度洋 SSTA 对西北太平洋 TC 活动的相对贡献及它们影响 TC 活动的差异性。除此之外，本章 1951~2010 年这一研究时段内，东亚夏季风和南海季风活动经历了若干次年代/年代际尺度突变,如 20 世纪 70 年代在中后期东亚大气环流的年代际突变,20 世纪 90 年代中期以及 21 世纪初期南海季风和南亚季风年代尺度突变。本章所揭示的 TC 活动年际变率是否也存在年代内/年代际突变是值得进一步探索的科学问题。

第二部分
西北太平洋热带气旋对大尺度环流的反馈作用

第7章　热带气旋活动对太平洋海气系统反馈作用的统计分析

　　TC 的生成和发展依赖于特定的大气海洋环境条件，因此大气环流和海洋热状况对 TC 活动具有调制作用。另一方面，TC 活动也会通过反馈作用引起大气环流和海洋环境场的变化，甚至频繁的 TC 活动会形成一定的气候效应，对大气和海洋产生显著的反馈作用。近年来，气象工作者开展了大量 TC 气候学研究，这些研究工作主要集中在大气和海洋状况对 TC 活动的调制作用，而在 TC 活动对气候平均态直接反馈作用方面的研究尚不多见。TC 活动对大尺度环境场的反馈分为对海洋的反馈和对大气的反馈两个方面，从对海洋的反馈来看，TC 移过热带暖洋面时，海面大风及其气旋性辐合会造成强烈的海水铅直混合，导致热带海洋上层降温，热量向混合层下层输送，并通过大洋环流将这部分热量向两极输送，从而通过影响海洋热量平衡产生气候效应（Sriver and Huber，2006）。从对大气的反馈来看，TC 会明显改变其影响区域内大气环流的状况，特别是其伴随的大风和降水会对区域天气气候产生重要影响（Kubota and Wang，2009）。此外，TC 在热带海域生成后裹挟大量的热量和水汽向中高纬度区域移动，将其携带的能量向热带外输送和频散，对全球气候平均态的能量输送、分配和平衡也会产生重要影响。

　　Emanuel（2001）最早提出 TC 活动通过影响海洋热输送可能对全球气候环境产生较大影响的观点。Wang 和 Chan（2002）在对西北太平洋 TC 活动的研究中发现，TC 活动对大气环流的年际变化有重要贡献。Ha 等（2013a）的研究表明，El Niño 事件期间 TC 总动能显著增强，并且 TC 导致的大气动能向极输送强度更大、持续时间更长，影响区域所能达到的纬度也更高，表明 TC 活动对大气能量经向输送的影响存在与 ENSO 循环密切联系的年际变化。Sobel 和 Camargo（2005）利用回归方法，首次明确揭示出 TC 活动会对气候平均态产生显著的影响。他们采用周平均 ACE 指数代表 TC 活动水平，将其与 TC 活动密切相关的大气海洋环境场进行回归分析，根据各环境场变量时滞回归结果的一致变化特征，他们认为周尺度 TC 的变化与 ENSO 信号存在一定的对应关系，并且 TC 活动可能会对 ENSO 循环起到一定作用。他们同时也指出，由于 TC 活动对大气和海洋的反馈作用是一个复杂且缓慢的过程，同时，TC 时间尺度的差异性对大尺度环境场的反馈作用也有所不同，所以使用周尺度的 TC 活动指数回归出的大气海洋环境场很可能低估了 TC 的直接反馈效应，因此有必要使用更长时间尺度上的 TC

活动指标，研究其对大尺度环境场，特别是对 ENSO 循环的影响。本章以 TC 月平均的 ACE 为指标，利用线性回归方法研究 TC 活动对 ENSO 循环期间大尺度环境场的反馈作用，并分析其与 Sobel 和 Camargo（2005）所得结果的区别和联系。

7.1 环境场变量回归分析

本章所用的资料包括 1971～2000 年美国台风联合预警中心（JTWC）的西北太平洋 TC 最佳路径集资料，空间分辨率为 2.5°×2.5° 的 NCEP/NCAR 再分析资料，NOAA 气候预测中心（CPC）提供的逐日平均 OLR 资料和月平均降水融合再分析资料以及空间分辨率为 1°×1° 的 Reynolds 海温资料。本章采用 NCEP 再分析资料从 1000 hPa 积分到 300 hPa 来获取柱水汽含量。两个气压层之间的柱水汽含量计算公式为

$$T_w = -\frac{1}{g}\int_{p_s}^{p_z} q\mathrm{d}p \qquad (7.1)$$

式中，q 为比湿；p 为气压；g 为重力加速度；p_s 为地面气压；p_z 为 z 高度处气压；T_w 为柱水汽含量。

参考 Sobel 和 Camargo（2005）的方法，本章采用 ACE 作为衡量 TC 活动强度的指标，可用其表示 TC 达到热带气旋或以上强度（海面风速大于 17.2 m·s^{-1}）时中心附近 6 h 最大风速的累积平方和，即

$$\mathrm{ACE} = \sum_{j=1}^{m}\sum_{i=1}^{n} u_{i,j}^2 \qquad (7.2)$$

式中，n 表示每一个 TC 的记录次数；m 表示 TC 的频数；$u_{i,j}$ 为海面风速，单位为 m·s^{-1}。

由于 ACE 同时考虑了 TC 频数、生命期以及强度，因而能够较好地反映 TC 累积能量，TC 的出现频数越多、生命期越长、强度越大，TC 累积能量就越大。本章拟采用从超前 2 个月至滞后 2 个月（分别记作 M–2、M–1、M0、M+1 和 M+2）的 ACE 月时间尺度异常序列，分别进行不同大气和海洋环境场要素时滞线性回归计算，从中提取出环境场中具有统计意义的 TC 活动影响信号，并讨论月尺度与周尺度 TC 活动对大尺度环境场影响反馈的区别和联系。

7.1.1 850 hPa 相对涡度

图 7.1 是月时间尺度 850 hPa 相对涡度对标准化 ACE 的时滞回归场。从图 7.1（a）可以看到，赤道以北为东西向分布的正涡度带，而赤道以南对应出现东西向

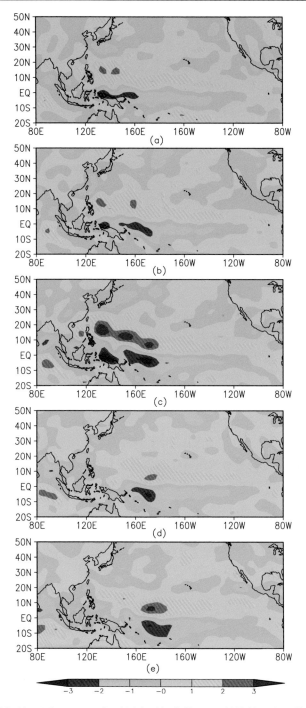

图 7.1　月时间尺度 850 hPa 相对涡度对标准化 ACE 的线性回归（单位：s^{-1}）

（a）M–2；（b）M–1；（c）M0；（d）M+1；（e）M+2；图中振幅代表与 ACE 的 1 倍标准差异常值对应的相关值

的负涡度带。从 M-2 到 M0，正涡度带具有明显增强且向西北移动的趋势，这与西北太平洋大部分 TC 的移动方向一致。负涡度带强度同样不断增强，但其整体向东南方向移动，且正涡度带和负涡度带强度均在 M0 时达到最大值。从 M0 到 M+2，正、负涡度带均变弱且整体向东南方向移动。

与 Sobel 和 Camargo（2005）用周时间尺度 ACE 回归得到的结果有所不同的是，从 M+1 到 M+2，赤道两侧的正、负涡度带呈显著的偶极子分布，尤其在 M+2，这种偶极子信号达到最强，这很可能是 ENSO 信号存在的一种标志，这种对流层低层正涡度异常分布有利于西北太平洋和中国南海的 TC 活动。赤道中东太平洋海表增暖会导致加热源西侧响应出异常西风，从而造成图 7.1（d）和图 7.1（e）中位于日界线附近关于赤道对称的气旋性环流，这是赤道中东太平洋海表温度异常激发出的大气 Rossby 波型响应的体现，因此，用月时间尺度 ACE 回归 850 hPa 相对涡度能更好地表征大气对赤道中东太平洋 El Niño 型异常增暖的响应。

7.1.2　表面纬向风

图 7.2 是 ACE 回归表面纬向风的结果。从图中可以看出，120°E～160°W、10°S～10°N 附近区域的超前和滞后回归分布均呈现出较强的西风异常，从 M-2 到 M0，西风异常不断加强，且呈现出与 TC 移动方向一致的西北向移动。同时，在西风异常的北部有较弱的东风异常，从 M-2 到 M+2，该东风异常经历先增强再减弱的过程。值得注意的是，从 M-2 到 M+2，海洋性大陆和印度洋地区的东风异常无论是强度还是范围都出现增大的趋势，而周时间尺度的强度变化趋势并不明显。另外，与周尺度 ACE 回归结果不同的是，月尺度的纬向风的强度和范围都明显大于周尺度，这表明月尺度 TC 与大尺度环境场之间的相互影响更为显著。Keen（1982）、Lander（1990）等的研究指出，强西风异常爆发时与赤道两侧的双台风有关，此外，单个台风活动也能够激发明显的赤道表面西风异常（Harrison and Giese，1991；Kindle and Phoebus，1995）。因此，依据本节所揭示的赤道表面西风异常与近赤道 TC 间的密切联系，可以推测出强度大且持续时间长的近赤道 TC 对于激发或加强赤道表面西风异常存在积极影响。

7.1.3　柱水汽含量

图 7.3 给出的是 ACE 与柱水汽含量的回归结果，从 M-2 到 M0 湿异常逐渐发展并向西北方向移动，海洋性大陆的干异常也不断发展，这很可能是由于 TC 生成期间，大量的水汽从海洋性大陆裹挟到洋面上而引起的。从 M0 到 M+2，湿异常有所减弱，并回撤到 160°E 以东海域，而海洋性大陆的干异常继续维持，向东北方向延伸并覆盖了整个菲律宾海，与 TC 主要活动区域重叠在一起。与周时间尺度不同的是，月尺度柱水汽含量的分布与图 4.1（e）中部型 El Niño 事件的

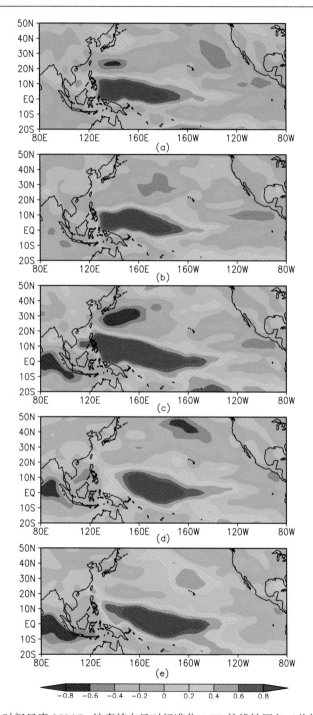

图 7.2　月时间尺度 850 hPa 地表纬向风对标准化 ACE 的线性回归（单位：m·s^{-1}）

（a）M–2；（b）M–1；（c）M0；（d）M+1；（e）M+2；图中振幅代表与 ACE 的 1 倍标准差异常值对应的相关值

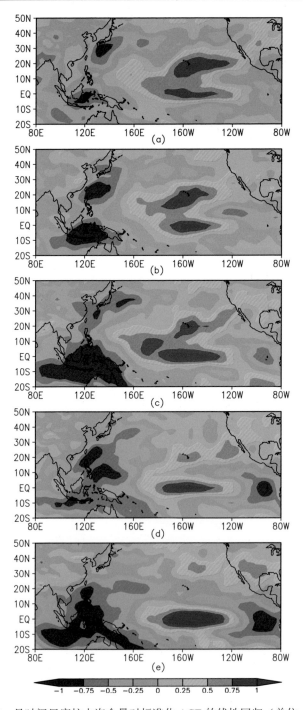

图 7.3 月时间尺度柱水汽含量对标准化 ACE 的线性回归（单位：kg）

（a）M–2；（b）M–1；（c）M0；（d）M+1；（e）M+2，图中振幅代表与 ACE 的 1 倍标准差异常值对应的相关值

SSTA 分布较为相似，而在周尺度上几乎看不出这种 CP 型 El Niño 事件分布。值得注意的是，月时间尺度的 OLR、柱水汽含量、降水和 SST 等大气海洋环境场变量均呈现出较为明显的 El Niño 型分布，而在周时间尺度上，仅 SST 表现为 El Niño 型分布，这反映出月尺度 TC 活动和太平洋 ENSO 信号之间存在着更为密切的关联。

7.1.4　OLR

从图 7.4 可以看出，OLR 负异常位于赤道附近，从 M−2 到 M0 负异常区域范围逐渐扩大，并整体向东延伸，在 M0 时延伸到 85°W 附近。从 M−2 到 M+2，OLR 正异常不断增强且整体向西北方向移动。相对于周时间尺度而言，月尺度 OLR 回归正异常向东北方向延伸更远，较为真实地反映出 TC 生成和发展的区域。综合图 7.3 和图 7.4 中 M+1、M+2 的变化可以看出，TC 主要生成区域减少的柱水汽含量和增大的 OLR 降低了该区域 TC 生成的可能性，这与 Sobel 和 Camargo（2005）的结果相吻合。OLR 回归异常的分布和演变与柱水汽含量的变化十分相似，这种柱水汽含量减少、OLR 增大的大气效应，一方面可能是 TC 直接引起的，另一方面也可能与 SST 降低有关。

7.1.5　降水

图 7.5 是 ACE 与降水的回归结果，降水正异常从 M−2 到 M0 具有整体向西北方向移动的趋势，这与大多数西北行径台风的移动方向相同，雨带也随之向西北方向移动。而海洋性大陆则出现了明显的负异常，从 M−2 到 M0 负异常不断扩展，表明这一区域降水持续减少。从 M0 到 M+2，雨带向东南方向回撤，而此时负异常继续维持，且极值区整体向东北方向移动。这种雨带分布型与 SST 的分布型非常相似，表明热带降水与 ENSO 循环过程存在联系。

7.1.6　SST

图 7.6 是 ACE 与全球 SST 的回归系数分布，可以看出 5 幅图都具有 CP El Niño 事件的特征，即赤道中东太平洋出现明显增暖，增暖异常中心出现在赤道中太平洋海域，并且增暖异常从中太平洋日界线附近向美国西北太平洋沿岸延伸，呈现西南–东北分布型。从 M−2 到 M+2，赤道中东太平洋的暖异常始终存在，且正异常范围逐渐扩大并增强，这种 SSTA 正异常变化趋势对应于 El Niño 事件的发展过程。赤道太平洋 SST 增暖是赤道表面西风异常引起的大气–海洋动力反馈的结果，从表面纬向风可以看出，120°E～140°W 的赤道低纬地区存在明显的西风异常，并能够从 M−2 阶段一直维持到 M+2 阶段（图 7.2），最终导致赤道中东太平洋 SST 持续增暖的范围不断扩大。Gao 等（1988）曾提出近赤道 TC 通过加强低

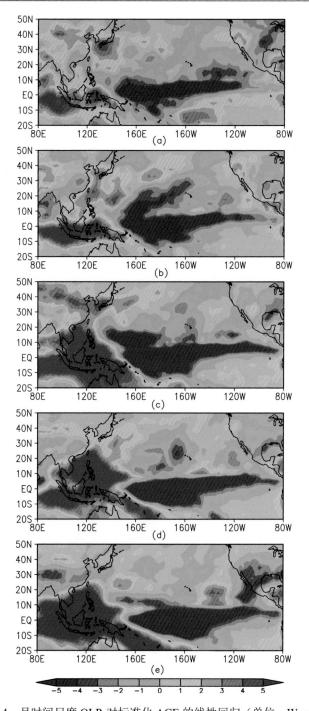

图 7.4 月时间尺度 OLR 对标准化 ACE 的线性回归（单位：W·m^{-2}）

(a) M–2；（b）M–1；（c）M0；（d）M+1；（e）M+2；图中振幅代表与 ACE 的 1 倍标准差异常值对应的相关值

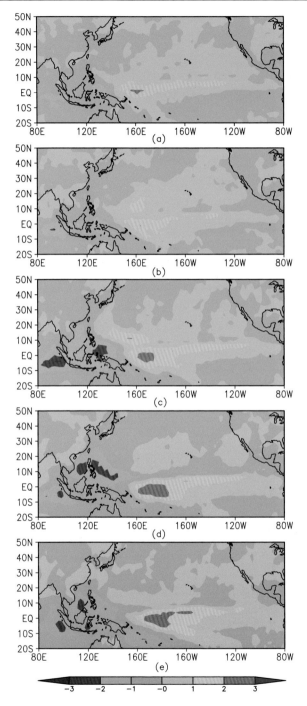

图 7.5　月时间尺度降水对标准化 ACE 的线性回归（单位：mm·month^{-1}）

（a）M–2；（b）M–1；（c）M0；（d）M+1；（e）M+2；图中振幅代表与 ACE 的 1 倍标准差异常值对应的相关值

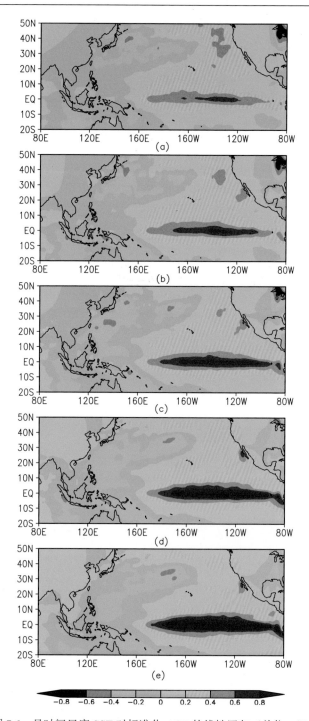

图 7.6 月时间尺度 SST 对标准化 ACE 的线性回归（单位：℃）

（a）M–2；（b）M–1；（c）M0；（d）M+1；（e）M+2；图中振幅代表与 ACE 的 1 倍标准差异常值对应的相关值

纬地区表面西风异常以及激发 Kelvin 波的方式，诱导 El Niño 事件发生。根据本章对各环境场变量时滞回归分析所得的一致性变化特征，可以推测出 TC 的频繁发生，尤其是强度大、持续时间长的近赤道 TC 对于激发或加强 TC 活动区域南侧的低纬地区西风异常存在积极作用，持续并且强度较大的西风异常可能导致西风的爆发，而西风爆发会在很大程度上影响 ENSO 事件的发生和演变（Yu et al.，2003；Eisenman et al.，2005），因此，TC 的频繁活动对 ENSO 的发展可能存在潜在影响。另外，虽然台风冷尾效应引起的 SST 冷却的空间尺度较小，但其通过大气和海洋的传导会扩大到更大尺度上（Sriver et al.，2008；Sriver，2013），由于这种反馈作用在时间尺度上具有一定的滞后性，所以月尺度 TC 活动对大尺度环境场影响的信号更为显著。

　　图 7.7 和图 7.8 分别是 SST、表面纬向风对 ACE 线性回归场的经度-时间剖面图，时滞范围从 M–6 到 M+6。总体而言，随着时间的推进，SST 和纬向风均呈现出较为缓慢的增加趋势，尤其是 SST 的增加趋势更为显著，纬向风和 SST 分别在 M–1 和 M0 附近出现快速增长，同时，纬向风增强的区域主要在日界线以西20°经度范围内，而 SST 的增强则主要发生在日界线附近及其东部区域。SST 和纬向风的这种缓慢增长趋势代表 ENSO 事件的发展过程。纬向风和 SST 的最强时段位于 M0 至 M+6 之间，这可能是由于 ENSO 事件在北半球的冬季达到峰期，而西北太平洋的 TC 活动在夏、秋季最为频繁。

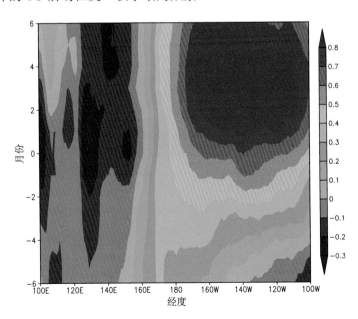

图 7.7　月时间尺度 ACE 回归赤道 SST（5.5°S～5.5°N 平均）经度-时间剖面

时滞范围为 M–6 到 M+6，正值代表 ACE 超前于 SST

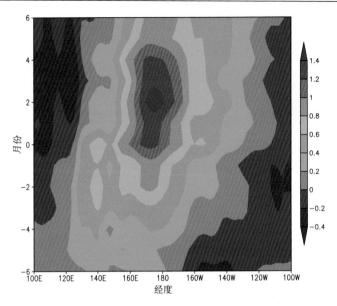

图 7.8　月时间尺度 ACE 回归地表纬向风（5.5°S～5.5°N 平均）经度–时间剖面

时滞范围为 M–6 到 M+6，正值代表 ACE 超前于地表纬向风

　　图 7.9 给出了 ACE 与 Niño-3.4 指数的时滞相关系数，其相关性从 M–6 至 M+5 期间逐渐增大，在 M+4 和 M+5 期间达到最大，这与 ENSO 事件在冬季达到最强，

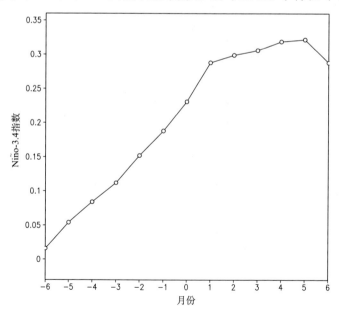

图 7.9　ACE 月尺度异常与 Niño-3.4 指数的时滞相关系数

时滞范围从 M–6 到 M+6，正时滞值代表 ACE 超前于 Niño-3.4

以及 TC 活动在夏、秋季最为活跃相吻合。纬向风在 M–1 附近以及 SST 在 M0 附近的快速增长表明，TC 对环境场变量存在潜在影响，而 SST 相对于纬向风的延迟很可能与海洋 Kelvin 波东传有关。由于 SST 的异常变化相比于纬向风有 1 个月左右的延迟，两者的异常中心位置相距 6000km 左右，可据此估计出赤道太平洋 SSTA 的东传速度与 Hendon 等（1998）提出的海洋 Kelvin 波速（2.3 m·s^{-1}）相吻合。

7.2　考虑 TC 尺度效应的 ACE

7.1 节利用经典 ACE 评估了 TC 活动对太平洋大尺度环境场的反馈作用，由于 ACE 仅考虑 TC 中心附近的能量累积，忽视了 TC 尺度在气旋活动区域整体能量累积的作用，因而利用这一指数评估西北太平洋 TC 活动水平及其与环境场的关系具有一定的局限性。由于 TC 的累积能量不仅与 TC 生成频数和近中心最大风速有关，还与 TC 尺度及其影响范围密切相关，不同的 TC 尺度对应着不同程度和类型的灾害，并能够影响气旋的移动速度和方向，进而通过热量、水汽和动量的经向输送影响热带和副热带的相互作用，导致大气环流的异常变化。因此，气旋的尺度特征对于 TC 累积能量具有极其重要的影响。

本节采用考虑尺度效应的累积气旋能量（SACE）指数，用以表征 TC 整个生命史的总强度，进一步研究西北太平洋 TC 活动与 ENSO 的关系，并与 7.1 节所得到的结果进行对比，分析两者的区别和联系。构建 SACE 使用了 JMA 发布的 1977～2008 年 TC 最佳路径集资料。JMA 最佳路径集从 1977 年开始记录 25.7 m·s^{-1} 风速半径（R26）和 15.4 m·s^{-1} 风速半径（R15）。SACE 的表达式为

$$\text{SACE} = \sum_{j=1}^{m} \sum_{i=1}^{n} u_{i,j}^2 \cdot \frac{R_{i,j}}{\overline{R}} \tag{7.3}$$

式中，$R_{i,j}$ 为某 TC（i）在某时次（j）的尺度；$\overline{R}$ 代表研究时段内所有 TC 尺度的平均值。考虑到需要最大限度地涵盖各风速等级 TC 的资料，本章采用 R15 来表征 TC 的尺度。

本章所使用的 Niño-1、Niño-3、Niño-3.4 以及 Niño-4 指数均来源于 NOAA 的气候预测中心。El Niño 年和 La Niña 年的区分根据 7～10 月 Niño-3.4 指数确定，区分标准是 0.8 倍均方差，7 个 Niño 指数最大值年被认为是 El Niño 年，8 个 Niño 指数最小值年被认为是 La Niña 年，其余 17 年为正常年。

7.3　ACE、SACE 与 ENSO 的关系

图 7.10 给出了 Niño-3.4 指数、ACE 和 SACE 的逐年变化序列。从图 7.10（b）

和图 7.10（c）可以看出，ACE 和 SACE 的整体分布较为相似，El Niño 年 ACE 和 SACE 的值均位于中位数之上，除 2002 年外均高于上四分位数，而大部分 La Niña 年则低于中位数或下四分位数。ACE 和 SACE 的最大值和最小值分别出现在 1997 年和 1999 年，这两年也分别发生了 20 世纪最强的和 La Niña 事件。从 1997 年 El Niño 事件可以看出，加入了尺度特征的 SACE 相比于 ACE 进一步放大了 TC 生命期中较大强度和尺度记录的影响，导致其明显大于其他 El Niño 年的 SACE 值。

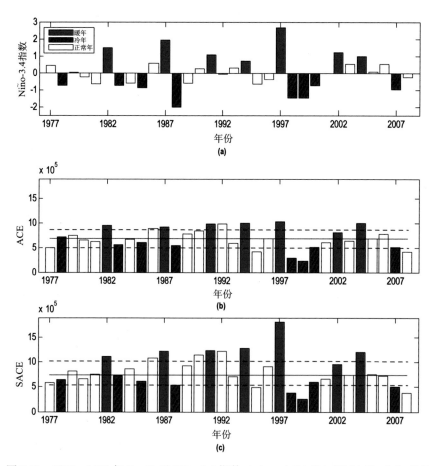

图 7.10　1977～2008 年 7～10 月 Niño-3.4 指数（a）、ACE（b）和 SACE（c）变化
（b）和（c）中水平虚线分别表示上、下四分位数，实线表示中位数

　　图 7.11 是 ACE 和 SACE 在所有年、正常年、El Niño 年以及 La Niña 年的盒状分布。从图中可以看出，ACE 和 SACE 的值均在 El Niño 年最大，正常年次之，La Niña 年最小。由于 SACE 加入了尺度信息，El Niño 年 SACE 的数值相比于 ACE

指数的离散度更大，尤其在强 El Niño 事件期间，SACE 的量值远大于其他年份。

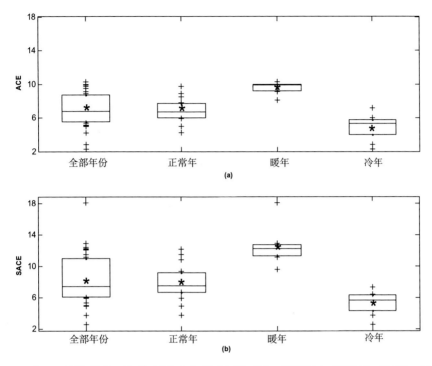

图 7.11　1977～2008 年 7～10 月 ACE（a）和 SACE（b）在所有年、正常年、El Niño 年和 La Niña 年的盒状图

盒中横线为中位数，星号为平均值，盒的上（下）限分别代表上（下）四分位数，盒外加号表示高于上四分位数或低于下四分位的个例数值

表 7.1 是各项 Niño 指数与 ACE 和 SACE 的相关系数。ACE 和 SACE 与 Niño-3、Niño-3.4 以及 Niño-4 指数均表现为显著的正相关。除全年 ACE 与 Niño-4 指数的相关性之外，SACE 与其他 Niño 指数的相关系数均大于 ACE，表明加入尺度信息后的累积气旋能量指数 SACE 与 Niño 指数的相关性更强。

表 7.1　1977～2008 年夏季 ACE 和 SACE 分别与 Niño-1、Niño-3、Niño-3.4 以及 Niño-4 指数的相关系数

ACE / SACE	Niño-1	Niño-3	Niño-3.4	Niño-4
Year	0.31 / **0.49**	**0.63 / 0.72**	**0.75 / 0.79**	**0.74 / 0.71**
JJASON	0.28 / **0.48**	**0.55 / 0.68**	**0.67 / 0.75**	**0.69 /0.70**
JASO	0.27 / **0.47**	**0.54 / 0.70**	**0.67 / 0.78**	**0.68 / 0.69**

注：黑体表示相关系数通过置信水平为 95% 的 t 检验。

图 7.12 给出了 7～10 月 Niño-3.4 指数分别与 ACE 和 SACE 的散点分布。总体上看，ACE 和 SACE 与 Niño-3.4 指数均存在正相关关系，相关系数分别为 0.67 和 0.78，均通过显著性水平为 95% 的统计检验。从回归结果可以看出，ENSO 的不同位相对 ACE 和 SACE 的影响存在差异，El Niño 事件和 La Niña 事件期间，西北太平洋区域 SACE 与 Niño-3.4 指数的相关性增强，例如 1997 年是有记录以来最强的 El Niño 年，也是 ACE 较高的一年，而 SACE 在 1997 年则处于最高水平。虽然西北太平洋区域 TC 发生频数在 ENSO 期间并无明显变化，但 El Niño 事件期间 SACE 也明显升高，TC 强度显著加强（Wang and Chan，2002；Camargo and Sobel，2005），而 La Niña 期间 TC 出现相反的变化特征，但特征不如 El Niño 事件明显，说明 El Niño 事件对西北太平洋区域以 SACE 为指标的 TC 活动显示出更大的调制作用，即 ENSO 对西北太平洋区域 TC 影响的显著程度存在位相选择性

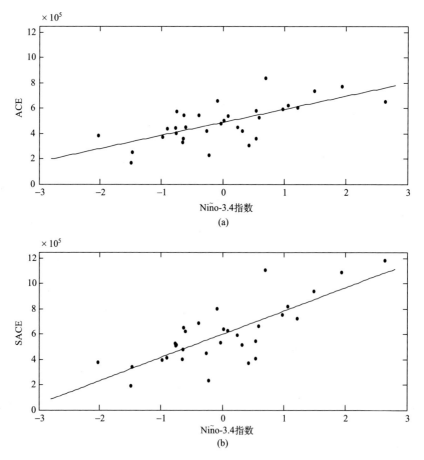

图 7.12　1977～2008 年 7～10 月 ACE（a）和 SACE（b）与 Niño-3.4 指数的散点图实线代表线性回归曲线

（Ha et al.，2013a）。由此可见，相对于传统 ACE，加入 TC 考虑尺度效应的累积气旋能量（SACE）指数进一步放大了 TC 生命期中较大强度、较大尺度记录的影响，显示出与 Niño 指数更强的相关性，因而能够更为合理地表征累积气旋能量。

图 7.13 所示的是 7～10 月 ACE 和 SACE 分别与各季节 Niño 指数的超前、同期以及滞后相关系数。从图中可以看到 SACE 与 Niño 指数的正相关系数普遍大于 ACE，且 SACE 通过显著性检验的时间尺度也大于 ACE。例如，ACE 与 Niño-4 指数通过显著性检验的相关系数开始于同年的春季（MAM），结束于滞后一年的春末夏初（AMJ）；而 SACE 开始于同期的冬末春初（FMA），结束于滞后一年的

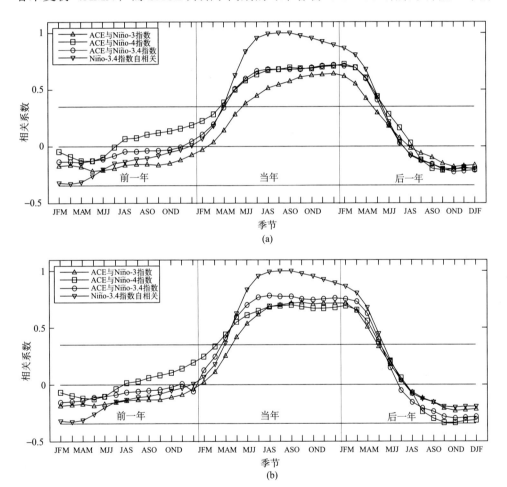

图 7.13 1977～2008 年 7～10 月 ACE（a）和 SACE（b）分别与 3 个月滑动 Niño 指数时滞相关系数

超前 1 年、同期和滞后 1 年分别用前一年、当年和后一年表示，（a）、（b）中间水平虚线代表零线，上、下水平虚线表示相关系数通过置信水平为 95%的 t 检验

春末夏初（AMJ）。同时，SACE 在滞后一年的秋季也存在显著的负相关，而 ACE 则并未表现出类似特征。

在同期通过显著性检验的区域，Niño-3.4 指数的自相关系数均大于 Niño 指数 与 ACE 或 SACE 的相关系数，可见采用 Niño-3.4 指数的自相关性来预测 ENSO 循环是较好的选择。不同的是，ACE 与 Niño 指数相关性从同期的秋季到滞后一 年春季均保持增加的趋势，而 SACE 与 Niño 指数的相关性有所降低，而后者与 Niño-3.4 自相关系数曲线的变化趋势更为一致，由此可见，TC 活动指数可以作为 评估与预测 ENSO 状态的重要因子，SACE 更加适合预测 ENSO 循环变化。

综上可见，相比于 ACE，引入 TC 空间尺度效应的 SACE 指数增加了较大强 度和空间尺度 TC 活动水平的权重，因而能够更加准确地刻画 TC 强度及其影响，造成其与 ENSO 指数的相关性相比原 ACE 有所增强。对于极端 ENSO 位相，特 别是 El Niño 事件对西北太平洋区域以 SACE 为指标的 TC 活动具有更为显著的调 制作用，进一步证实第 2 章 ENSO 对西北太平洋 TC 活动影响的显著程度存在 ENSO 位相选择性的结论。与此同时，SACE 能够更好地表征西北太平洋 TC 活动 与 ENSO 年际变化关系，其对 ENSO 位相的依赖性相对于 ACE 更为敏感，因而 能更好地体现 ENSO 循环的位相变化特征。

7.4　热带气旋对 SACE 的相对贡献

为揭示 TC 不同特征对 SACE 的相对贡献，我们把 SACE 的表达式表示为

$$\text{SACE}=\sum_1^N V_i，\quad V_i=\sum_{t_{0i}}^{t_{fi}} v(t)^2 \cdot \frac{R(t)}{\bar{R}}，\quad 令 K_i=\sum_{t_{0i}}^{t_{fi}} v(t)^2，$$

式中，$v(t)$ 是 TC 在时间 t 的最大风速；$R(t)$ 是 TC 在时间 t 的尺度；$\bar{R}$ 代表海盆内 TC 尺度的平均值；i 代表每个 TC 样本；t_{0i}、t_{fi} 分别代表 TC 生命史开始和结束的时间；N 则代表所 研究时间段内 TC 的总数。将第 i 个 TC 的强度用 U_i 表示，将其定义为 $U_i=K_i / L_i$，其中 L_i 为 TC 的生命史，U_i 的定义能够为下文研究 TC 各项特征对 SACE 的相对 贡献提供定量依据。

为了研究 TC 强度、生命史、频数和尺度等 TC 特征对 SACE 的相对贡献，分别定义 SACE_1^*、SACE_2^*、SACE_3^* 和 SACE_4^* 等四个物理量，其中 $\text{SACE}_1^*=\langle L\rangle\langle N\rangle\left\langle\frac{R}{R}\right\rangle\bar{U}$、$\text{SACE}_2^*=\langle U\rangle\langle N\rangle\left\langle\frac{R}{R}\right\rangle\bar{L}$、$\text{SACE}_3^*=\langle U\rangle\langle N\rangle\left\langle\frac{R}{R}\right\rangle\bar{N}$、$\text{SACE}_4^*=\langle U\rangle\langle L\rangle\langle N\rangle\frac{R}{R}$，此处 "$\langle\cdot\rangle$" 代表 1977~2008 年 TC 的平均状况，"$\bar{}$" 代表某一年 TC 的平均状况。定义上述物理量的目的是为了在研究某特定因子的

贡献时能够排除其他因子的影响。例如，对于第一个物理量 $SACE_1^*$，L、N 和 $\dfrac{\overline{R}}{R}$ 为
1977～2008 年的多年平均值，$SACE_1^*$ 的数值变化只取决于 TC 强度 U 的年际变化，
同理，$SACE_2^*$、$SACE_3^*$ 和 $SACE_4^*$ 的数值变化分别仅取决于 TC 生命史、频数以
及尺度的年际变化。

　　表 7.2 分别为 SACE、$SACE_1^*$、$SACE_2^*$、$SACE_3^*$ 和 $SACE_4^*$ 等物理量年平均
值特征。从表中可以看到，SACE 的标准差明显大于其他 4 个物理量，其中仅
$SACE_2^*$ 的标准差相对较大，表明 TC 的生命史是影响 SACE 的重要因素，其作用
大于 TC 频数、强度和尺度。

表 7.2　1977～2008 年 SACE、$SACE_1^*$、$SACE_2^*$、$SACE_3^*$ 和 $SACE_4^*$ 年平均值

$\times10^5$	SACE	$SACE_1^*$	$SACE_2^*$	$SACE_3^*$	$SACE_4^*$
平均值	8.10	6.08	6.07	6.08	6.08
中位数	7.25	6.19	6.03	6.08	5.87
最小值	2.49	3.76	3.86	3.76	4.66
最大值	17.62	7.99	7.88	8.47	8.36
标准差	3.23	0.90	1.11	0.95	0.90

　　表 7.3 给出了 7～10 月平均 $SACE_1^*$、$SACE_2^*$、$SACE_3^*$ 和 $SACE_4^*$ 之间的相关
系数及其与 SACE 和 Niño-3.4 指数的相关系数。从表中可以看到，$SACE_1^*$、
$SACE_2^*$、$SACE_3^*$ 和 $SACE_4^*$ 均与 SACE 呈现显著的正相关，表征 TC 生命期长度
变量的 $SACE_2^*$ 与 SACE 的相关系数最大，且其与 Niño-3.4 指数的相关程度也最高。
结合表 7.2 中 $SACE_2^*$ 的标准差大于 $SACE_1^*$、$SACE_3^*$ 和 $SACE_4^*$，表明 TC 生命史对
SACE 的贡献最大。Camargo 和 Sobel（2005）的研究表明，虽然代表生命史的 ACE_2^*
与 Niño-3.4 的相关性达到最大，但其与 ACE 的相关性却显著小于 ACE_3^*，且 ACE_2^*
的均方根误差明显小于 ACE_1^*，由此无法得出 TC 生命史对 ACE 贡献最大的结论。

表 7.3　1977～2008 年 $SACE_1^*$、$SACE_2^*$、$SACE_3^*$ 和 $SACE_4^*$ 年均值之间的相关系数
以及与 SACE、Niño-3.4 指数的相关系数

	$SACE_1^*$	$SACE_2^*$	$SACE_3^*$	$SACE_4^*$
$SACE_1^*$	—	0.26	0.07	**0.53**
$SACE_2^*$	0.26	—	0.25	0.18
$SACE_3^*$	0.07	0.25	—	0.21
$SACE_4^*$	**0.53**	0.18	0.14	—
SACE	**0.50**	**0.76**	**0.55**	**0.64**
Niño-3.4	**0.49**	**0.80**	0.14	**0.45**

注：黑体表示相关系数通过置信水平为 95% 的 t 检验。

第 8 章　热带气旋活动对东亚夏季风系统时间演变过程的影响

东亚夏季风强度和西北太平洋 TC 生成频数之间存在显著的正相关关系，很多研究从东亚夏季风环流调节西北太平洋 TC 活动的角度对这种正相关关系进行了解释（孙秀荣和端义宏，2003；Choi et al.，2016；Chen et al.，2017）。但由于西北太平洋 TC 是东亚夏季风系统的特殊成员，TC 活动对东亚夏季风系统演变也会产生显著影响，因此，研究西北太平洋 TC 活动对东亚夏季风系统的反馈作用有助于加深对东亚气候变化机理的认识。本章主要从西北太平洋 TC 活动影响东亚夏季风系统时间演变过程的角度研究两者的关系。根据每年 6~8 月西北太平洋 TC 生成数量，将 1961~2010 年每年夏季 TC 数最多的 10 年定义为 TC 活跃年，将 TC 数最少的 10 年定义为 TC 不活跃年，所确定的 10 个 TC 活跃年分别为 1962 年、1964 年、1965 年、1966 年、1967 年、1971 年、1989 年、1992 年、1994 年和 2004 年；10 个 TC 不活跃年分别为 1969 年、1975 年、1977 年、1979 年、1980 年、1983 年、1998 年、2007 年、2008 年和 2010 年。将 TC 活跃年和 TC 不活跃年东亚夏季风系统各成员的演变以及分布特征进行对比，定性地解释西北太平洋 TC 活动对东亚夏季风系统时间演变的可能影响。

8.1　东亚夏季风系统各成员的时间演变特征

统计结果表明，在 10 个 TC 活跃年的 6~8 月，西北太平洋上共生成了 140 个 TC；而 10 个 TC 不活跃年的 6~8 月，西太平洋上仅仅生成了 61 个 TC，不到 TC 活跃年的一半。TC 生成以后，大部分向北和西北方向移动，进而影响中高纬度地区。在 TC 活跃年，一共有 37 个 TC 在亚洲大陆登陆，还有 55 个 TC 到达了 35°N 以北的位置。而在 TC 不活跃年，相应的数量分别为 19 个和 15 个。图 8.1 是 TC 活跃年和 TC 不活跃年 6~8 月西北太平洋 TC 在 5°×5° 网格内路径密度合成值以及两者差值的分布。由图 8.1（a）和图 8.1（b）可见，无论是在 TC 活跃年还是在 TC 不活跃年，西北太平洋 TC 路径密度最大值都出现在巴士海峡以东的洋面上，并且还可以看出 TC 活跃年的 TC 路径密度远大于 TC 不活跃年。在 TC 活跃年，TC 路径密度最大值为每年 15 次；而在 TC 不活跃年，TC 路径密度最大值仅为每年 9 次。由于在整个 TC 活动区域内，TC 活跃年的 TC 路径密度总是大于 TC 不活跃年，因此，TC 活跃年和 TC 不活跃年的 TC 路径密度差值总为正值 [图 8.1 （c）]。并且差值 TC 路径密度的最大值中心与活跃年 TC 路径密度最大值 位置一致，位于巴士海峡以东的洋面上，最大值为每年 7 次。以上结果表明，尽 管 TC 活跃年和 TC 不活跃年西北太平洋 TC 的活动区域基本相同，但是 TC 的数 量存在明显差异。

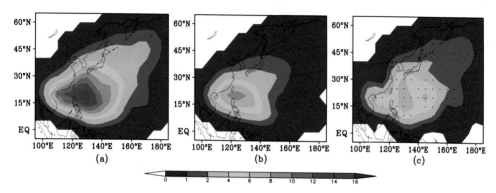

图 8.1　西北太平洋夏季 TC 活跃年（a）和 TC 不活跃年（b）合成的 5°×5°网格内 TC 平均路 径密度分布以及两者差值分布（c）

其中（c）中打点区域表示差异通过置信水平为 95%的 t 检验

　　根据 Wang 等（2004）提出的方法，将东亚夏季风指数定义为关键区域（5°N～ 15°N，110°E～120°E）内 850 hPa 上以单位风速为度量的纬向风平均值。图 8.2 是 TC 活跃年和 TC 不活跃年东亚夏季风指数的逐日演变。由图可见，除少数时 段外，TC 活跃年的东亚夏季风指数都大于 TC 不活跃年。在 TC 活跃年，东亚夏 季风指数从 6 月 1 日开始一直大于 1。而在 TC 不活跃年，从 6 月初至 6 月中旬 期间，东亚夏季风指数一直维持在 1 左右，直到 6 月中旬以后才稳定大于 1。因 此，TC 活跃年和 TC 不活跃年的东亚夏季风强度存在很大差异，在 TC 活跃年， 东亚夏季风强度更大。以下将进一步给出对流层下层南风气流、WPSH、南亚高 压和东亚副热带高空急流（EASJ）等东亚夏季风系统成员在 TC 活跃年和 TC 不 活跃年的不同演变特征，从而揭示西北太平洋 TC 活动对东亚夏季风系统各成员 时间演变过程的可能影响。

　　图 8.3 是 TC 活跃年和 TC 不活跃年 850 hPa 等压面上 110°E～120°E 范围内 平均经向风逐日演变及两者差值的纬度-时间剖面。由图可见，在 TC 活跃年和 TC 不活跃年，南风气流的最大值都能达到 7 m·s^{-1}，但是，在 TC 活跃年，南风气 流最北可以到达 50°N［图 8.3（a）］，而在 TC 不活跃年，南风气流最北仅能到达 45°N［图 8.3（b）］。TC 活跃年从 6 月中旬开始，大于 3 m·s^{-1} 的南风气流扩展到 了 30°N 以北区域，并且在 7 月中下旬到达 40°N 附近［图 8.3（a）］；然而，在 TC

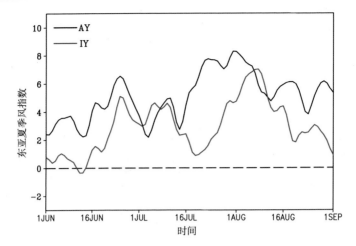

图 8.2　TC 活跃年（AY，黑线）和 TC 不活跃年（IY，红线）合成的东亚夏季风指数逐日演变

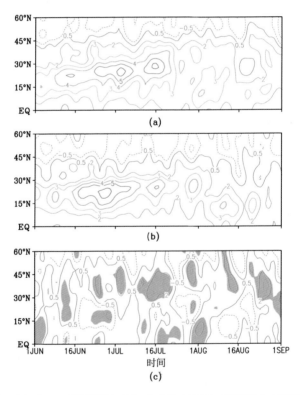

图 8.3　TC 活跃年（a）和 TC 不活跃年（b）合成的 850 hPa 等压面上 110°E～120°E 平均经向
风（单位：m·s⁻¹）及其差值（c）的纬度-时间剖面

（c）中阴影区域表示差异通过置信水平为 95% 的 t 检验

不活跃年，大于 3 m·s⁻¹ 的南风气流所到达的最北位置仅为 30°N 附近，与 TC 活跃年相差 10 个纬度[图 8.3（b）]。由图 8.3（c）可见，在 30°N 以北，TC 活跃年和 TC 不活跃年的差值气流主要为差值南风气流，表明 TC 活跃年的南风气流通常均强于 TC 不活跃年，从而能够达到更高的纬度。

　　东亚夏季风降水带主要位于对流层下层的南风气流和北风气流的交汇处，因此，在东亚夏季风爆发后，季风降水带随着南风气流扩张而向北推进（陈隆勋等，1991）。图 8.4 给出了 TC 活跃年和 TC 不活跃年 110°E～120°E 平均降水率逐日演变。对比图 8.4（a）和图 8.4（b）可见，无论是在 TC 活跃年还是 TC 不活跃年，中国东部夏季降水带都随着夏季风气流由南向北逐渐推进（竺可桢，1934；涂长望和黄士松，1944）。6 月中旬以前，降水大值区基本位于 30°N 以南地区。之后，降水带逐渐向北推进，到达 30°N 以北，并一直维持到 7 月中旬，降水带在 6 月下旬至 7 月上旬维持在 30°N 附近的时期即是中国的梅雨期（涂长望和黄士松，1944）。具体地看，在 TC 活跃年，降水带从 6 月 20 日左右开始快速向北移动，并在 7 月 10 日到达 40°N 左右。从 8 月中旬开始，降水带逐渐向南回撤，并且降水率逐渐减小[图 8.4（a）]。而在 TC 不活跃年，降水带开始向北推移的日期比 TC 活跃年晚了一周左右，于 7 月 5 日左右到达 31°N，之后在此维持较长时间。7 月下旬降水带再次向北推移，最终到达 40°N 附近后维持较短时间即迅速南撤[图 8.4（b）]。由 TC 活跃年减去 TC 不活跃年的降水率差值时间演变可见，整个夏季，TC 活跃年华南降水都明显多于 TC 不活跃年，而整个 6 月下旬到 7 月中旬期间西北太平洋频繁的 TC 活动造成中心位于 30°N 附近的长江中下游地区存在长时间降水减少期，而黄淮流域和华北地区降水增加，表明夏季 TC 活动有利于增加华南和华北降水，而减少长江中下游及梅雨期降水，这与朱哲等（2017）的数值试验结果类似，她们的工作表明 TC 活动将破坏梅雨锋环流造成梅雨降水提前结束。

　　为了研究 TC 活跃年和 TC 不活跃年 WPSH 的演变特征，分别计算了 TC 活跃年和 TC 不活跃年 500 hPa 等压面上 100°E～150°E 范围内逐日 WPSH 的脊线平均纬度、西伸指数和强度指数，这 3 个指数的时间演变如图 8.5 所示。由图 8.5（a）可见，TC 活跃年和 TC 不活跃年，脊线的平均位置都呈现从 6 月初开始由南向北推进。TC 活跃年的 7 月下旬脊线到达最北位置 31°N 附近，之后开始向南撤退；而 TC 不活跃年脊线在 8 月初到达最北位置 28°N 附近之后向南撤退。但在整个夏季，TC 活跃年的平均脊线位置一直位于 TC 不活跃年以北，表明 TC 活跃年，WPSH 脊线位置更偏北。由图 8.5（b）和图 8.5（c）可见，在 TC 活跃年，WPSH 的西伸指数一直小于 TC 不活跃年，并且强度指数也一直小于 TC 不活跃年，表明当西北太平洋上 TC 活动更加频繁的夏季，WPSH 会向东退缩，并且强度也更弱。因此，夏季西北太平洋 TC 活动与 WPSH 的时空演变密切相关。

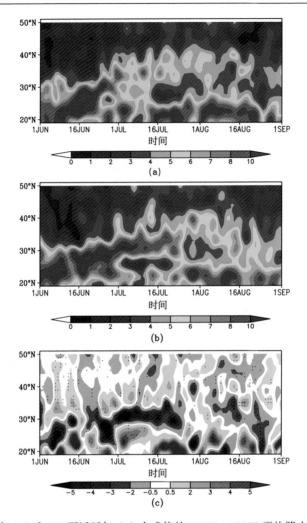

图 8.4　TC 活跃年（a）和 TC 不活跃年（b）合成值的 110°E～120°E 平均降水率及其差值（c）的纬度-时间剖面（单位：mm·d^{-1}）

（c）中打点区差异通过置信水平为 95% 的 t 检验

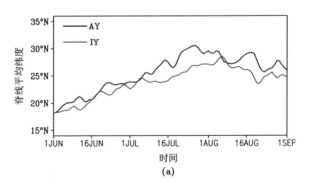

（a）

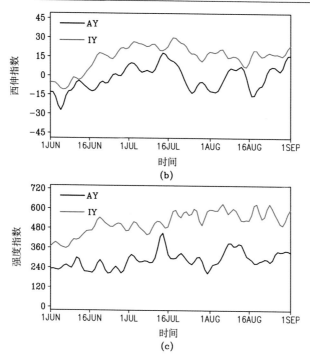

图 8.5　WPSH 脊线平均纬度（a）、西伸指数（b）和强度指数（c）的逐日时间演变

其中黑线表示 TC 活跃年（AY）合成值，红线表示 TC 不活跃年（IY）合成值

类似于对 WPSH 演变的对比分析，分别计算了南亚高压 90°E～140°E 范围内的脊线平均纬度、东伸指数和强度指数，这 3 个指数在 TC 活跃年和 TC 不活跃年的逐日演变如图 8.6 所示。由图 8.6（a）可见，与 WPSH 脊线位置类似，TC 活跃年和 TC 不活跃年夏季南亚高压脊线位置也均随着时间由南向北推进，并且整个夏季，TC 活跃年的南亚高压脊线一直位于 TC 不活跃年脊线以北。由图 8.6（b）和图 8.6（c）可以看出，在 TC 活跃年，南亚高压的东伸指数和强度指数都小于 TC 不活跃年，表明当夏季西北太平洋上出现更多 TC 时，将引起南亚高压

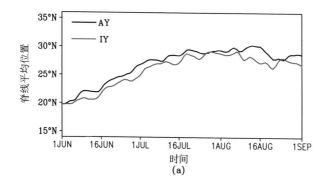

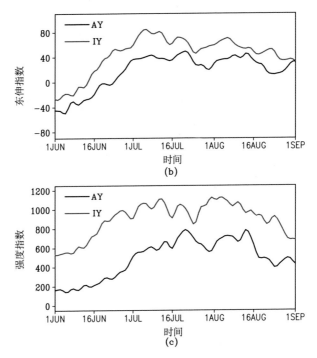

图 8.6　200hPa 等压面上南亚高压在 90°E～140°E 范围内脊线平均位置（a）、东伸指数（b）
和强度指数（c）的逐日演变序列

其中黑线表示 TC 活跃年（AY）合成值，红线表示 TC 不活跃年（IY）合成值

减弱西退，因此，西北太平洋 TC 活动与对流层上层南亚高压的时间演变和空间
分布也具有相关关系。

8.2　夏季东亚-西北太平洋高压系统和副热带高空急流差异

　　为进一步揭示夏季西北太平洋 TC 活动对对流层中上层高压系统演变的影
响，将 TC 活跃年和 TC 不活跃年夏季 6～8 月的位势高度分别求平均，并用 500hPa
等压面上的 586 dagpm[①]作为 WPSH 的特征等值线，用 200hPa 等压面上的 1248
dagpm 作为南亚高压的特征等值线，结果如图 8.7 所示。由图可见，TC 活跃年的
WPSH 和南亚高压比 TC 不活跃年强度弱，脊线位置偏北。在 TC 活跃年，WPSH
的特征等值线的西脊点位于台湾岛以东 125°E 附近的洋面上，而在 TC 不活跃年，
WPSH 的特征等值线西端向西伸展至华南以及中南半岛上空。在 TC 活跃年，对
流层上层南亚高压特征等值线的东脊点位置与 500hPa 上 WPSH 特征等值线西脊

---

① dagpm 为位势高度单位，1 dagpm = 10 gpm。

点位置基本重合，而在 TC 不活跃年的南亚高压东脊点则向东伸展到 144°E 附近洋面上空，两者相差约 19 个经度。WPSH 和南亚高压的这种在年际尺度上相向而行（相背而去）的规律在季节尺度上也成立（Yang et al.，2014）。总而言之，在年际尺度上，夏季西北太平洋 TC 活动将造成对流层中上层大尺度环流系统产生相应的变化。

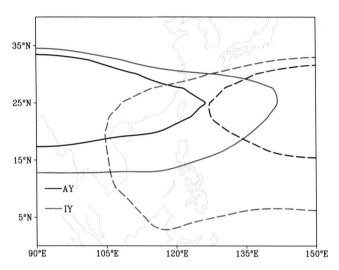

图 8.7　TC 活跃年（AY）和 TC 不活跃年（IY）夏季平均的 500hPa 等压面上 586 dagpm 等位势线（虚线）和 200hPa 等压面上 1248 dagpm 等位势线（实线）分布

　　EASJ 也是东亚夏季风系统的重要成员之一，主要位于南亚高压北部的对流层上层和平流层下层（Zhang et al.，2006；刘杰等，2010；Lu et al.，2011）。EASJ 的变化对东亚地区冷空气活动，温带气旋移动以及降水分布都有重要影响（Garillo et al.，2000；Lu，2004；Sampe and Xie，2010；Liao and Zhang，2013），因此，研究 EASJ 的变化规律有重要天气气候学意义。图 8.8 是 TC 活跃年和 TC 不活跃年夏季 100°E～140°E 范围内 EASJ 轴平均纬度的逐日演变。可见高空急流轴的平均纬度在夏季也经历了先北进再南退的演变过程，并且从 6 月下旬开始，TC 活跃年的 EASJ 轴位置基本上一直位于 TC 不活跃年急流轴位置以北，8 月初和 7 月末，TC 活跃年和 TC 不活跃年的 EASJ 轴分别达到最北位置，且在 TC 活跃年位于 46.5°N 附近，而在 TC 不活跃年，位于 45.5°N 附近。其后急流轴开始向南撤退。

　　图 8.9 是 TC 活跃年和 TC 不活跃年 6～8 月 200hPa 平均纬向风及其差值分布。由图 8.9（a）和图 8.9（b）可见，无论是 TC 活跃年还是 TC 不活跃年，纬向西风气流风速大于 20 m·s^{-1} 的 EASJ 区都位于 35°N～50°N 的中纬度亚洲大陆和北太平洋上空，并且急流区都存在两个急流核，分别位于 90°E 附近青藏高原北侧和日本

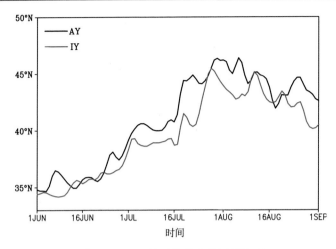

图 8.8　EASJ 轴平均纬度的逐日演变

其中黑线表示 TC 活跃年（AY）合成值，红线表示 TC 不活跃年（IY）合成值

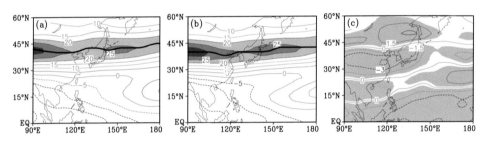

图 8.9　TC 活跃年（a）和 TC 不活跃年（b）合成的 200hPa 等压面上 6～8 月平均纬向风（单位：m·s⁻¹）及其差值（c）分布

其中（a）和（b）中阴影区表示纬向风超过 20 m s⁻¹，（c）中的阴影区表示差值通过置信水平为 95% 的 t 检验

东北部洋面上空（Jansen and Ferrari，2009；Sun et al.，2014），但 TC 活跃年和 TC 不活跃年急流的最大强度和急流核位置有所不同。由于夏季南亚高压脊线位于 30°N 以南（Zarrin et al.，2010；Ren et al.，2015），因此，无论是 TC 活跃年还是 TC 不活跃年，30°N 以北都是西风气流区，而 30°N 以南的亚洲-西北太平洋区域都被东风气流所控制。由 TC 活跃年和 TC 不活跃年的纬向风差值分布可见，EASJ 北侧是准纬向差值西风气流，而南侧是准纬向差值东风气流 [图 8.9（c）]，并且急流区的差值西风和差值东风气流一直从青藏高原以北分别向东延伸至高纬度和中纬度北太平洋上空，这种差值气流分布表明，TC 活跃年的 EASJ 轴比 TC 不活跃年位置偏北。此外，从中南半岛向东至副热带中太平洋地区是呈准纬向的差值西风气流带，再往南部的热带太平洋地区则又是差值东风气流。因此，TC 活跃年和 TC 不活跃年的大尺度风系存在显著差异，从赤道地区向高纬地区，大尺度风系差异造成的准纬向差值西风气流和准纬向差值东风气流交替出现，沿经

向形成了一个准定常波列状的分布型。

对比图 8.9（a）和图 8.9（b）还可以看出，在青藏高原北侧，TC 活跃年和 TC 不活跃年 EASJ 核区最大纬向风速都为 32 m·s^{-1} 左右，并且急流轴分别位于 42.5°N 和 40°N。而在日本以东洋面上，TC 活跃年和 TC 不活跃年的急流核区纬向风最大值分别为 25 m·s^{-1} 和 26 m·s^{-1}，并且 TC 活跃年的急流轴也比 TC 不活跃年偏北。由图 8.9（c）可见，EASJ 轴北侧为差值西风气流，南侧为差值东风气流，差值气流最大值都超了 3 m·s^{-1}，并且差值西风气流和差值东风气流的最大值分别位于毗邻鄂霍次克海西南部的俄罗斯远东地区和中国黄淮地区上空。急流区附近差值气流的大值区主要位于 100°E～140°E 范围内，因此，为进一步研究 TC 活跃年和 TC 不活跃年 EASJ 的差异，分别绘制 TC 活跃年和 TC 不活跃年 100°E～140°E 平均纬向风以及两者差值的高度-纬度剖面，如图 8.10 所示。

由图 8.10 可见，在 TC 活跃年和 TC 不活跃年，夏季平均的 EASJ 轴都位于 200hPa 附近。在 30°N 以北地区，从 1000～200hPa，纬向风随高度逐渐增大；而从 200～50hPa，纬向风随高度逐渐减小。在 TC 活跃年，纬向风最大值位于 42.5°N，最大值为 25 m·s^{-1}；而在 TC 不活跃年，纬向风最大值位于 40°N，最大值 27.5 m·s^{-1}。由图 8.10（c）可见，TC 活跃年和 TC 不活跃年的差值西风和差值东风交界线随高度增加向北稍有倾斜，200hPa 上位于两者急流轴之间的 41°N 附近，交界线以北为差值西风气流，以南为差值东风气流。在 20°N 以北，TC 活跃年和 TC 不活跃年的纬向风差值基本上整层呈准正压结构，而 20°N 以南纬向风差值的斜压结构明显。因此，西北太平洋 TC 活动对对流层乃至平流层下层的大尺度风系都有一定影响，并且 TC 活跃年和 TC 不活跃年大尺度纬向风系的差异在整层都呈现出准定常波动特征。

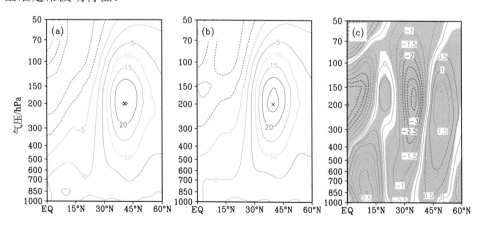

图 8.10　TC 活跃年（a）和 TC 不活跃年（b）夏季 100°E～140°E 平均纬向风及其差值（c）的高度-纬度剖面（单位：m·s^{-1}）

其中（a）和（b）中×表示纬向风最大值所在位置，（c）中的阴影区表示差值通过置信水平为95%的 t 检验

8.3　典型年分析

　　已有的研究结果表明，在强夏季风年，西北太平洋上的季风槽将加深，伴随着对流层低层辐合增强，相对涡度增加，垂直风切变减小，水汽条件充足，并且对流层高层辐散增强，这些条件都有利于季风槽附近 TC 的生成（Ritchie and Holland，1999；Chen et al.，2004）。因此，东亚夏季风指数与西北太平洋 TC 生成频数呈现出显著的正相关关系（Choi et al.，2016）。此外，东亚夏季风强度变化还能造成东亚地区天气气候的显著差异。例如，张庆云和陶诗言（1998）指出，当季风槽加深时，长江中下游地区降水量将减少。Yang 等（2011）的研究结果也表明，在强季风年，长江中下游地区的降水量将少于正常年份。根据 8.1 节和 8.2 节的分析结果，东亚夏季风各成员在 TC 活跃年和 TC 不活跃年表现出的差异与季风强弱年东亚夏季风系统各成员的差异很类似，并且 TC 活跃与否也与东亚夏季风强度密切相关。因此，本章前两节给出的西北太平洋 TC 活动对东亚夏季风系统演变特征的影响可能是东亚夏季风系统本身变化的结果。为了回答这个问题，我们选取了两个典型年：1971 年和 1977 年。这两年 6～8 月的平均东亚夏季风指数分别为 4.22 和 4.61，从强度上看 1977 年东亚夏季风稍强，但这两年夏季西北太平洋的 TC 数量分别为 15 个和 9 个，差异明显。虽然 1971 年东亚夏季风强度较弱，但是西北太平洋 TC 个数却明显多于 1977 年。下文将研究这两年中东亚夏季风系统的特征，若这两年的环流存在明显差异，则表明东亚夏季风系统的变化与西北太平洋 TC 活动对大尺度环流的反馈作用有关。

　　类似于图 8.7，图 8.11 用 500 hPa 的 586 dagpm 等值线和 200 hPa 的 1248 dagpm 等值线分别作为 WPSH 和南亚高压的特征线，但位势高度分别为 1971 年和 1977 年夏季平均值。由图可见，1971 年 WPSH 和南亚高压明显比 1977 年的强度弱，并且 1971 年脊线位置也明显偏北。这种差异特征与 TC 活跃年和 TC 不活跃年之间亚洲-西太平洋高压系统的差异类似。表明东亚夏季风强度不是唯一决定该系统各成员位置和强度的因子，西北太平洋频繁的 TC 活动也能造成对流层中上层大尺度环流发生类似于强东亚夏季风年的特征。

　　图 8.12 类似于图 8.4，但分别为 1971 年和 1977 年降水率的纬度-时间剖面。由图 8.12（a）和图 8.12（b）可见，1971 年夏季雨带位置比 1977 年更加偏北，并且降水量也较少，与 TC 活跃年的雨带特征类似，并且从 1971 年 6 月中旬到 8 月初长江中下游基本上都少于 1977 年，表明西北太平洋 TC 活动对长江中下游地区夏季降水的抑制作用也不完全取决于东亚夏季风强度。

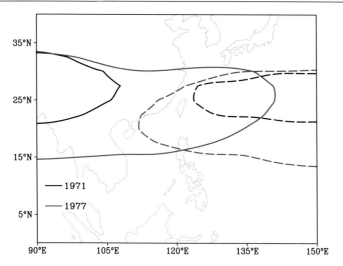

图 8.11　1971 年（黑线）和 1977 年（红线）夏季平均的 500hPa 等压面上 586 dagpm 等位势线（虚线）和 200hPa 等压面上 1248 dagpm 等位势线（实线）分布

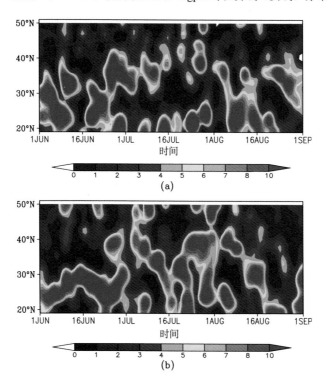

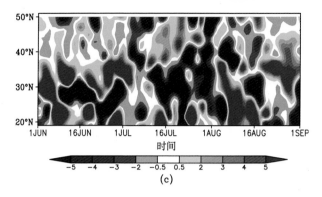

图 8.12 1971 年（a）和 1977 年（b）合成值的 110°E～120°E 平均降水率及其差值（c）的纬度-时间剖面（单位：mm·d⁻¹）

（c）中打点区差异通过置信水平为 95% 的 t 检验

图 8.13 类似于图 8.9，但分别为 1971 年和 1977 年的 200hPa 平均纬向风分布。由图 8.13（a）和图 8.13（b）可见，尽管在 1971 年和 1977 年 EASJ 都位于 35°N～50°N 之间，但是 1971 年 EASJ 轴位置比 1977 年明显偏北。由图 8.13（c）可见，在 EASJ 轴北侧为差值西风气流，南侧为差值东风气流，差值气流分界线位于 1971 年 EASJ 轴附近。此外，由赤道向北，差值西风气流和差值东风气流交替出现，呈现出准定常波列状分布特征。因此，EASJ 在 1971 年和 1977 年表现出的差异与其在 TC 活跃年和 TC 不活跃年表现出的差异也完全类似，西北太平洋 TC 活动对对流层上层以及平流层下层大尺度风系的影响表现在使 EASJ 轴北移。

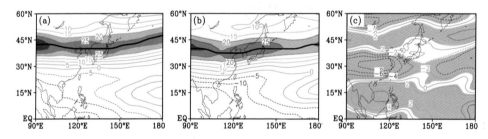

图 8.13 1971 年（a）和 1977 年（b）合成的 200hPa 等压面上 6～8 月平均纬向风（单位：m·s⁻¹）及其差值（c）分布

其中（a）和（b）中阴影区表示纬向风超过 20 m·s⁻¹，（c）中的阴影区表示差值通过置信水平为 95% 的 t 检验

本节针对 1971 年和 1977 年的对比分析表明，虽然 1977 年东亚夏季风强度略强于 1971 年，但由于 1971 年夏季西北太平洋生成的 TC 数明显多于 1977 年，而 1971 年与 1977 年东亚夏季风环流差异与 TC 活跃年和 TC 不活跃年的环流差异类似，从而进一步说明西北太平洋 TC 活动对东亚夏季风系统各成员的影响呈现出东亚夏季风强年系统各成员的演变特征，因此，西北太平洋 TC

对夏季风环流演变有"增幅"作用,频繁的 TC 活动将促使东亚夏季风呈现出强夏季风年特征。

8.4　物　理　机　制

以上分析了东亚夏季风系统各成员在 TC 活跃年和 TC 不活跃年不同的演变特征,并结合典型年份分析提出了西北太平洋 TC 活动对强夏季风年的环流演变有"增幅"作用的观点,本节将重点分析西北太平洋 TC 活动影响东亚大尺度环流的可能物理机理。

研究表明,西北太平洋 TC 是热带西太平洋大气的重要热源,因此能够激发出准静止 Rossby 波,从而导致 PJ 遥相关型波列发生变化,并影响中高纬度地区天气气候(Kawamura and Ogasawara,2006;Yamada and Kawamura,2007;Chen et al.,2017)。TC 内部包含大量的对流活动,在其移动过程中将释放大量凝结潜热,从而加热其活动区域及其附近的大气。此外,由于西北太平洋 TC 具有强涡旋性,从而能够通过多种动力和热力作用直接改变大气平均状态。本节将在上述理论研究基础上,结合前文的统计结果定性分析西北太平洋 TC 活动影响东亚夏季风环流演变的可能物理机制。

图 8.14 是 850hPa 等压面上 TC 活跃年和 TC 不活跃年夏季平均位势高度和风场的差值。由图可见,在巴士海峡以东 15°N～25°N 之间的西北太平洋洋面上空存在一个差值气旋环流,中心位于(20°N、130°E),中心区域位势高度差值最大值为–1.7 dagpm;而从中国东部经朝鲜半岛至日本东南部一线存在一个差值反气旋环流,中心位于日本以东的洋面上(38°N、142°E),中心区域位势高度差值最小值为–0.3 dagpm。这样的差值环流分布特征类似于 PJ 遥相关型(Nitta,1987;Lu,2004),因此,当西北太平洋上有 TC 活动时,将会引起 PJ 遥相关型波列的强度和位相发生变化,从而改变了大气环流的分布特征。从图 8.14 还可以看出,在 5°N～15°N 纬度范围的热带西太平洋,TC 活跃年和 TC 不活跃年的风场差值表现为准纬向的差值西风气流,表明在对流层低层 TC 活跃年热带地区西风气流强于 TC 不活跃年且 WPSH 南侧的东风气流弱于 TC 不活跃年,从而季风槽加深;而在长江中下游以北地区,TC 活跃年和 TC 不活跃年的差值风场为差值南风气流,表明 TC 活跃年中国中东部对流层低层偏南季风气流更强。

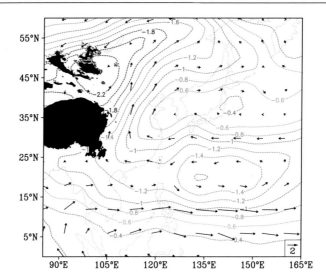

图 8.14　850hPa 等压面上 TC 活跃年和 TC 不活跃年夏季平均风场差（矢量，单位：m·s⁻¹）
和位势高度差（等值线，单位：dagpm）分布

其中阴影区表示地形高度大于 1800m 区域

　　图 8.15 为 TC 活跃年和 TC 不活跃年夏季 110°E～150°E 范围内平均位势高度差和垂直速度差的高度-纬度剖面。由图 8.15（a）可见，在 35°N 以南区域，整个对流层和平流层下部位势高度差都为负值，差值最大值位于赤道上空对流层顶部，表明西北太平洋 TC 活动会造成 WPSH 和南亚高压强度变弱，而热带低压带强度增加，有利于热带降水发生。此外，在 50°N 以北，差值位势高度也为负值，最大值位于 300 hPa 附近。表明西北太平洋 TC 活动对高纬地区的大尺度环流也有影响。而在 35°N～50°N 的中纬度区域，300～120 hPa 之间位势高度差为很小的正值，最大值位于 200 hPa 附近，其上和其下为负值，总之，TC 活跃年和 TC 不活跃年对流层和平流层下部位势高度差从赤道向高纬度都呈现准定常波列特征。对于大气大尺度运动，大气适应过程为风场向位势高度场适应（Yeh，1957），因此，TC 活动造成的位势高度变化将有相应的风场变化与之对应。由图 8.15（b）可见，TC 活跃年和 TC 不活跃年的垂直速度差也呈现出沿经向的波列状分布，从赤道向高纬地区，对流层差值上升气流和差值下沉气流交替出现，并且都呈准正压结构。其中明显可见长江中下游地区所处纬度带上空为差值下沉气流，因此，在 TC 活跃年，该纬度带夏季降水减少；而华南地区所处纬度带上空为差值上升气流，从而 TC 活跃年降水增多。

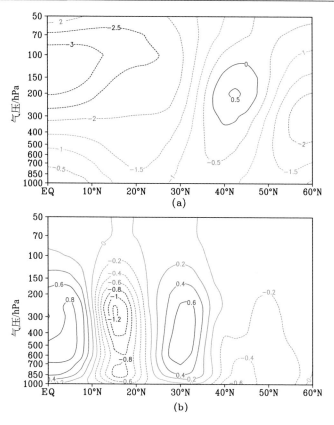

图8.15   TC活跃年和TC不活跃年夏季110°E～150°E范围内平均位势高度差（a）（单位：dagpm）和垂直速度差（b）（单位：10^{-4} hPa·s^{-1}）的高度-纬度剖面

热成风关系可以用来表示纬向风垂直切变和经向温度梯度之间的联系：

$$\frac{\partial u}{\partial p} = \frac{R}{fp}\left(\frac{\partial T}{\partial y}\right) \tag{8.1}$$

式中，u 表示纬向风；p 表示气压；f 为地转参数；R 为气体常数；T 为大气温度。

Chen 等（1964）指出对于大尺度环流系统，比如 EASJ，热成风调整的方向主要是风场向温度场适应。若是北方温度低（高）南方温度高（低），即经向温度梯度为负值（正值），则西风气流随着高度增加而增大（减小）。图8.16 是 TC 活跃年和 TC 不活跃年夏季 100°E～140°E 平均经向温度梯度差值的高度-纬度剖面。由图可见，TC 活跃年和 TC 不活跃年对流层和平流层下层经向温度梯度差的位相存在明显不同，根据沿经向的温度梯度差变化特征可以将其在垂直方向分为三层，其中对流层中下层 600hPa 以下为"三明治"结构，即低纬度和高纬度经向温度梯度差为负值，而中纬度为正值；对流层中上层 600～200hPa 为 2 波双峰结构，分界线位于 30°N 附近；200hPa 以上虽然也是 2 波双峰结构，但与其下的 2 波结构相差 π/2 位相。在 EASJ 区的下方，从 1000～200hPa，经向温度梯度差值约在急流轴所在纬度（41°N）以南（以北）为正值（负值），相应地，差值西风气流（东风气流）随着高度增加而增大[图 8.10（c）]，TC 活动使得急流北侧加强且南侧减弱[图 8.9（c）]。从 TC 活动造成的经向温度梯度（图 8.16）和相应的纬向风变化[图 8.9（c）]的垂直分布看，夏季西北太平洋频繁的 TC 活动导致的经向温度梯度变化造成了东亚副热带纬向风系在整个对流层和平流层下部都整体向北移动。此外，在经向上差值经向温度梯度的正值和负值交替出现，意味着西北太平洋 TC 活动可能是通过改变 PJ 波列影响整个东亚-西北太平洋区域的经向温度梯度（Kawamura and Ogasawara，2006）。

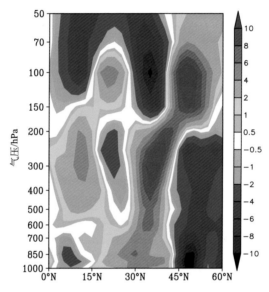

图 8.16　TC 活跃年和 TC 不活跃年夏季 100°E～140°E 平均经向温度梯度差（单位：10^{-7} K·m^{-1}）的高度-纬度剖面

　　由于大气温度变化与非绝热加热密切相关，因此，将从 TC 活跃年和 TC 不活跃年的非绝热加热率差异入手进一步揭示西北太平洋 TC 活动影响经向温度梯度变化的物理机制。为简化起见，将视热源近似作为非绝热加热率（Yanai et al.，1973）：

$$Q_1 = c_p \left[\frac{\partial T}{\partial t} + \vec{V} \cdot \nabla T + \left(\frac{p}{p_0} \right)^{\frac{R}{c_p}} \omega \frac{\partial \theta}{\partial p} \right] \tag{8.2}$$

式中，Q_1 为视热源，代表非绝热加热率；θ 为位温；$\vec{V}$ 为风矢量；$\omega = \mathrm{d}p/\mathrm{d}t$ 为垂直速度；$p_0 = 1000$ hPa；c_p 为定压比热容。图 8.17 给出了 TC 活跃年和 TC 不活跃年夏季 1000～200 hPa 平均经向温度梯度差和经向非绝热加热率梯度差分布。由图 8.17（a）可见，在东亚-西北太平洋区域，经向温度梯度差的正值和负值沿着经线交替出现，与 TC 活跃年和 TC 不活跃年的纬向风差值分布相对应[图 8.9（c）和图 8.10（c）]，并且差值经向温度梯度的大值区也出现在青藏高原北侧以及日本以东洋面上空，是急流轴两侧出现差值纬向风大值区的主要原因。由图 8.17（b）可见，经向非绝热加热率梯度差也呈现经向波列分布，与经向温度梯度差的分布类似，并且两者位相也基本相同。因此，由于 TC 活动所造成的非绝热加热率变化是引起对流层温度经向梯度改变的原因，由此则造成了大尺度风系发生相应变化。

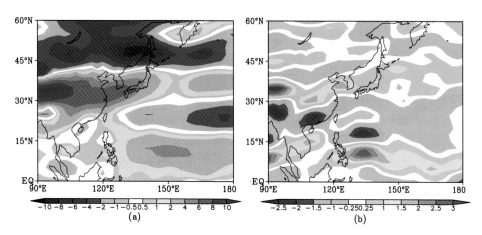

图 8.17　TC 活跃年和 TC 不活跃年夏季 1000～200 hPa 平均经向温度梯度差（单位：10^{-7} K·m^{-1}）（a）和经向非绝热加热率梯度差（单位：10^{-11} K·m^{-1}·s^{-1}）（b）的分布

以上结果表明，西北太平洋 TC 活动所引起的向北传播的遥相关波列造成大尺度环流发生变化，从而进一步影响东亚夏季风系统的演变。由于 TC 内部包含了大量对流活动，从而能够释放出大量凝结潜热。为研究西北太平洋 TC 活动能否通过所释放的潜热直接加热大气的方式对气候造成影响，沿着 TC 路径将离 TC 中心 800km 范围内的非绝热加热率进行累加，并利用得到的累计非绝热加热率求经向非绝热加热率梯度，最后计算 TC 活跃年和 TC 不活跃年的经向非绝热加热率梯度差，结果如图 8.18 所示。由图可见，差值经向非绝热加热率梯度的大值区主要位于 TC 活动所在区域附近，其分布与 TC 路径密度差有相似之处[图 8.1（c）]。此外，与 TC 活动直接造成的经向非绝热加热率梯度差（图 8.18）与图 8.17（b）中的差值分布位相基本一致，但前者量值只有后者的一半，表明西北太平洋 TC

活动所释放的凝结潜热也能直接引起大气对流层平均经向温度梯度发生变化，从而对大气大尺度环流也产生重要影响。

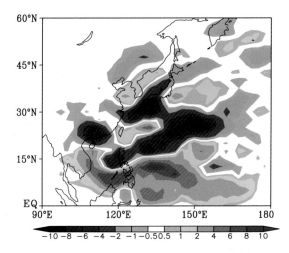

图 8.18　TC 活跃年和 TC 不活跃年夏季 TC 中心周围 800km 范围内 1000～200hPa 平均经向非绝热加热率梯度合成值差值（单位：$10^{-12}\,\mathrm{K\cdot m^{-1}\cdot s^{-1}}$）分布

　　图 8.19 是 1961～2010 年夏季西北太平洋 TC 生成频数和亚洲季风区 850 hPa 平均全风速的相关系数分布。由图可见，夏季西北太平洋 TC 生成数量与亚洲夏季风强度呈现出显著的正相关关系。表明当亚洲季风越强，西北太平洋 TC 生成数量也越多。而西北太平洋 TC 活动对大气环流的反馈作用又呈现出强东亚夏季风环流特征，从而可以将西北太平洋 TC 活动作为东亚夏季风系统的"强化因子"对待，其对东亚夏季风系统的影响与强东亚夏季风自身演变正好同位相。

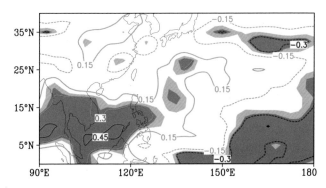

图 8.19　1961～2010 年夏季西北太平洋 TC 生成频数和亚洲季风区 850 hPa 平均全风速的相关系数

其中浅色（深色）阴影表示相关系数超过 90%（95%）置信水平

8.5　东亚夏季风和热带气旋活动的相互促进关系

众所周知，西北太平洋 TC 活动受到诸多气候因子的影响，例如太平洋的 ENSO 循环（Chan，1985；Chu and Clark，1999；Chan，2000；Chia and Ropelewski，2002；Ha et al.，2013a；Sun et al.，2015a），因而呈现出很强的年际变化特征。夏季西北太平洋频繁的 TC 活动能够激发出准静止 Rossby 波，影响 PJ 遥相关型波列的强度，并且 TC 活动相伴随的潜热释放使得大气经向温度梯度发生变化，从而通过动力学和热力学过程影响东亚夏季风系统平均态及其时间演变过程。本章统计分析表明，夏季西北太平洋频繁的 TC 活动将使得 WPSH 和南亚高压强度减弱且位置偏北、副热带高空急流轴北移以及长江中下游降水减少。另一方面，强夏季风年对流层低层强盛的偏南气流不利于中国东部夏季雨带在长江中下游区域长时间维持，长江中下游夏季降水减少，并且强夏季风会促使 WPSH 位置偏北，南亚高压和副热带高空急流轴位置也偏北。总之，强夏季风年东亚区域环流呈现出与西部太平洋 TC 活跃年类似的特征。

由于强夏季风年季风槽加深将会使得更多的 TC 在西北太平洋生成，因此东亚夏季风强度与西北太平洋 TC 生成频数呈现出显著的正相关关系（孙秀荣和端义宏，2003；Choi et al.，2016；Chen et al.，2017），因此，TC 活动和东亚夏季风的关系可以形象地用轴承的转动来表示。如将轴承的内圈比作地球、外圈比作夏季风环流、滚动球比作 TC，再假定滚动球越多，轴承外圈转动越快，反之亦然。那么，当外圈受到比较大的力的作用而发生快速转动情况下，滚动球增多，从而促使外圈转动更快；而当外圈受到的作用力较小时，滚动球减少，从而使得外圈的转动受到进一步抑制。因此，可以认为西北太平洋频繁的 TC 活动将促使东亚夏季风系统各成员呈现出强夏季风特征，或者对强夏季风系统各成员的演变起到"增幅"作用，东亚夏季风系统和西北太平洋 TC 活动之间存在相互促进关系（图 8.20）。

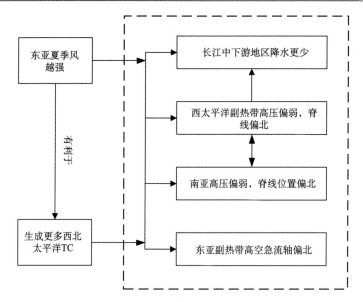

图 8.20　东亚夏季风系统和西北太平洋 TC 活动之间的相互促进关系示意图

第9章 夏季热带气旋活动与中国中东部降水和高温热浪天气的关系

第8章利用统计方法研究了西北太平洋 TC 活动对东亚夏季风系统各成员时间演变的影响，其中有一个有趣的现象，即在西北太平洋 TC 活跃年东亚夏季风雨带在长江中下游地区停留时间较短，而在西北太平洋 TC 不活跃年，雨带在长江中下游地区停留时间较长，从而 TC 活跃年的长江中下游地区降水量比 TC 不活跃年偏少。而已有的研究表明，夏季西北太平洋 TC 活动给中国中东部地区带来大量降水，并且 TC 降水占中国中东部夏季降水总量的 10%以上（Ren et al.，2006；Kubota and Wang，2009）。因此，这就存在一个疑问，夏季西北太平洋 TC 活动对中国中东部降水到底产生怎样的影响？另一方面，夏季高温热浪天气与降水密切相关，降水将造成地面气温降低，导致高温热浪天气减少；反之，当降水量减少时，高温热浪天气将加剧，那么西北太平洋 TC 活动会使中国中东部地区夏季高温热浪天气有所减缓吗？夏季强降水和高温热浪是灾害性天气，对人类生活和生产有重要影响。因此，需要阐明夏季西北太平洋 TC 活动对中国中东部降水和高温热浪天气到底产生什么影响。本章在对夏季西北太平洋 TC 活动影响中国中东部降水和高温热浪天气进行统计分析的基础上，给出产生这种影响的物理机制，并借助数值模式敏感性数值试验对 TC 所产生的影响进行验证。

9.1 地面气候要素分布统计结果

根据第8章对西北太平洋夏季（6~8 月）TC 活动活跃年和不活跃年的划分，利用中国气象局地面观测资料对 10 个 TC 活跃年夏季和 10 个不活跃年夏季中国大陆平均日照时数、降水量、地面气温和高温日数进行合成。图 9.1 是 TC 活跃年和 TC 不活跃年夏季平均日照时数、降水量、地面气温和高温日数分布及活跃年与不活跃年的差异。由图 9.1（a）和图 9.1（b）可见，在长江中下游地区，TC 活跃年夏季月平均日照时数为每天 7~8 h，而 TC 不活跃年仅为每天 5~7 h。此外，在中国大陆的其他地区，TC 活跃年和不活跃年夏季的平均日照时数基本相近，且都随纬度增加而变长。由图 9.1（c）可见，TC 活跃年和不活跃年夏季平均日照时数差异的大值区主要位于长江中下游及其以南地区，其中极大值中心分别位于长三角地区和内陆的湖南省，2 个极大值的量值均超过每天 1.8 h。从夏季降水量分布可以看出，不论是 TC 活跃年还是不活跃年，中国中东部地区的夏季降水都是由南向北逐渐减少[图 9.1（d）和图 9.1（e）]，但从图 9.1（f）可以看出，两者差异最大的区域仍然位于长江中下游地区。虽然在 TC 活跃年，频繁的西北太平洋 TC 活动能给中国中东部大陆带来丰富的降水，但由于 TC 活动对大气环流的反馈作用，使得长江中下游在受 TC 直接影响前和影响结束后的降水减少，导致该区域出现 TC 活跃年夏季平均降水少于 TC 不活跃年的现象，这与 TC 活跃年该区域夏季平均日照时数延长相对应[图 9.1（c）]。此外，受西北太平洋 TC 活动影响最大的华南沿海地区 TC 活跃年夏季降水量比 TC 不活跃年有所增加。

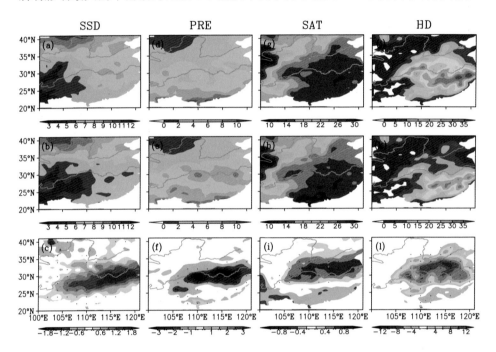

图 9.1　中国大陆夏季平均日照时数（SSD，单位：h·d^{-1}）、降水量（PRE，单位：10^2 mm）、
地面气温（SAT，单位：℃）和高温日数（HD，单位：d）的分布

（a）、（d）、（g）、（j）为 TC 活跃年的合成值；（b）、（e）、（h）、（k）为 TC 不活跃年的合成值；（c）、（f）、（i）、（l）为 TC 活跃年与不活跃年的差值（打点代表差异通过置信水平为 95%的 t 检验）

　　日照时数延长和降水量减少都会导致地面气温升高，进而增加高温事件的发生频率（Ding et al.，2010；Soon et al.，2011；Qian et al.，2012）。由图 9.1（g）和图 9.1（h）可见，不论是 TC 活跃年还是 TC 不活跃年，中国大陆东部淮河以南大部分地区 6～8 月平均地面气温都超过 26℃。在 TC 活跃年，华东、华南和华中地区的平均地面气温都在 26～28℃之间，仅湖南省部分地区的地面气温超过28℃；而在 TC 不活跃年，华东和华中北部平均地面气温均小于 26℃，华南部分

地区平均地面气温超过 28℃。从两者差值来看，在长江中下游以及黄淮地区，TC
活跃年平均地面气温明显高于 TC 不活跃年，地面气温差值极大值超过 0.4℃；而
华南沿海地区 TC 活跃年地面气温低于 TC 不活跃年，地面气温差值极小值小于
–0.4℃［图 9.1（i）］。平均高温日数分布与平均地面气温相似，这主要是由于当
平均地面气温升高时，极端高温的热浪天气发生频率也相应增加（Alexander et al.，
2006）。由图 9.1（j）和图 9.1（k）可见，在 TC 活跃年，中国东南部每年 6～8
月平均高温日数都大于 15 天，平均高温日数极大值区同样位于长江中下游地区，
高温日数的极大值超过 35 天；而在 TC 不活跃年，平均高温日数超过 15 天的区
域基本上都位于长江以南地区，高温日数极大值为 32 天左右。由两者差值可见，
夏季平均高温日数差值正值区仍然位于长江中下游地区，其中差值极大值中心位
于安徽省中部，约为 12 天，而在华南沿海，TC 活跃年高温日数较 TC 不活跃年
有所减少，高温日数最多减少了 3 天左右。

　　图 9.2 是中国大陆每年夏季最高地面气温大于等于 37℃的强高温日数和 40℃
的极端高温日数的分布。由图 9.2（a）和图 9.2（b）可见，在长江以北地区，TC
活跃年和 TC 不活跃年强高温日数分布存在明显差异。在 TC 活跃年，长江以北
地区强高温日数基本大于 2 天，最大值超过 6 天；而在 TC 不活跃年，长江以北
大部分地区强高温日数少于 2 天，并且最大值仅为 4 天左右。由图 9.2（c）可见，
TC 活跃年与 TC 不活跃年的强高温日数差值主要位于长江中下游以及华北地区，
差值基本为正值，并且差值最大值超过 6 天，出现在安徽省中部。对比图 9.2（d）
和图 9.2（e）可见，在安徽省以及湖北省，TC 活跃年出现的极端高温日数明显大
于 TC 不活跃年，两者差值最大值位于湖北省，最大值约为 1 天，并且安徽省中
部以及浙江北部，极端高温日数差值也达到了 0.8 天左右。以上结果表明，夏季
西北太平洋频繁的 TC 活动会造成长江中下游地区夏季日照时数延长，降水量减
少，相应地平均地面气温升高，高温事件发生更加频繁；而华南沿海地区，降水
量偏多，地面气温降低，高温日数相应减少。

　　为了进一步研究夏季西北太平洋 TC 活动与中国大陆地区日照时数、降水量、
地面气温和高温日数之间的关系，计算了 1961～2010 年每年 6～8 月西北太平洋
TC 生成数量与中国大陆地区平均日照时数、降水量、平均地面气温和高温日数
的相关系数，结果如图 9.3 所示。由图 9.3（a）可见，在长江中下游地区，西北
太平洋 TC 生成频数与日照时数成正比，并且相关系数超过 95%置信水平。西北
太平洋 TC 频数与降水量相关系数超过 95%置信水平的区域主要位于长江中下游
地区，并且为负相关［图 9.3（b）］。同时，长江中下游地区的西北太平洋 TC 生
成频数与平均地面气温也呈显著正相关关系；而在华南以及西南地区，西北太平
洋 TC 频数与地面气温都为显著的负相关关系，并且两个地区的相关系数也都超
过了 95%置信水平［图 9.3（c）］。平均温度上升必然导致出现极端高温天数的概

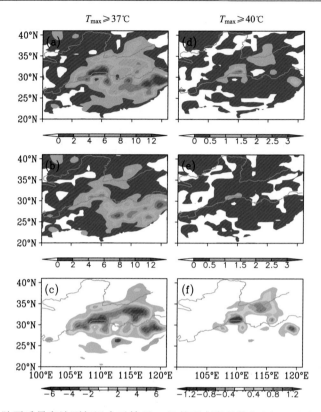

图 9.2　中国大陆夏季最高地面气温大于等于 37℃ 的强高温日数［（a）、（b）、（c）］和 40℃
　　　的极端高温日数［（d）、（e）、（f）］（单位：d）分布

（a）、（d）为 TC 活跃年的合成值；（b）、（e）为 TC 不活跃年的合成值；（c）、（f）为活跃年与不活跃年
的差值

率大大增加。由图 9.3（d）可见，西北太平洋 TC 生成频数与高温日数呈显著正相关区域也为长江中下游地区。因此，长江中下游地区的降水量以及地面气温都与西北太平洋 TC 活动显著相关。而有趣的是，西北太平洋 TC 生成频数与长江中下游地区降水量呈负相关，而与地面气温呈正相关，即若夏季西北太平洋 TC 生成频数越多，长江中下游地区降水量越少，地面气温越高。以往的研究表明，西北太平洋 TC 活动将造成降水量的增加以及相应的云系增多，并且 TC 直接带来的降水量占中国东南部夏季总量的 20%～40%（Ren et al.，2006；Zhang et al.，2013）。然而从本书的统计结果看，TC 活动对降水和地面气温的影响并不完全是这种直接作用，因此，下文将进一步研究西北太平洋 TC 活动对环流的影响，从而揭示西北太平洋 TC 活动导致降水和地面气温发生变化的物理机制。

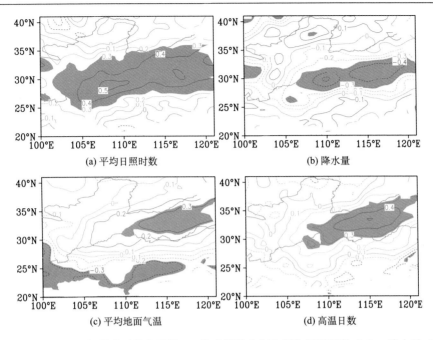

(a) 平均日照时数　　　　　　　　(b) 降水量

(c) 平均地面气温　　　　　　　　(d) 高温日数

图 9.3　1961～2010 年夏季西北太平洋 TC 生成频数分别和平均日照时数（a）、降水量（b）、
平均地面气温（c）、高温日数（d）之间的相关系数
其中阴影区域表示相关系数超过 95%置信水平

9.2　活跃年和不活跃年的环流差异

图 9.4 为夏季 TC 活跃年和 TC 不活跃年 500hPa 和 850hPa 平均环流以及两者
差值的分布。对比图 9.4（a）和图 9.4（b）可见，TC 活跃年 WPSH 明显弱于 TC
不活跃年，并且副热带高压脊线位置偏北。在 TC 活跃年，WPSH 区夏季平均最
大位势高度为 587 dagpm，并且 586 dagpm 等值线位于台湾以东的洋面上；而在
TC 不活跃年，副热带高压区最大位势高度为 590 dagpm，并且 586 dagpm 等值线
西伸至中南半岛上空。表明由于西北太平洋 TC 活动对 WPSH 强度具有削弱作用
（Zhong and Hu，2007；Wang et al.，2010；Sun et al.，2014），导致 TC 活跃年的
WPSH 平均强度弱于 TC 不活跃年。由 TC 活跃年和不活跃年夏季 500 hPa 平均区
域环流之差可见，约沿 35°N 的中国中东部至日本以东洋面为相对较弱的位势高
度降低带，该位势高度降低带的经向宽度介于 25°N～45°N 之间，中心位于朝鲜
半岛附近，而该降低带南北两侧则为相对较强的位势高度降低带，中心分别位于
中国南海北部和毗邻鄂霍次克海的大陆上空[图 9.4（c）]。在 850 hPa 上，TC 活
跃年的 WPSH 仍然弱于 TC 不活跃年。例如，在 20°N～25°N 范围内 TC 活跃年

的 148 dagpm 等值线位于台湾岛以东的洋面上，而在 TC 不活跃年 148 dagpm 线西进至中国东南部[图 9.4（d）和图 9.4（e）]。850 hPa 上的差值位势高度分布与 500 hPa 类似，即中国江淮流域东部至日本以东洋面上空为弱的位势高度降低带，其南北两侧则为较强的位势高度降低带[图 9.4（f）]。因此，西北太平洋 TC 活动对东亚-西北太平洋区域对流层中层和下层大尺度环流的影响是类似的，而对应于 TC 活动引起的这种对流层中下层环流的变化，在对流上层则表现为呈准纬向分布的纬向风的加强和减弱带，并且这种纬向风的变化使得东亚副热带西风急流轴向极移动（Chen et al.，2017）。需要注意的是，虽然 TC 活跃年 WPSH 在整个东亚-西北太平洋区域都弱于 TC 不活跃年，但由于位于中国中东部至日本以东洋面的位势高度降低带弱于其南北两侧的降低带，使得中国中东部至日本以东洋面出现反气旋性差值环流[图 9.4（c）和图 9.4（f）]，而由于西北太平洋 TC 活动导致的这个反气旋性差值环流将有利于该区域晴好和高温天气的维持。

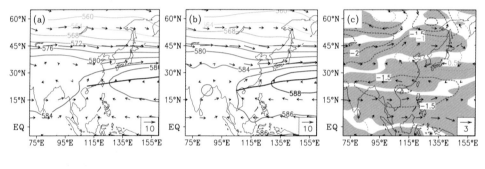

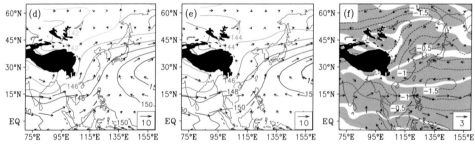

图 9.4　500hPa[（a）、（b）、（c）]和 850hPa[（d）、（e）、（f）]夏季平均位势高度场
（等值线，单位：dagpm）和风场（矢量，单位：m·s⁻¹）分布

（a）和（b）中黑粗线是副热带高压脊线，（d）、（e）、（f）中黑色阴影区为地形高度大于 1800m 区域；（a）、（d）：TC 活跃年；（b）、（e）：TC 不活跃年；（c）、（f）：TC 活跃年与不活跃年差值，阴影区表示纬向风差值通过置信水平为 95% 的 t 检验

大气大尺度环流的适应过程是风场向气压场适应。而风场的变化，尤其是气旋性涡度增加和垂直上升速度增大等都将为对流活动增强提供有利的动力条件，

从而影响降水和地面温度。图 9.5 为 TC 活跃年和不活跃年夏季对流层中下层
（1000～500hPa）的平均相对涡度差值和垂直速度差值分布。由图可见，与从中国
中东部至日本对流层中下层的差值反气旋环流对应[图 9.4（c）和图 9.4（f）]，
长江中下游地区对流层中下层为差值负涡度和下沉气流区[图 9.5（a）和图 9.5
（b）]。这种差值环流抑制了对流活动，使太阳短波辐射增加，导致地面温度上升，
增大了高温事件发生的概率。而在华南沿海地区，对流层中低层则为差值正涡度
和上升气流区，有利于对流活动加强和降水形成。此外，由于大量 TC 直接影响
华南沿海，也造成该地区产生大量降水。降水量增多导致华南地区地面气温下降，
从而减少了高温热浪天气的发生。

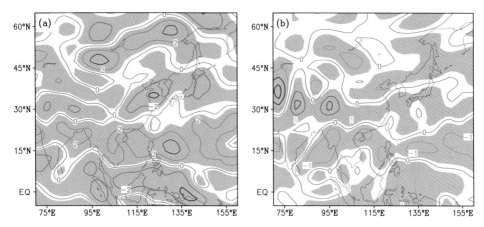

图 9.5　TC 活跃年和不活跃年夏季 1000～500hPa 平均相对涡度差值（a）（等值线，单位：
$10^{-6}\,s^{-1}$）和垂直速度差值（b）（等压线，单位：$10^{-4}\,hPa\cdot s^{-1}$）分布

图中阴影区域表示差值通过置信水平为 95% 的 t 检验

为进一步明晰西北太平洋 TC 活动对大尺度环流的影响，将 TC 活跃年和不
活跃年夏季所有有 TC 活动时次（共 4561 个时次）以及无 TC 活动时次（共 2799
个时次）东亚-西北太平洋区域 500hPa 和 850hPa 环流分别进行合成，结果如
图 9.6 所示。根据 Zhong 和 Hu（2007）的敏感性数值试验结果以及 Sun 等（2014）
提出的 TC 影响 WPSH 强度变化的热力学机制，西北太平洋 TC 活动通常会造成
WPSH 减弱。由图 9.6（a）和图 9.6（b）可见，在 500hPa 上，有 TC 活动时次，
586dagpm 等值线只西伸到中国福建沿海，且中心位置偏北，位于 27.5°N 左右；
而无 TC 活动时次，WPSH 较强，586dagpm 等值线西伸至中南半岛，且中心位置
偏南，位于 20°N 左右。由图 9.6（c）可见，有 TC 活动和无 TC 活动时次环流之
差表现为 25°N 以南为气旋性差值环流，异常气旋中心位于中国南海北部和巴士
海峡一带；而 25°N 以北为反气旋性差值环流，反气旋中心位于日本海上空。这

种异常气旋性和异常反气旋性环流分布型与 TC 活跃年和不活跃年环流之差的分布型有类似之处[图 9.4（c）]，而长江中下游地区约 25°N 以北位于反气旋性差值环流对应的差值辐散气流区，这种由于 TC 活动导致的辐散气流有利于长江中下游地区维持晴好天气，导致该区域高温热浪日数增加。由图 9.6（d）和图 9.6（e）可见，850 hPa 环流与 500 hPa 类似，有 TC 活动时次，WPSH 强度较弱，148 dagpm 等值线位于台湾以东洋面上，并且 120°E 附近的 WPSH 脊线位于 29°N[图 9.6（d）]；而无 TC 活动时次，WPSH 强度较强，148 dagpm 等值线延伸至中国东南部陆地，并且 WPSH 脊线呈东北-西南走向，脊线西端位于菲律宾东北北洋面上，比有 TC 活动时次明显偏南。因此，西北太平洋 TC 活动对对流层中低层的环流有显著影响。由图 9.6（f）可见，有 TC 活动时次和无 TC 活动时次差值环流场在低纬度地区呈现也出一个气旋环流，气旋中心位于巴士海峡及其以东洋面上；在中高纬度地区呈现出一个反气旋环流，中心位于日本海上空。因此，类似于 TC 活跃年和 TC 不活跃年夏季平均位势高度差分布在对流层中低层一致[图 9.4（c）和图 9.4（f）]，夏季有 TC 活动和无 TC 活动时次平均位势高度差分布在对流层低层也与 500 hPa 一致[图 9.6（c）和图 9.6（f）]，这也进一步

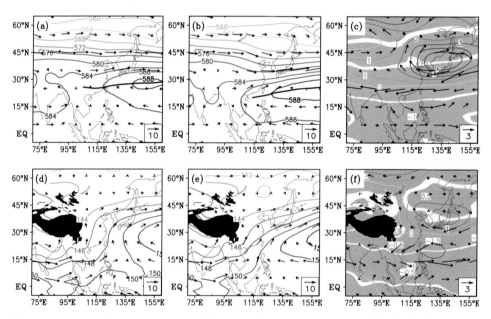

图 9.6 500hPa[（a）、（b）、（c）]和 850hPa[（d）、（e）、（f）]夏季平均位势高度场
（等值线，单位：dagpm）和风场（矢量，单位：m·s^{-1}）分布

（a）和（b）中黑粗线是副热带高压脊线，（d）、（e）、（f）中黑色阴影区为地形高度大于 1800m 区域；（a）、（d）：有 TC 活动时次；（b）、（e）：无 TC 活动时次；（c）、（f）：有 TC 活动时次和无 TC 活动时次的差值，阴影区表示纬向风差值通过置信水平为 95%的 t 检验

表明，西北太平洋 TC 活动对对流层中低层环流的影响是一致的。对比有 TC 活动和无 TC 活动时次对流层中下层大气环流的特征可见，无论是 TC 活跃年还是有 TC 活动时次，WPSH 强度都较弱，并且脊线位置都偏北，而且长江中下游地区上空都出现异常反气旋环流，这样的环流配置不利于夏季雨带在该地区停留从而快速向北推进，导致长江中下游地区降水量减少，地面气温升高。由于 TC 活跃年和不活跃年之间的环流差别与有 TC 活动和无 TC 活动时次环流差别的特征相似，因此，可以说明西北太平洋 TC 活动在一定程度上造成了对副热带高压的影响，并进一步影响了夏季中国大陆地区的降水和地面温度。

9.3　典型年的环流差异

针对第 8 章所选的 TC 频数差异很大的两个典型年，即 1971 年和 1977 年，分别计算了这两年夏季日照时数、降水量、地面气温和高温日数，结果如图 9.7 所示。1971 年夏季，长江中下游地区日照时数基本大于每天 8h，最大值超过每天 9h；而 1977 年，长江中下游地区日照时数基本为每天 6 h 左右，并且最大值不超

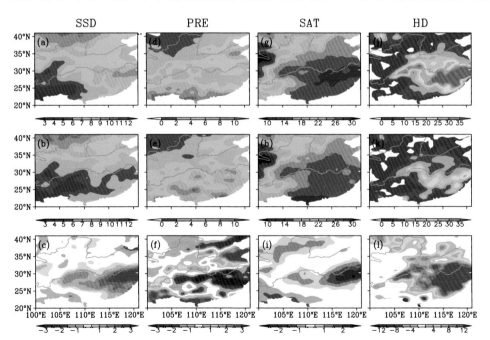

图 9.7　中国大陆夏季平均日照时数（SSD，单位：h·d^{-1}）、降水量（PRE，单位：10^2 mm）、
地面气温（SAT，单位：℃）和高温日数（HD，单位：d）的分布

（a）、（d）、（g）、（j）为 1971 年的合成值；（b）、（e）、（h）、（k）为 1977 的合成值；（c）、（f）、
（i）、（l）为 1971 年与 1977 年的差值

过每天 7 h[图 9.7（a）和图 9.7（b）]。相应的，1971 年和 1977 年夏季平均日照时数的差值最大值位于长江中下游地区，最大值超过每天 3h[图 9.7（c）]。在长江中下游地区，1971 年夏季降水量明显小于 1977 年，而在华南地区以及华北地区，1971 年夏季降水量明显多于 1977 年[图 9.7（d）和图 9.7（e）]，因此，差值降水量负值区主要位于长江中下游地区，并且差值降水量最大值大于 300mm；而差值降水量正值区主要位于长江以北的地区，最大值也超过 300mm[图 9.7（f）]。1971 年和 1977 年夏季中国大陆地区的平均地面气温和高温日数分布分别与 TC 活跃年和不活跃年相似[图 9.7（g）、图 9.7（h）、图 9.7（j）和图 9.7（k）]。在长江及江南地区，1971 年地面气温明显偏高，差值温度最大值超过 2.5℃，高温日数也明显增加[图 9.7（i）和图 9.7（l）]。

总之，不论是根据频数确定的 TC 多年和少年合成结果，还是有 TC 和无 TC 时次合成结果，甚至 TC 频数明显有差异的典型年夏季，都一致表明 TC 活动会使得 WPSH 强度减弱，脊线位置偏北，从而长江中下游地区对流层中低层受异常反气旋环流控制，日照时数增加，降水减少，高温热浪日数增加。这是由于 TC 活动反馈大尺度副热带高压造成长江中下游地区晴好天气日数增加超过了 TC 直接影响造成的晴好天气减少。

9.4　数值模拟验证

为检验前几节关于地面物理量和环流的统计分析结果的正确性，本节利用 WRF 模式以 2013 年发生在西北太平洋并在我国福建省沿海登陆的 Solik 台风为例开展敏感性数值试验，对 TC 反馈效应的统计结果进行验证。

共做了 2 个数值试验，其中控制试验的模式水平区域中心位于（37°N、132°E），网格距为 20km，东西方向网格点数为 435，南北方向为 335，模式顶设在 50hPa，垂直方向分成 35 层；模式初始场和侧边界驱动场均采用 NCEP/NCAR 的再分析资料，分辨率为 1°×1°，时间间隔为 6h（https://doi.org/10.5065/D6M043C6）。模式物理方案选用 WSM 5-class 微物理方案、Kain-Fritsch（New Eta）积云参数化方案、RRTM 长波辐射方案、Goddard 短波辐射方案、YSU 行星边界层方案、Noah 陆面模式和 Monin-Obukhov 地表层相似理论等，模式物理方案细节参见 Skamarock 等（2008）编写的模式说明。控制试验模拟时间为 2013 年 7 月 8 日 00 时～7 月 14 日 12 时（世界时）。图 9.8 是模式区域范围以及观测和控制试验模拟的 Solik 间隔 6h 的路径，可见 Solik 登陆台湾前后一段时间模拟的路径比实况偏南外，控制试验能很好地再现 Solik 的整个路径。

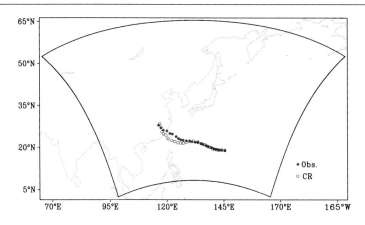

图 9.8 模式区域范围（扇形区域）、观测（红实点）和控制试验模拟（空心圆）的 Solik 路径

模式的敏感性试验采取在再分析资料初始场中消除 Solik 涡旋进行模拟，这种方法实际上是 WRF 模式模拟和预报台风的人造台风方案（bogus 方案）的第一步，即从大尺度初始环流场中消除台风涡旋（Christopher and Simon，2001）（参见 2.1 节）。这种方法通常也被用于开展 TC 对大尺度环流的反馈效应研究（Zhong and Hu，2007；Tang et al.，2013），也被用于从气候再分析资料中消除 TC 涡旋从而研究 TC 对气候变率的相对贡献（Hsu et al.，2008；Ha et al.，2013a）。敏感性试验除在初始场中消除 TC 涡旋外，其他设置和控制试验完全相同。

从控制试验和敏感性试验模拟的平均温度差值分布可以看出，相对于消除 Solik 效应的敏感性试验，包含 Solik 效应的控制试验模拟出从中国东部向东延伸到韩国以及日本南部的一个异常增温带（图 9.9），与此对应，在降水模拟差值图上是一个降水减少带（图 9.10），说明 Solik 能造成该带状区域温度升高和降水减少。Solik 造成的这种温度和降水异常分布与 TC 活跃年和不活跃年环流差异的效果［图 9.4（c）和图 9.4（f）］很类似，表明 TC 活动确实能在副热带地区产生出一个准纬向的温度和降水异常带。

从图 9.9 和图 9.10 还可以看到，相对于消除 Solik 效应的敏感性试验，包含 Solik 效应的控制试验模拟出的异常温度升高带和异常降水减少带位于 TC 活跃年和不活跃年相应环流差值带的北侧，这主要是由于数值试验给出的是有无 TC 的差别，而 9.1 节给出的统计结果是 TC 多年和少年的区别，因此会有所不同。实际上本节控制试验和敏感性试验模拟结果的差值分布与有 TC 时次和无 TC 时次的差值环流［图 9.6（c）和图 9.6（f）］相关特征的位置更一致。

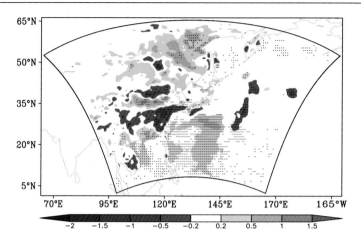

图 9.9　模拟时间段内控制试验和敏感性试验模拟的平均地面温度差（单位：℃）

图中打点代表差值通过置信水平为 95%的 t 检验

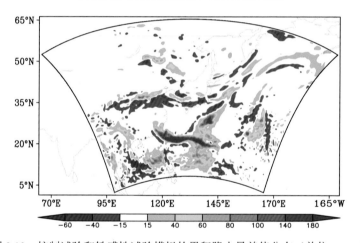

图 9.10　控制试验和敏感性试验模拟的累积降水量差值分布（单位：mm）

9.5　间接效应机制

由于 TC 携带大量热量和水汽向中高纬度运动，将能量向热带外传输和频散，因此，TC 活动是影响区域/全球能量收支和平衡的重要天气系统（Korty et al.，2008；Pasquero and Emanuel，2008；Jansen and Ferrari，2009；Ha et al.，2013a）。此外，TC 不仅对大气和海洋有瞬时反馈作用，对气候和气候变率也产生反馈作用（Sobel and Camargo，2005；Zhong and Hu，2007；Hsu et al.，2008；Sriver，2013）。不论 TC 在中国登陆还是从东部沿海掠过，其直接影响都将给夏季中国东南部带来丰沛的降水和显著降温。但是 TC 通过对 WPSH 的反馈作用还将对中国夏季降水和高温天气产生间接影响，而这种间接影响却使中国中东部地区降水减少、气温升高，高温热浪天气增加，这正如南太平洋 TC 会对澳大利亚东南部热浪产生影响的情形相类似（Parker et al.，2013）。

此外，在年际尺度上夏季东亚环流的经向运动和 PJ 遥相关型（或波列）密切相关（Lu，2004；Lu and Lin，2009；Zhong et al.，2015），这归因于热带西北太平洋异常对流活动激发的 Rossby 波向北传播（Nitta，1987；Huang and Sun，1992），更有甚者，西北太平洋台风导致的定常 Rossby 波能激发出 PJ 波列（Kawamura and Ogasawara，2006），并且 PJ 波列也能诱导台风生成（Choi et al.，2010；Kubota et al.，2016），如此则伴随着 Rossby 波的向北传播，TC 活跃年异常经向环流呈现出明显的波列特征，从而对中纬度环流产生影响（Yamada and Kawamura，2007）。

正如 Wang 等（2019）的研究工作所指出的那样，包含 TC 贡献的热带西北太平洋的强对流通过激发 PJ 波列会造成日本南部所在纬度产生异常下沉运动，使得该处气压系统得到加强，从而引起 WPSH 向北移动（参见第 11 章）。即虽然 TC 沿着其路径可以直接造成对流层中低层正涡度和上升运动加强，但频繁的 TC 活动也能间接地造成从中国中东部至日本以东洋面的中纬度地区上空负涡度和下沉运动加强，这种间接影响能够部分地弥补所影响区域位势高度的降低，从而使得该区域成为位势高度降低相对较小的区域，相应地在对流层中低层出现异常反气旋环流［图 9.4（c）和图 9.4（f）］。

第10章 热带气旋影响副热带高空急流的
动力和热力过程

EASJ 是东亚季风系统的重要成员之一，主要位于南亚高压北部的对流层上层和平流层下层（Zhang et al.，2006；Lu et al.，2011）。EASJ 的变化对东亚地区冷空气活动，温带气旋移动以及降水分布都有重要影响（Garillo et al.，2000；Lu，2004；Sampe and Xie，2010；Liao and Zhang，2013）。Archambault 等（2015）和 Chen（2015）的研究发现，TC 热带外变性过程中高层向外的绝热辐散流所造成的负位涡平流会促使建立高压脊，并使得高层 Rossby 波振幅增大，导致下游中纬度急流增强，而夏季西北太平洋频繁的 TC 活动将使得 EASJ 向北移动（Chen et al.，2017）。第 8 章中给出了西北太平洋 TC 活动对 EASJ 时间演变过程的影响，本章利用数值模式对典型个例的高分辨率进行模拟，研究 TC 影响 EASJ 的具体动力学和热力学过程。

已有的大量研究结果表明，利用 Bogus 技术在初值场中植入 TC 涡旋的方式能够提高 TC 模拟和预报的准确率，而在初始场中消除 TC 涡旋的方法能够有效地消除模拟资料中 TC 涡旋和环流的相互作用信息。因此，本章在研究 TC 个例影响大尺度环流的动力和热力过程时，利用 Bogus 技术分别在初始场中植入和消除 TC 涡旋，从而模拟出包含和不包含 TC 的模拟资料。通过对得到的两种模拟资料进行诊断计算和对比分析，研究 TC 在大气环流变化中所起的作用，并解释 TC 影响大尺度环流的具体物理机制。本章选取的个例为 2003 年第 6 号台风 Soudelor。Soudelor 于 2003 年 6 月 13 日 06 时在菲律宾以东约 1300km 的太平洋洋面上（9.1°N、136.9°E）生成，生成后强度持续加强，于同日晚上增强为热带风暴，在随后数天大致向西北方向移动。Soudelor 于 6 月 16 日清晨在吕宋以东海域增强为强热带风暴，翌日转向北移，并于同日在吕宋海峡附近达到台风强度。6 月 18 日 4 时 30 分，Soudelor 于日本冲绳县登陆，并朝东北方向加速穿越东海，6 月 19 日 12 时，再次于日本长崎县登陆，晚上迅速减弱为热带风暴，6 月 20 日清晨在日本海上变性为温带气旋（图 10.1）。Soudelor 在 18 日 06 时达到最大强度时的中心附近最低海平面气压为 955hPa。

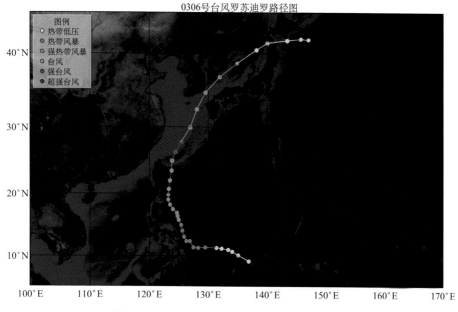

图 10.1　2003 年 6 月 Soudelor 路径和强度演变

10.1　物理过程集合模拟试验方案

为了研究 Soudelor 对大气环流的反馈作用，分别设计了控制试验和敏感性试验。在控制试验中，利用非静力中尺度数值模式 WRFV3.4.1 模拟了 2003 年 6 月 16 日 12 时至 19 日 12 时 Soudelor 的移动路径和相应大尺度环流的变化。模拟区域中心位于（42°N、132°E），网格数为 435×335（东西×南北），水平分辨率为 20km（图 10.2）。模式层顶取为 50hPa，垂直方向上分为 35 层。模式初始场和侧边界条件选用水平分辨率为 1°×1° 的 NCEP/NCAR 再分析资料，侧边界条件更新周期为 6 h，积分步长为 30s。由于再分析资料中 TC 强度较弱，与真实 TC 相差较大，因此，利用 Bogus 技术在模式初始场中重新构造 TC 涡旋（Sun et al.，2014）。鉴于微物理过程和对流过程是模拟 TC 的两大重要物理因子，对模拟 TC 的强度和移动路径有重要影响（Tao et al.，2011；Osuri et al.，2012），因此，为了增加试验结果的可信度，使用由 3 种微物理方案和 3 种积云参数化方案组成的集合模拟平均值来研究 Soudelor 对大尺度环流的影响。3 种微物理方案分别为 Lin 方案、WSM 5-class 方案和 WSM 6-class 方案；3 种积云参数化方案分别为 Kain-Fritsch（New Eta）方案、modified Tiedtke 方案和 new GFS simplified Arakawa-Schubert 方案。两类方案共有 9 种组合，即 Lin-KF、WSM5-KF、WSM6-KF、Lin-MT、WSM5-MT、

WSM6-MT、Lin-AS、WSM5-AS 和 WSM6-AS。此外，长波辐射选为 RRTM 方案，短波辐射为（old）Goddard 方案，近地层为 Monin-Obukhov 方案，陆面过程为 Unified Noah 方案，边界层为 YSU 方案。

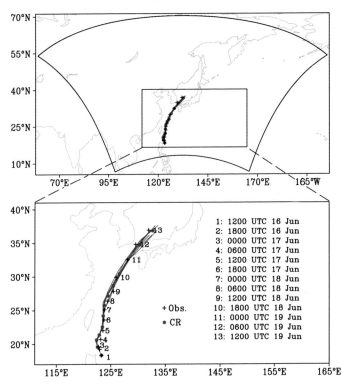

图 10.2　模式区域范围（扇形区域）和 16 日 12 时～19 日 12 时 Soudelor 的移动路径
"＋"表示观测（Obs.），红点表示控制试验的集合平均（CR），9 条蓝线分别表示控制试验的 9 个成员

在敏感性试验中，利用 Bogus 技术将模式初始场中的大尺度 TC 涡旋消除（Christopher and Simon，2001；Wang et al.，2012），从而在模拟过程中 TC 不再存在，实现在模拟资料中消除 TC 与环流相互作用信息。除了在初始场中消除 TC 涡旋外，敏感性试验的其他设置与控制试验完全一致。这种通过在初始场中消除 TC 涡旋的模拟资料方法常用于 TC 与大尺度环流相互作用研究（Zhong and Hu，2007；Tang et al.，2013）。

10.2　模拟效果检验

利用 JMA 的 TC 最佳路径集资料检验控制试验对 Soudelor 路径和强度的模拟效果。图 10.2 是模式区域范围和模拟时段内观测和控制试验模拟的 Soudelor 移动路径。由图可见，2003 年 6 月 16 日 12 时，Soudelor 位于菲律宾群东北部洋面上（18.3°N、123.3°E），18 日 00 时，Soudelor 进入东海，并开始向东北方向移动。19 日 12 时，Soudelor 进入日本海，随后变性为温带气旋。在控制试验中，Lin-KF、WSM5-KF、WSM6-KF、Lin-MT、WSM5-MT、WSM6-MT、Lin-AS、WSM5-AS 和 WSM6-AS 这 9 个集合成员模拟的 Soudelor 路径与观测的均方根误差分别为 84.9km、64.3km、65.1km、82.2km、57.9km、56.3km、106.91km、96.1km 和 78.9km。控制试验各成员模拟的 Soudelor 路径集合平均与观测也很相近，两者的均方根误差为 69km。以上结果表明，控制试验能较好地模拟 Soudelor 的移动路径。此外，在敏感性试验所有成员的输出结果中都提取不出符合 TC 特征的涡旋，这说明敏感性试验的模拟结果中不再包含 TC 信息。

　　图 10.3 是 16 日 12 时～19 日 12 时观测和控制试验模拟的 Soudelor 中心最低海平面气压的时间演变。由图可见，Soudelor 从 16 日 12 时～18 日 06 时持续增强，在 18 日 06 时达到最强，此时最低海平面气压为 955hPa。随后 Soudelor 强度逐渐减弱。控制试验各成员模拟的 Soudelor 中心最低海平面气压的时间演变规律都与观测相似，但模拟的最大强度都偏弱，其中控制试验 9 个成员集合平均的最低海平面气压约为 965hPa，比观测弱 10hPa 左右。这一方面是由于模式的初始 TC 强度和观测存在一定误差，模式的水平分辨率不够高也是模拟 TC 最大强度偏弱的原因。

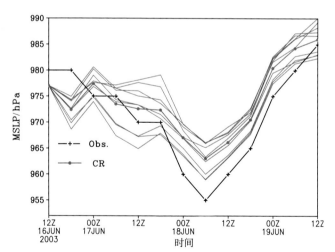

图 10.3　16 日 12 时～19 日 12 时观测和控制试验模拟的 Soudelor 中心最低海平面气压（MSLP）演变的时间演变

"＋"代表观测（Obs.），红点表示控制试验的集合平均（CR），9 条蓝线分别表示控制试验的 9 个成员

　　为了研究数值试验中各成员模拟结果与集合平均值的差异,分别绘制了控制试验和敏感性试验模拟时段内 500 hPa 等压面上 588 dagpm 的分布,结果如图 10.4 所示。由图可见,无论是控制试验还是敏感性试验,各成员模拟的 588 dagpm 等位势线都集中在集合平均等值线附近,没有出现明显的发散现象,表面模拟结果比较可靠,因此,利用各成员的集合平均结果能够很好地表示环流的平均特征。此外,对比图 10.4 所示的控制试验和敏感性试验模拟结果还可以看出,包含 TC 效应的控制试验模拟的 WPSH 北缘推进到日本东部沿岸,而消除 TC 的敏感性试验模拟的北缘位置距日本东南部沿岸还有一定的距离,表明 TC 的作用使得 WPSH 位置偏北,这与第 8 章和第 9 章统计分析的结果类似。

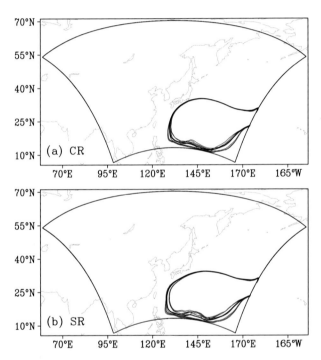

图 10.4　控制试验(a)和敏感性试验(b)模拟的积分时段内 500hPa 等压面上 588 dagpm 等位势线分布

9 条蓝线分别表示 9 个成员的模拟结果,黑粗线为集合平均值

　　图 10.5 是积分时段内观测和控制试验模拟的 200hPa、500hPa 和 850hPa 平均位势高度和风场分布。对比图 10.5(a)和图 10.5(d)可见,控制试验较好的模拟出了对流层高层 200hPa 的位势高度和风场,模拟的南亚高压强度和位置基本上与观测一致,并且两者的 1248 dagpm 等位势高度线都位于 110°E 以西,脊线都位于 23°N 附近,并且中高纬度地区观测和控制试验模拟的位势高度和风场也基本

上一致。在 500hPa，观测和控制试验模拟的 WPSH 脊线都位于 27°N 附近，588
dagpm 等位势高度都位于 130°E 以东的洋面上，并且 WPSH 区的最大位势高度都
超过 592 dagpm［图 10.5（b）和图 10.5（e）］。850hPa 上的情形与 500hPa 类似，
控制试验也能够较好的模拟出 WPSH 以及相应的风场，并且观测和控制试验模拟
的对流层低层东亚夏季风气流也很相似［图 10.5（c）和图 10.5（f）］。对比观测
和控制试验的模拟结果表明，中尺度非静力数值模式 WRF 能够较好地模拟出
Soudelor 活动特征以及相应的大尺度环流特征。因此，下文通过对比控制试验和
敏感性试验的模拟结果，揭示 Soudelor 反馈 EASJ 的动力学和热力学过程，并分
析相应的物理机制。

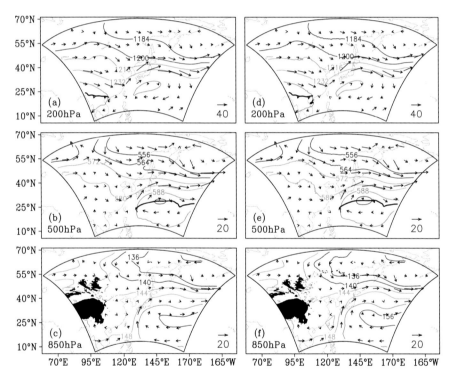

图 10.5　积分时段内 200 hPa［（a）、（d）］、500 hPa［（b）、（e）］和 850 hPa［（c）、（f）］
　　　　平均位势高度（等值线，单位：dagpm）和风场（矢量，单位：m·s⁻¹）分布
左列为观测，右列为控制试验的集合平均，粗黑线分别表示南亚高压脊线和 WPSH 脊线，（c）和（f）中的黑色
填色区为地形高度大于 1800 m 的区域

10.3　对副热带高空急流的影响

图 10.6 是积分时段内控制试验和敏感性试验模拟的平均位势高度差值和风

场差值分布。由图 10.6（a）可见，200hPa 上的 120°E～160°E 存在一个差值反气旋环流，反气旋中心位于日本海东北部（138.5°E，41.5°N），并且位势高度差最大值约为 7.5 dagpm，相应地，差值风场呈现出反气旋式旋转。利用 Student's t 检验方法，对位势高度差值进行检验表明差值反气旋环流区的位势高度差值都超过了 95% 置信水平。由图 10.6（b）可见，在 500hPa 上，Soudelor 移动路径周围的位势高度差值都为负值，最小值约为–3.6 dagpm，相应的差值风场呈现出气旋性环流。差值气旋北部存在两个差值反气旋环流，中心分别位于日本海北部（45°N，138°E）和日本东南部沿海（36°N，141°E），位势高度差最大值分别为 1.9 dagpm 和 2.8 dagpm，并且差值气旋区和差值反气旋区的位势高度差值也均超过了 95% 置信水平。由图 10.6（c）可见，850hPa 上的差值气旋环流和差值反气旋环流的

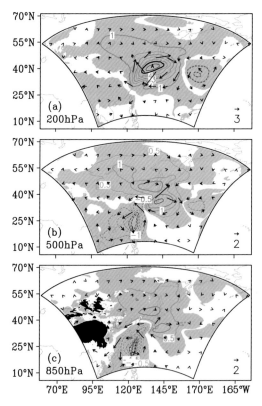

图 10.6　200 hPa（a）、500 hPa（b）和 850 hPa（c）积分时段内控制试验和敏感性试验模拟的平均位势高度差值（等值线，单位：dagpm）和风场差值（矢量，单位：m·s^{-1}）分布

灰色阴影表示位势高度差值超过 95% 置信水平，（a）中黑粗线为 6 dagpm 等值线，所包含的区域定义为区域 A，（c）中的黑色填色区为地形高度大于 1800 m 的区域，（a）～（c）中的实线（虚线）为正值（负值），起始值分别为 1 dagpm（–1 dagpm）、0.5 dagpm（–0.5 dagpm）和 0.5 dagpm（–0.5 dagpm），等值线的间隔分别为 2 dagpm、

1 dagpm 和 1 dagpm

分布与 500hPa 类似。因此，Soudelor 在移动过程中对东亚-西北太平洋地区整个对流层和平流层下层的大尺度环流都具有显著影响，并且 Soudelor 造成的影响波及路径以外区域。

EASJ 位于对流层上层和平流层下层，其长度超过 10000 km，宽度为数百千米，厚度为数千米（朱乾根等，2015）。根据 Yeh（1957）的地转适应理论，对于像 EASJ 这样的大尺度天气系统，大气调整过程中总是风场向着气压场适应。因此，当 Soudelor 活动导致位势高度发生变化时，EASJ 的位置和强度也将相应地发生变化。图 10.7 是积分时段内控制试验和敏感性试验模拟的 200hPa 平均纬向风和两者差值的分布。由图 10.7（a）可见，在东亚大陆上，控制试验模拟的风速大于 20 m·s^{-1} 的纬向风气流带基本上位于 25°N～40°N 的南亚高压北侧，纬向风最

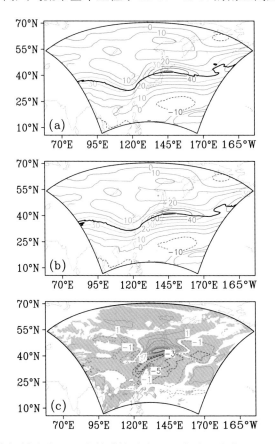

图 10.7　积分时段内控制试验（a）和敏感性试验（b）集合平均的 200hPa 平均纬向风分布及其差值分布（c）（单位：m·s^{-1}）

（a）和（b）中的粗黑线为 EASJ 轴，（c）中的灰色阴影区表示纬向风差值超过 95%置信水平，实线（虚线）表示纬向风差值为正值（负值），起始值为 1 m·s^{-1}（–1 m·s^{-1}），间隔为 2 m·s^{-1}

大值为 34.5 m·s^{-1}，并且 EASJ 轴呈现出西北-东南向分布，从 39°N 附近的青藏高原北部一直延伸到约为 32°N 的中国中东部地区。从中国东海沿岸至日本，急流轴逐渐向北折至 42°N 附近，并在日本以东的洋面上呈现准纬向型分布。纬向风最大值位于 42°N、143°E 附近，最大值约为 61 m·s^{-1}。而消除 TC 效应的敏感性试验模拟的 EASJ 最大强度比控制试验模拟的稍强，在东亚大陆上纬向风最大值为 36.5 m·s^{-1}，而在北太平洋上纬向风最大值为 62 m·s^{-1}[图 10.7（b）]。在 120°E～160°E 范围内，控制试验模拟的 EASJ 轴的平均位置比敏感性试验模拟的位置偏北 1 个纬度左右。由于南亚高压脊线位置位于 23°N 附近，因此，无论是控制试验还是敏感性试验，在 23°N 以南的热带西太平洋上都出现了东风气流，并且两者的东风最大风速分别为 19.5 m·s^{-1} 和 18.5 m·s^{-1}。

由图 10.7（c）可见，控制试验和敏感性试验模拟的 200hPa 纬向风差值大值区主要位于 120°E～160°E 的急流区，差值气流的分界线位于控制试验模拟的 EASJ 轴附近，并且分界线以北为差值西风气流，以南为差值东风气流。差值西风气流和差值东风气流的最大值分别位于 43.8°N、138°E 和 34.1°N、131°E，最大值分别为 16.5 m·s^{-1} 和–10 m·s^{-1}。差值纬向风分布进一步表明控制试验模拟的急流轴位置比敏感性试验模拟的急流轴偏北，所以在控制试验急流轴及其以北区域出现差值纬向西风气流，而控制试验急流轴以南出现差值纬向东风气流[图 10.7（c）]。根据以上对比分析结果，Soudelor 对 130°E～140°E 范围内的 EASJ 影响最显著，因此，对控制试验和敏感性试验模拟的纬向风在积分时段内求时间平均，并在 130°E～140°E 内对平均纬向风以及两者差值求空间平均，最后绘制出纬向风及其差值的高度-纬度图，如图 10.8 所示。

由图 10.8（a）和图 10.8（b）可见，无论是控制试验还是敏感性试验，EASJ 轴的位置都位于 200hPa 附近。在 30°N～45°N 的中纬度地区，从 1000～200hPa，纬向西风随着高度都逐渐增加；而从 200hPa 往上，纬向西风逐渐减小。控制试验和敏感性试验模拟的 EASJ 区最大纬向风分别位于 40.7°N 和 39°N[在图 10.8（a）和图 10.8（b）中用×表示]，并且最大值都为 48.5 m·s^{-1}。由图 10.8（c）可见，差值西风气流和差值东风气流的分界线位于 40°N 附近，并且分界线以北为明显的差值西风气流，以南为明显的差值东风气流。以上结果再次表明 Soudelor 能够造成 EASJ 轴向北移动，在 130°E～140°E 平均北移 1.7°N。此外，由图 10.8 还可以看出，控制试验和敏感性试验模拟的极锋急流都出现在高纬度地区，但两者位置和强度的差异并不明显。

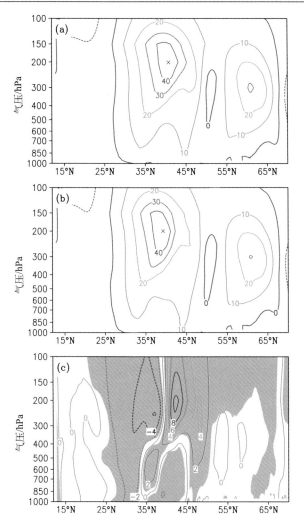

图 10.8　积分时段内控制试验（a）和敏感性试验（b）的 130°E～140°E 平均纬向
风（单位：m·s⁻¹）及其差值的高度-纬度剖面

（a）和（b）中的×表示纬向风最大值所在位置，（c）中灰色阴影表示纬向风差值超过 95%置信水平

10.4　动力和热力过程分析

上节对比分析控制试验和敏感性试验的结果表明，Soudelor 活动导致东亚-西北太平洋区域位势高度场出现变化，从而造成高空风场发生相应调整，使得 EASJ 的位置和强度都发生改变。本节将分析 Soudelor 影响区域大气环流变化的动力和热力过程。

　　图 10.9 是积分时段内区域 A[图 10.6（a）中黑线所围区域]中控制试验和敏感性试验模拟的气温差值和位势高度差值的高度-时间剖面。由图 10.9（a）可见，从 6 月 16 日 12 时～19 日 12 时，700～200hPa 的气温差值基本为正值，而 200hPa 以上为负值，这表明 Soudelor 活动造成了区域 A 内除边界层以外整个对流层温度升高，而对流层以上温度下降。随着 Soudelor 向北移动，无论是 200hPa 以上还是 200hPa 以下，气温差值的分布基本不变但量值都逐渐增大。Sun 等（2014,2015b）的研究结果表明，TC 云墙高层向外辐散砧云中的凝结过程具有加热对流层上层大气的作用，而凝结物下落到 0℃层以下的蒸发吸热作用会引起大气温度降低。云层以上，由于反射作用增强，温度也相应降低。因此，从 18 日 12 时开始，由于 Soudelor 逐渐靠近区域 A，对流层中上层 200hPa 以下温度升高越发明显，而 200hPa 以上和对流层下层气温都逐渐降低，对流层中上层气温差值量值大于 2K 的范围逐渐增大，与此同时，700hPa 以下的对流层下层气温由差值很小逐渐变为降温。

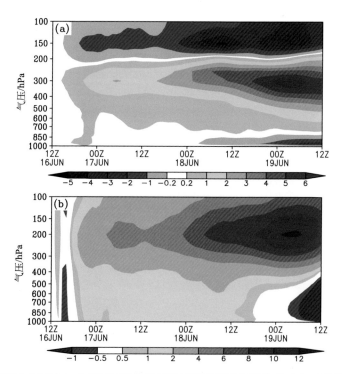

图 10.9　积分时段内区域 A 中控制试验与敏感性试验模拟的气温差值（a）（单位：K）和位势高度差值（b）（单位：dagpm）的高度-时间剖面

　　位势高度的变化与气温变化密切相关，根据静力学方程，当下层温度上升时，上层的位势高度将增大，反之，若下层温度下降，则上层的位势高度将减小

（Steenburgh and Holton，1993；Sun et al.，2014）。因此，区域 A 中控制试验和敏感性试验模拟的位势高度差值随着高度上升逐渐增加，并且在 200hPa 达到最大值，而 200hPa 以上，由于气温差值为负值，位势高度差值又随高度逐渐减小 [图 10.9（b）]。随着 Soudelor 向北移动，对流层上层位势高度差值的量值逐渐增加，与气温差值[图 10.9（a）]相对应。由图 10.9（b）还可以看出，对流层低层的位势高度差值的量值比对流层上层小，从 16 日 18 时开始，位势高度差值都在 1 dagpm 左右，由于 Soudelor 逐渐靠近，位势高度差值在 18 日 18 时由正值转为负值，和边界层负温度差值对应。

为进一步揭示位势高度和其下层温度的关系，沿 138°E 分别作 500～200hPa 平均气温差值和 200hPa 位势高度差值的纬度-时间剖面，结果如图 10.10 所示。由图 10.10（a）可见，在 20°N～50°N，气温差值基本上为正值，差值最大值位于 40°N 附近。随着 Soudelor 向北移动，气温差值逐渐增大，并且气温差值正值区的经向范围不断扩展。位势高度差值的最大值也位于 40°N 附近，并且随着 Soudelor 向北移动而逐渐增加，位势高度差值正值区的经向范围也不断增大[图 10.10（b）]。以上结果表明，Soudelor 活动造成了 EASJ 附近对流层气温发生变化，从而位势高度也相应地发生变化，并进一步造成了高空风场的变化。

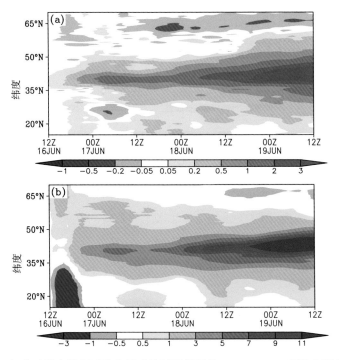

图 10.10 积分时段内控制试验和敏感性试验模拟的 500～200hPa 平均气温差值（a）（单位：K）和 200hPa 位势高度差值（b）（单位：dagpm）沿 138°E 的纬度-时间剖面

　　图 10.11 是积分时段内控制试验和敏感性试验模拟的平均经向温度梯度差值在 130°～140°E 的高度-纬度剖面。由图可见，Soudelor 活动能够造成整个对流层以及平流层下层的经向温度梯度发生显著变化。经向温度梯度差值大值区主要位于 30°N～50°N 的中纬度地区，而这一地区正是 EASJ 所在区域，并且对流层经向温度梯度差值有随高度向北倾斜的特征。经向温度梯度差正值和负值的交界线几乎与图 10.8（c）中 EASJ 区域差值西风气流和差值东风气流交界线重合。在 200hPa 以下的对流层，分界线以南经向温度梯度差值为正，相应的差值东风气流随着高度而增加；分界线以北经向温度梯度为负，相应的差值西风气流随着高度而增加。而在 200hPa 以上，由于经向温度梯度的正值区和负值区的分布正好与 200hPa 以下对流层位相相反，相应的差值西风气流和差值东风气流均随着高度逐渐减小。因此，EASJ 位置和强度的变化主要与 Soudelor 活动导致整个对流层和平流层下层的经向温度梯度发生变化有关。

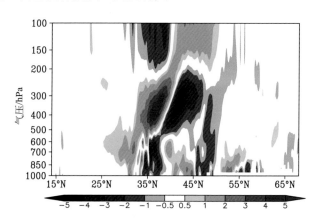

图 10.11　积分时段内控制试验和敏感性试验模拟的经向温度梯度差值（单位：$10^{-6}\,\mathrm{K\cdot m^{-1}}$）在 130°E～140°E 范围内的高度-纬度图

　　根据热力学方程，温度变化可以用如下方程表示：

$$\frac{\partial T}{\partial t} = -\vec{V}\cdot\nabla T - \omega\left(\frac{\partial T}{\partial p} - \frac{1}{C_p\rho}\right) + \frac{\dot{Q}}{C_p} \qquad (10.1)$$

　　　　　TT　　　　　HT　　　　　　VT　　　　　　DH

式中，T 为气温；p 为气压；$\vec{V}$ 为水平风矢量；$\omega=\mathrm{d}p/\mathrm{d}t$ 为垂直速度；ρ 为空气密度；C_p 为干空气定压比热容；$\dot{Q}/C_p$ 为非绝热加热率；TT 为气温倾向；HT 为气温水平平流；VT 为垂直输送；DH 为非绝热加热率。

　　图 10.12 为积分时段内区域 A 中控制试验和敏感性试验模拟的 TT 差值、HT

差值、VT 差值和 DH 差值的垂直廓线。由图可见，非绝热加热率差值从 600hPa 向上至 350hPa 逐渐增加，而 350～200hPa 逐渐减少，并且在 600～200hPa，非绝热加热率差值都为正值。非绝热加热率差值的这种分布与气温倾向差值几乎同位相，并且非绝热加热率差值的量值约为气温倾向差值的 2 倍左右。此外，在 600～200hPa，垂直输送差值的廓线几乎与气温倾向反位相。在 600～350hPa，气温水平平流差值的量值非常小，并且在 350～200hPa 气温水平平流差值廓线与气温倾向差值呈反位相变化。综合以上结果可以认为非绝热加热是导致 Soudelor 活动过程中对流层中上层温度发生变化的重要原因，而对流层中上层温度变化又进一步驱动了大尺度环流的变化。

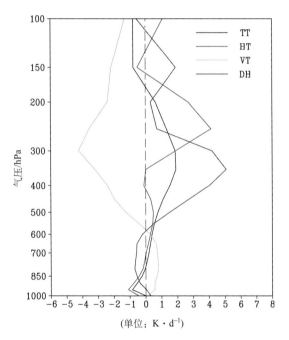

图 10.12　积分时段内区域 A 内控制试验和敏感性试验模拟的气温倾向（TT）差值、气温水平平流（HT）差值、垂直输送（VT）差值和非绝热加热率（DH）差值平均值的垂直廓线

　　图 10.13 分别是 6 月 17 日 00 时、18 日 00 时和 19 日 00 时区域 A 内控制试验和敏感性试验模拟的 TT 差值、HT 差值、VT 差值和 DH 差值平均值的垂直廓线。由图可见，在 17 日 00 时和 18 日 00 时，对流层中上层的 DH 差值廓线与 TT 差值廓线位相完全不同，并且在这两个时刻 DH 差值的量值都小于 TT 差值[图 10.13（a）和图 10.13（b）]。而在 19 日 00 时，对流层中上层的 DH 差值廓线与 TT 差值廓线基本上同位相，并且前者量值远大于后者[图 10.13（c）]。此外，在 17 日 00 时、18 日 00 时和 19 日 00 时三个时次，对流层中上层的气温倾

向差值量值相对而言都比较相近，表明此垂直范围内气温一直在持续升高。以上结果表明，随着 Soudelor 逐渐向区域 A 接近，其内部剧烈的对流过程释放了大量潜热，从而显著地加热了大气。而由于西北太平洋 TC 活动能够激发出准静止 Rossby 波，并形成向北传播的 PJ 遥相关型波列，从而能够影响远距离区域的气压和气温（Kawamura and Ogasawara，2006；Chen et al.，2017），因此，即使在 Soudelor 远离区域 A 时，仍然能对区域 A 的气温和位势高度产生影响。

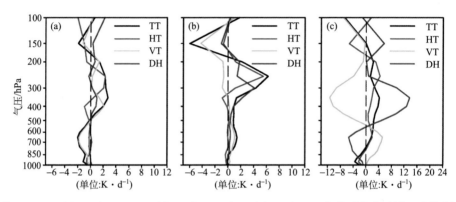

图 10.13　17 日 00 时（a）、18 日 00 时（b）和 19 日 00 时（c）积分时段内区域 A 内控制试验和敏感性试验模拟的气温倾向（TT）差值、气温水平平流（HT）差值、垂直输送（VT）差值和非绝热加热率（DH）差值平均值的垂直廓线

地图投影面上以气压为垂直坐标的纬向风发展方程可以写成如下形式（Choi and Chun，2014）：

$$\frac{\partial u}{\partial t} = -m_x u \frac{\partial u}{\partial x} - m_y v \frac{\partial u}{\partial y} - \omega \frac{\partial u}{\partial p}$$
$$\quad e_1 \qquad\quad e_2 \qquad\quad e_3 \qquad\quad e_4$$
$$-m_x \frac{\partial \Phi}{\partial x} + fv + m_x m_y \left[v^2 \frac{\partial}{\partial x}\left(\frac{1}{m_x}\right) - vu \frac{\partial}{\partial y}\left(\frac{1}{m_y}\right) \right] + F_x \qquad (10.2)$$
$$\quad e_5 \qquad\quad e_6 \qquad\qquad\qquad e_7 \qquad\qquad\qquad\quad e_8$$

式中，u 为纬向风；v 为经向风；f 为地转参数；p 为气压；Φ 为位势高度；m_x 和 m_y 分别为东西方向和南北方向的地图投影系数；F_x 为摩擦力项。利用控制试验和敏感性试验模拟的物理量计算出 200hPa 等压面上式（10.2）中的各项，并在积分时段内求平均后计算差值，从而研究 Soudelor 对高空纬向风产生影响的物理过程。由于纬向风局地变化项（e_1）差值的量值比曲率项（e_7）差值和摩擦耗散项（e_8）差值大 1 个量级以上，造成对流层高层纬向风发生显著变化的主要物理因子为垂直输送项（e_4）、水平平流项（$e_2 + e_3$）以及非地转效应（$e_5 + e_6$）。

　　图 10.14 是积分时段内 200hPa 控制试验和敏感性试验模拟的上述物理过程作用集合平均差值分布。由图可见，这些物理过程作用的大值区都位于 EASJ 区，表明高空急流区是中高纬度斜压性最强的区域，Soudelor 激发的扰动传播到急流区将会在强斜压性大气背景场中得到显著发展从而对该区域的纬向风产生很大影响。对比图 10.14（a）和图 10.14（b）可见，垂直输送项差值的量值明显小于纬向风局地变化项差值，并且两者分布型也不一致，表明垂直输送项对对流层高层风场变化没有显著贡献。由图 10.14（c）和图 10.14（d）可见，水平平流项差值和非地转效应项差值的量值远大于纬向风局地变化项差值，并且水平平流项差值和非地转效应项差值基本上呈现出反位相分布，其中水平平流项差值在日本中部以东的洋面上为正值，正好与该区域纬向风局地变化项相符；而非地转效应项差

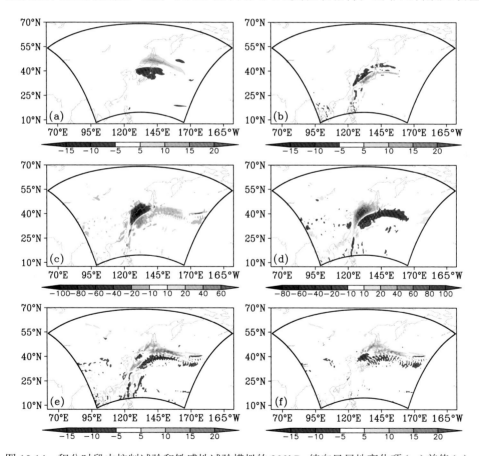

图 10.14　积分时段内控制试验和敏感性试验模拟的 200hPa 纬向风局地变化项（e_1）差值（a）、垂直输送项（e_4）差值（b）、水平平流项（e_2+e_3）差值（c）、非地转效应（e_5+e_6）差值（d）、（$e_2+e_3+e_5+e_6$）差值（e）和（$e_2+e_3+e_4+e_5+e_6$）差值（f）的分布（单位：$10^{-5}\,\mathrm{m\cdot s^{-2}}$）

值在日本海西南部为正值，在日本南部及其以东洋面上为负值，并且水平平流项差值和非地转效应项差值之和的分布与纬向风局地变化项差值分布类似，量值也相近，尤其是在日本海北部以及日本以东的洋面上[图 10.14（a）和图 10.14（e）]。因此，对流层上层的纬向风变化主要由水平平流作用以及非地转效应共同造成。

此外，对比图 10.14（e）和图 10.14（f）可见，日本海南部的水平平流项差值和非地转效应项差值之和的分布与纬向风局地变化项差值的分布有所不同，而该区域的垂直输送项差值、水平平流项差值和非地转效应项差值三项之和的分布与纬向风局地变化项差值的分布类似，表明在日本海南部的洋面上的 Soudelor 路径附近，垂直输送项对对流层上层的纬向风变化也有一定贡献。以上结果进一步说明 Soudelor 具有非常强烈的涡旋性和强风特征，在其移动过程中，能够通过动力作用直接影响周围的大尺度环流系统。

第 11 章　热带气旋对西太平洋副热带高压经向运动的影响

WPSH 是东亚-西太平洋区域大气环流系统的重要组成部分，具有较为显著的经向和纬向运动特征（黄士松，1963；刘屹岷等，1999；吴国雄等，2004），可对我国天气气候状况造成影响，尤其与影响我国的暴雨、旱涝和台风等灾害的联系十分紧密（黄士松，1979；卫捷等，2004），因此一直是我国大气科学研究关注的重要环流系统之一。虽然 WPSH 与 TC 之间存在相互作用，但已有研究主要集中在 WPSH 对 TC 活动的调制作用方面，而对 TC 对 WPSH 反馈作用的研究则相对较少。前几章通过对 TC 活动反馈效应的观测和模拟研究表明，TC 活动与太平洋 ENSO 循环、东亚-西太平洋夏季风环流和夏季中国东部降水和高温天气形成都具有不可忽视的影响，因此也必将引起 WPSH 的形态、结构和位置发生变化。但到目前为止，对 TC 反馈作用影响 WPSH 的具体过程和 TC 活动导致 WPSH 结构变化机理的研究尚不够完善。本章采用统计分析和数值试验的方法对 TC 活动影响 WPSH 经向运动的问题进行深入研究，主要讨论在 TC 活动影响下 WPSH 的经向运动特征，并给出 TC 影响 WPSH 经向运动机理的物理图像。

11.1　WPSH 经向运动特征的统计分析

在对 WPSH 的经向运动特征进行研究时，常用 WPSH 脊线的平均纬度作为其位置的指标，但不同的研究在确定 WPSH 脊线位置时所采用的方法存在差异。例如，有研究以 WPSH 范围内东西风的分界线作为脊线，也有研究利用 WPSH 范围内位势高度最大值来确定脊线，但总体来说，目前人们所采用的脊线计算方法均可较好反映"副高的形成是质量的堆积"这一本质（吴国雄等，2004）。需要注意的是，虽然以脊线位置的南北变化代表 WPSH 经向运动这一方法得到了广泛的应用，但严格来说，WPSH 脊线的移动与 WPSH 整体移动并非一个概念，而 WPSH 脊线移动与 WPSH 整体移动之间的关系尚未有明确的结论。本节采用统计方法首先对 WPSH 经向运动的整体一致性特征进行计算分析。

统计分析所用的资料为 2001～2010 年每年 TC 活跃期（7～9 月）内 1°×1° 的逐 6h NCEP FNL 分析资料。在对 WPSH 脊线分布情况进行统计分析时，首先采用 Liu 和 Wu（2004）的 WPSH 脊线位置计算方法，利用 NCEP FNL 资料的日平均结果对 WPSH 的脊线位置进行了计算，即将纬向风 u 同时满足 $u=0$ 和 $\partial u / \partial y > 0$ 的格点作为脊线格点。另外，用 WPSH 主体质心的经向运动来代表 WPSH 整体的经向运动。在对 WPSH 主体质心位置进行计算时，设定 WPSH 主体的位势高度阈值 $S = S_{max} - 60$（单位：gpm），其中 S_{max} 为对应时刻 WPSH 范围内的位势高度最大值。统计结果表明，在 2001～2010 年的 7～9 月，S_{max} 的平均值为 5920gpm，相应 S 的平均值为 5860gpm。

2001～2010 年每年的 7～9 月，在 130°E～160°E 范围内计算得到的 WPSH 脊线平均纬度和 WPSH 主体质心纬度的逐日变化如图 11.1 所示。

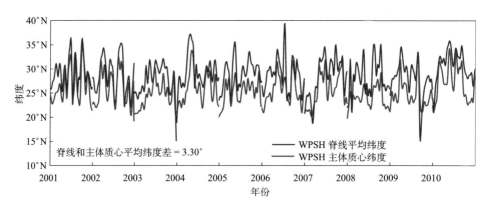

图 11.1   2001～2010 年 7～9 月 WPSH 脊线平均纬度和 WPSH 主体质心纬度的逐日变化

从图 11.1 可以看出，在所选取的 2001～2010 年 7～9 月，虽然 WPSH 脊线平均纬度和 WPSH 主体质心纬度的相对位置不断发生变化，但除极个别几天外，WPSH 脊线的平均纬度几乎全部高于 WPSH 主体质心纬度，WPSH 脊线平均纬度和 WPSH 主体质心纬度的平均差值为 3.30°，这表明 WPSH 脊线一般都位于 WPSH 主体质心的北侧，因此 WPSH 在其脊线两侧的分布通常是不对称的，在特定位势高度等值线范围内，脊线以南部分的面积总大于脊线以北部分的面积。

表 11.1 给出了每年 7～9 月逐日 WPSH 脊线平均纬度与 WPSH 主体质心纬度的相关系数，可以看出，每年 WPSH 脊线平均纬度与 WPSH 主体质心纬度都呈正相关，且均可通过置信度为 99%的显著性检验，其中相关系数最高为 0.81（2002年），最低为 0.56（2009 年），10 年平均为 0.70。这种显著的正相关性表明，WPSH 脊线的经向运动与 WPSH 主体质心的经向运动具有很好的一致性，即当 WPSH 在动力或热力效应作用下发生了向南（向北）的经向运动时，WPSH 的脊线也会随之向南（向北）运动，反之亦然。

表 11.1　每年 7～9 月逐日 WPSH 脊线平均纬度与 WPSH 主体质心纬度的相关系数

年份	2001	2002	2003	2004	2005	2006	2007	2008	2009	2010	平均值
相关系数 r	0.71	0.81	0.73	0.69	0.72	0.59	0.73	0.72	0.56	0.76	0.70

为进一步揭示 WPSH 经向运动的整体一致性,以 130°E～160°E 范围内 WPSH 脊线平均位置为依据,将 2001～2010 年 7～9 月的 920 个逐日样本分为三组,即脊线平均位置最北的 300 个逐日样本为一组(HLAT),平均位置最南的 300 个逐日样本为一组(LLAT),其余 320 个逐日样本为一组(MLAT),并利用各组的合成平均结果对 WPSH 脊线纬度和 WPSH 主体质心纬度进行计算。各组合成平均的 500hPa 位势高度场和利用合成平均结果计算得到的 WPSH 脊线以及 WPSH 主体质心位置如图 11.2 所示。

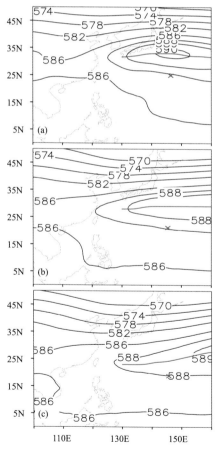

图 11.2　HLAT(a)、MLAT(b)和 LLAT(c)分别合成平均的 500hPa 位势高度场(黑色实线,单位:dagpm)分布、WPSH 脊线(红色实线)和 WPSH 主体质心位置(红叉)

　　从图 11.2 所给出的合成平均结果可以看出,HLAT 组的 WPSH 脊线位置最北,MLAT 组次之,LLAT 组的 WPSH 脊线位置最南。HLAT、MLAT 和 LLAT 组平均的 WPSH 脊线平均纬度分别为 32.39°N、28.77°N 和 24.71°N,相应的各组的 WPSH 主体质心平均纬度分别为 24.93°N、21.14°N 和 18.76°N。这表明当 WPSH 脊线平均位置偏北时,WPSH 主体质心所在位置同样也偏北;而 WPSH 脊线位置偏南时,则 WPSH 主体质心位置也偏南。因此,WPSH 脊线与 WPSH 主体质心的经向运动的方向基本相同,WPSH 的经向运动具有整体一致性特征。

　　为明确 WPSH 的经向运动与 TC 活动的关系,利用 2001～2010 年 7～9 月逐 6 h 的美国台风联合预警中心(JTWC) TC 最佳路径集资料对西北太平洋区域的 TC 活动情况进行统计。结果表明,在 HLAT、MLAT 和 LLAT 组分别对应的 1200 个、1280 个和 1200 个逐 6 h 样本时次中,有 TC 活动的时次数分别为 908 个、864 个和 728 个,在各组总时次数中所占的比例分别为 75.7%、67.5% 和 60.7%。从这一结果可以看出,随着 HLAT、MLAT 和 LLAT 组对应 WPSH 位置的逐渐南移,TC 活动所占的时次比也依次下降,因此 TC 活动与 WPSH 的位置有关。具体来说,在本节统计时段内,西北太平洋区域 TC 活动越活跃,相应 WPSH 的位置也越偏北。

　　在此基础之上,还以西北太平洋区域有/无 TC 活动为标准,对统计时段内的逐日样本进行了分组,即有 TC 活动的逐日样本为一组,无 TC 活动的逐日样本为一组,并利用两组的合成平均结果对 WPSH 脊线和 WPSH 主体质心位置进行计算,以进一步明确 TC 活动与 WPSH 经向位置的对应关系。统计结果表明,在 2001～2010 年 7～9 月共计 3680 个时次中,西北太平洋区域 2500 个时次有 TC 活动,1180 个时次无 TC 活动,有 TC 时次占 67.9%,这表明西北太平洋区域 7～9 月三分之二以上的时次有 TC 活动。有 TC 活动和无 TC 活动情况下的合成平均位势高度场、130°E～150°E 范围内 WPSH 平均脊线和 WPSH 主体质心位置如图 11.3 所示。

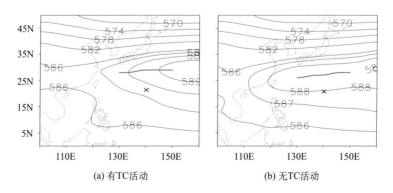

(a) 有TC活动　　　　　　　　　(b) 无TC活动

图 11.3　有 TC 活动和无 TC 活动分别合成平均的位势高度场(黑色实线,单位: dagpm)分布、WPSH 脊线(红色实线)和 WPSH 主体质心位置(红叉)

计算得到的有 TC 活动和无 TC 活动情况下 130°E～150°E 范围内 WPSH 脊线的平均纬度分别为 28.67°N 和 27.19°N，对应的 WPSH 主体质心纬度分别为 21.40°N 和 20.77°N。由此可以看出，除 WPSH 的经向运动具有整体一致性外，TC 活动越活跃，对应的 WPSH 位置越偏北。

需要注意的是，WPSH 的经向位置具有明显的季节变化特征（余志豪和葛孝贞，1983；吴国雄等，2003），为尽量消除季节变化的影响，还对不同月份有/无 TC 活动 WPSH 经向位置的变化情况进行了计算。7 月、8 月、9 月有/无 TC 活动时次的合成平均位势高度场分布如图 11.4 所示。

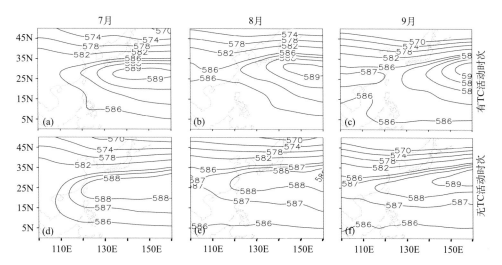

图 11.4　7 月［（a）、（d）］、8 月［（b）、（e）］和 9 月［（c）、（f）］分别对应的合成平均位势高度场分布（单位：dagpm）

其中（a）、（b）、（c）有 TC 活动时次；（d）、（e）、（f）无 TC 活动时次

从图 11.4 可以看出，虽然不同月份 WPSH 的位置差异十分明显，但每个月有/无 TC 活动时次 WPSH 范围（588dagpm 等值线所围区域）的差异同样较为显著，其中，有 TC 活动时次 WPSH 的位置均偏北，而无 TC 活动时次 WPSH 的位置均偏南。这表明虽然 WPSH 具有季节性南北移动的特点，但 TC 活动确实对 WPSH 的位置造成了影响。

11.2　数　值　试　验

虽然上节中统计和合成分析的结果表明 TC 活动与 WPSH 经向运动存在对应关系，但由于利用 FNL 分析资料无法将 TC 影响从背景场中消除，因此利用 FNL 分析资料无法对 TC 活动影响 WPSH 经向运动的机理开展研究。而通过敏感性数值试验的方法可以较好地将 TC 活动的影响从背景场中移除（Zhong and Hu，2007），从而为揭示 TC 活动影响 WPSH 经向运动的机理研究提供数据资料。

　　本节所选取的 TC 个例为发生在 2010 年 10 月的"鲇鱼（Megi）"台风，Megi 是当年西北太平洋区域发生的最强台风，它在移动的过程中与 WPSH 的相互作用十分强烈，并最终导致其沿西行路径穿越菲律宾北部进入中国南海海域后突然向北转向（Qian et al.，2013）。本章以 Megi 为例进行的数值试验包括 Megi 的模拟（Megi-sim）和移除（Megi-rem）试验。通过对比两个试验的模拟结果可以明确给出 Megi 活动对 WPSH 经向运动的具体影响，并可揭示 TC 活动影响 WPSH 经向运动的可能机制。

　　将 Megi-sim 试验模式区域的中心点置于 30°N、130°E，东西方向和南北方向网格点数分别取为 240 个和 260 个，模式水平分辨率为 20km，垂直方向上分为 36 层。试验的初始场和侧边界条件由 NCEP FNL 资料提供，模式物理过程方案主要包括 WSM 3-class 微物理参数化方案、Mellor-Yamada-Janjić 边界层参数化方案及 Grell-Dévényi 积云对流参数化方案。模拟时段为 2010 年 10 月 15 日 00 时～2010 年 10 月 22 日 00 时（世界时），共计 168 个小时。Megi-rem 试验的初始场和侧边界条件同样由 NCEP FNL 资料提供。在进行 Megi-rem 试验时，首先利用 TC bogus 方案（Fredrick et al.，2009）对初始场中的 Megi 涡旋进行移除，其他模式设置与 Megi-sim 试验相同。

11.3　敏感性试验结果

　　数值试验的模式区域、JTWC 资料给出的 Megi 观测路径以及 Megi-sim 试验模拟的 6 h 间隔路径如图 11.5 所示。可以看出，模拟的 Megi 路径与观测路径几

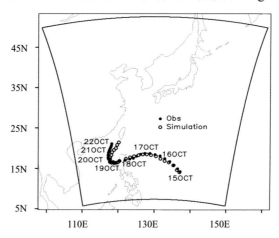

图 11.5　模式区域（扇形区域）、观测（空心点）和模拟（实心点）的 6 h 间隔 Megi 路径

乎一致，尤其是模拟结果较为准确地再现了 Megi 在穿过菲律宾北部进入中国南海后突然向北转向的路径特征，并且观测和模拟的 Megi 转向时间几乎一致，均为 10 月 20 日 00 时。

11.3.1　Megi 转向前对 WPSH 经向运动的影响

图 11.6 为 FNL 资料、Megi-sim 试验和 Megi-rem 试验模拟的 Megi 转向前几天的 500hPa 位势高度场和风场分布以及 Megi-sim 试验与 Megi-rem 试验差值场。将 FNL 资料 [图 11.6（a）、图 11.6（b）和图 11.6（c）] 与 Megi-sim 试验的模拟结果 [图 11.6（d）、图 11.6（e）和图 11.6（f）] 进行对比可以看出，FNL 资料与 Megi-sim 试验模拟得到的 500hPa WPSH 特征位势高度等值线（5880gpm）的分布总体较为一致，Megi-sim 试验模拟的 Megi 位置与 FNL 资料也较为吻合，这表明 Megi-sim 试验能够较准确地再现 Megi 与大气环流的相互作用。但需要注意的是，与 FNL 资料相比，Megi-sim 试验模拟出的 Megi 强度相对较弱，其原因可能在于 Megi-sim 试验所采用的水平分辨率相对较低（20km），不能对影响 TC 强度的关键物理过程进行精确模拟，导致 Megi-sim 试验在对 Megi 强度的模拟方面出现了一定的误差（Gentry and Lackmann，2010）。

另一方面，从 Megi-rem 试验的模拟结果 [图 11.6（g）、图 11.6（h）、图 11.6（i）] 可以看出，在利用 bogus 方案将初始场中 Megi 涡旋移除后，模式结果中不再存在 TC 涡旋。这表明利用 TC bogus 方案对 TC 涡旋的移除达到了预期效果，因此 Megi-rem 试验的模拟结果给出了 TC 影响下的大气环流演变，Megi-rem 试验与 Megi-sim 试验模拟结果的差异即为 TC Megi 活动所造成的影响。

从 Megi-sim 试验与 Megi-rem 试验的差值场 [图 11.6（j）、图 11.6（k）、图 11.6（l）] 可以看出，Megi 可在其周边区域激发出向外传播的位势高度负异常扰动及其对应的气旋式异常环流，且其周边异常扰动的强度和范围会随 Megi 的移动和强度变化而发生改变。此外，在 Megi 经过菲律宾北部进入中国南海后还在日本附近海域激发出了异常正位势高度及其对应的反气旋性异常环流，这一现象验证了 Nitta（1987）提出的"菲律宾-中国南海附近的 TC 活动可激发出经向传播的准静止 Rossby 波，导致日本附近出现位势高度正异常及反气旋性异常环流"的观点。在 Megi 活动激发的向外传播扰动以及准静止 Rossby 波的影响下，WPSH 外围位势高度场的分布发生了变化，将导致 WPSH 产生相应的经向运动。

为了进一步分析 Megi 对 WPSH 经向运动的具体影响，还绘制了 Megi-sim 试验和 Megi-rem 试验模拟的 120°E～130°E 的 WPSH 脊线平均纬度和主体质心纬度随时间的演变图。考虑到 Megi 在 10 月 19 日 14 时在中国南海向北突然转向，而转向前后 Megi 与 WPSH 的相互作用关系可能发生变化，为简单起见，重点对 10 月 15 日 00 时～10 月 19 日 14 时在 Megi 西行期间 WPSH 的经向运动特征进行了

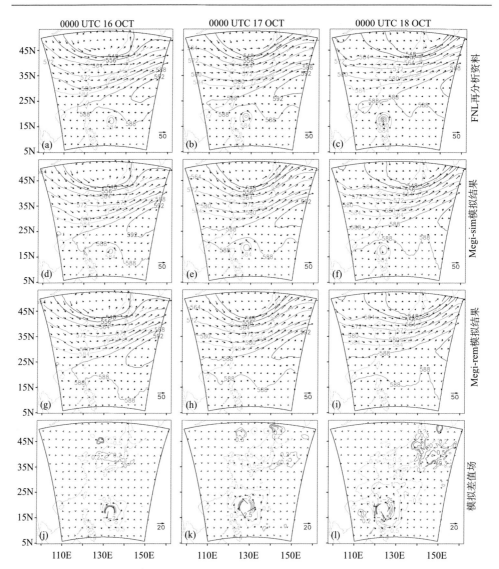

图 11.6　FNL 资料 [（a）、（b）、（c）]、Megi-sim 试验 [（d）、（e）、（f）]、Megi-rem 试验 [（g）、（h）、（i）] 模拟的 500hPa 位势高度场（等值线，单位： dagpm）和风场（矢量，单位： m·s⁻¹）以及 Megi-sim 试验与 Megi-rem 试验差值场 [（j）、（k）、（l）]

图中左列为 10 月 16 日 00 时，中列为 10 月 17 日 00 时，右列为 10 月 18 日 00 时

分析。相应时段内由 Megi-sim 和 Megi-rem 试验模拟结果计算得到的 WPSH 脊线平均纬度和 WPSH 主体质心纬度随时间的演变如图 11.7 所示。

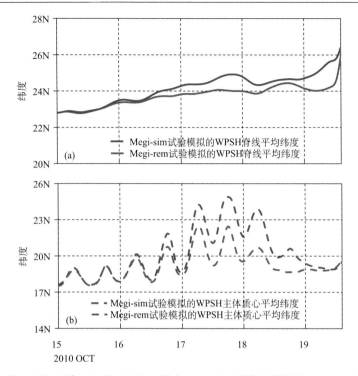

图 11.7　10 月 15 日 00 时～10 月 19 日 14 时由 Megi-sim 试验（红线）和 Megi-rem 试验（蓝线）模拟结果计算得到的 120°E～130°E WPSH 脊线平均纬度（a）和 WPSH 主体质心纬度（b）随时间的演变

从图 11.7 可以看出，Megi-rem 试验模拟的 WPSH 脊线纬度和 WPSH 主体质心纬度与 Megi-sim 试验模拟结果存在明显差异，且 Megi-sim 模拟的脊线纬度和质心纬度都较 Megi-rem 的模拟结果偏高，这表明 Megi 活动确实可导致 WPSH 发生向北的经向运动。在 10 月 17 日 00 时～10 月 19 日 14 时两个试验模拟结果差异较为显著的时段内，模拟得到的 WPSH 脊线纬度差的平均值为 0.64°，最大值为 1.44°，WPSH 主体质心纬度差的平均值为 1.50°，最大值为 4.08°。Zhong 和 Hu（2007）通过进行移除 TC 的敏感性数值试验发现，TC 活动在受 WPSH 调制的同时，还可对 WPSH 形成反馈作用，导致 WPSH 位置发生变化，而本节的数值试验结果在证实这一结论的同时也进一步表明，当 TC 位于 WPSH 南侧并向西运动时，可导致 WPSH 发生较为显著的向北运动。

WPSH 主体质心位置的时间演变还有一个很有意思的现象，即当 Megi 位于 WPSH 南侧并向西移动时，WPSH 主体质心纬度变化出现半日周期振荡［图 11.7（b）］，出现这种现象的原因可能与提供边界条件的 NCEP FNL 资料中 WPSH 强度的半日振荡有关，这在 Wang 等（2017）的研究中也有所体现。

　　综上所述，WPSH 的经向运动具有较为显著的整体一致性特征，西太平洋 TC 活动与 WPSH 的经向位置密切相关。当 TC 在其南侧并向西移动时，一方面激发出围绕其中心的负位势高度扰动，同时 TC 云墙内的上升运动将大量冰晶物质向 WPSH 南侧的对流层高层辐散，通过热力过程造成 WPSH 南侧对流层中下层温度降低，从而也产生出负位势高度扰动（Sun et al.，2014）；另一方面，TC 可通过激发准定常 Rossby 波（Nitta，1987；Kawamura and Ogasawara，2006）等动力过程造成 WPSH 北侧的日本附近产生正位势高度扰动。如此则 TC 的作用造成 WPSH 南侧位势高度降低和北侧位势高度升高，两者的作用都是使 WPSH 主体质心向北移动，从而 WPSH 的脊线也会向北移动，这是 TC 通过动力学和热力学过程造成 WPSH 产生向北运动的物理机制。图 11.8 给出了这种物理机制的示意图。

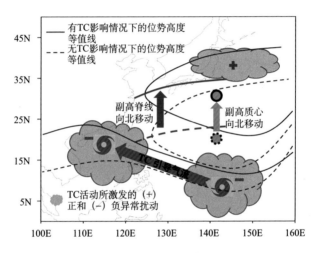

图 11.8　TC 通过动力学和热力学过程造成 WPSH 向北运动的物理机制示意图

11.3.2　Megi 转向后对 WPSH 脊线垂直分布的影响

　　上节通过数值试验研究了 Megi 转向前对 500hPa 上 WPSH 经向运动产生影响的方式和可能机制，但是，仅在单一层面上开展研究显然是不全面的。另外，为了讨论 TC 活动对 WPSH 经向运动的直接影响，上节主要选取了 Megi 在转向前对位于其北侧的 WPSH 脊线位置所造成的影响进行研究，但从图 11.6 可以看出，WPSH 中心的位置更偏东，而 Megi 向北转向后对 WPSH 经向运动的影响显然不同于转向前。本节将研究 Megi 转向后对 WPSH 中心附近脊线垂直分布的影响，并对影响机理进行讨论。

　　在对不同等压面上 WPSH 中心附近脊线进行计算时，首先找出 110°E～150°E WPSH 范围内位势高度值最大的点，再以该点为中心依次计算得到纬向风 u 同时

满足 $u=0$ 和 $\partial u/\partial y>0$ 的脊线格点（Liu and Wu，2004），并取距离 WPSH 位势高度最大值点 10 个经度以内的脊线格点计算脊线的平均纬度。另外，由于 Megi 活动期间模式区域内在 300hPa 以上高度 WPSH 并不总是存在，所以本节主要对 850～300hPa 的 WPSH 脊线运动特征及其影响因子进行研究。

Megi-sim 和 Megi-rem 试验模拟的不同等压面上 WPSH 脊线平均纬度随时间的演变如图 11.9 所示。可以看出，两个试验模拟的 WPSH 脊线平均纬度在高层和低层并不重合，脊线位置在高层偏南而在低层偏北，且两个试验模拟得到的高层和低层脊线纬度存在显著差异的时间段主要集中在 17 日 18 时～21 日 18 时，这表明 Megi 活动期间垂直方向上由不同高度处 WPSH 脊线构成的 WPSH 脊面随高度增加逐渐向赤道倾斜，并且 Megi 对 WPSH 脊线位置的影响最早出现在高层，随后才逐渐从上向下显现出来。而在 17 日 18 时之前和 21 日 18 时之后，两个试验模拟得到的 WPSH 中心附近高层和低层脊线平均纬度的差异均较小，脊面从下往上向赤道方向稍有倾斜。

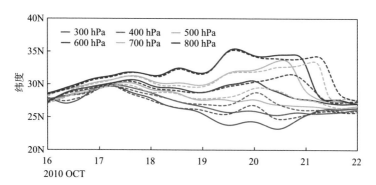

图 11.9　Megi-sim 试验（实线）和 Megi-rem 试验（虚线）模拟的不同等压面上 WPSH 脊线平均纬度随时间的演变

从图 11.9 还可以看出，从 19 日 00 时开始，Megi 造成的 WPSH 脊线移动首先在高层 300hPa 出现，而低层 800hPa 大约在 1 天以后的 20 日 00 时 Megi 对脊线的影响才显露出来；并且高层 300hPa 上 Megi 的影响持续了 2 天左右，到 21 日 00 时影响消失，但低层 800hPa 的影响直到 21 日 18 时才基本结束。总之，Megi 对 WPSH 脊线经向移动的影响在高层出现得早，结束得也早；在低层出现得晚，结束得也晚。

由于 19 日 00 时以后，Megi 已进入中国南海，远离了 WPSH 的中心，其对 WPSH 中心附近脊线的影响与上节讨论的在西行路径上对北侧 WPSH 脊线的影响方式完全不同，最大的差异表现在 Megi 远离 WPSH 中心以后会导致中心附近脊线向南移动。这种现象在高层最明显，虽然低层脊线出现了一定程度的北移，但从对流层整层来看脊线仍以南移为主。在 Megi 向北转向 1 天以后，对高层脊线的影响逐渐消失，随后低层发生了脊线向南的最大位移，从现象上看似乎是 Megi 在中国南海向北移动，导致 WPSH 中心向南移动。

表 11.2 是在与图 11.9 相同时段内求得的不同等压面上 WPSH 脊线纬度的平均值和两个试验脊线纬度差的平均值。统计结果表明，两个试验模拟的 WPSH 脊线平均纬度由低层至高层依次降低，高层脊线与低层脊线平均纬度的差值均超过 5 个纬度，表明两个试验模拟的 WPSH 脊面总体均随高度增加向南倾斜。另外，不同等压面上两个试验的 WPSH 脊线纬度差的平均值均为负值，且脊线平均纬度的差异在高层较大而在低层较小，这表明 WPSH 脊线在 Megi 影响下总体发生了向南的移动，并且 TC 活动所导致的脊线移动程度在高层相对较大，而在低层相对较小。

表 11.2　不同等压面上 WPSH 脊线的平均纬度和脊线纬度差的平均值

不同等压面	Megi-sim 试验模拟脊线平均纬度	Megi-rem 试验模拟脊线平均纬度	脊线平均纬度差值
300hPa	26.29°N	26.72°N	−0.43°
400hPa	27.13°N	27.60°N	−0.47°
500hPa	28.01°N	28.36°N	−0.35°
600hPa	29.03°N	29.37°N	−0.34°
700hPa	30.30°N	30.53°N	−0.23°
800hPa	31.62°N	31.92°N	−0.30°
平均	28.73°N	29.08°N	−0.35°

为直观体现 Megi 活动期间不同等压面上 WPSH 脊线移动的差异，选取 WPSH 脊线在对流层高层和低层移动差异较为明显的 20 日 06 时进行讨论，不同等压面上异常位势高度、异常环流以及 WPSH 脊线的位置如图 11.10 所示。

从图 11.10 可以看出，在 20 日 06 时，Megi-sim 试验和 Megi-rem 试验模拟的 WPSH 脊线位置均在高层偏南而在低层偏北，并且同一等压面上两个试验模拟的 WPSH 脊线相对位置也不相同。在 300～600hPa，Megi-sim 试验模拟的 WPSH 脊线位于 Megi-rem 试验模拟脊线以南，且两者位置的差异较为明显；而在 700～800hPa，Megi-sim 试验模拟的 WPSH 脊线位于 Megi-rem 试验模拟脊线以北（参见图 11.9），且两者的位置差异很小。除脊线分布存在差异以外，虽然不论高层还是低层 Megi 导致的异常位势高度和异常环流分布都呈现出从低纬度指向高纬度的波列特征，但 Megi 通过频散作用（罗哲贤，2001）和激发准静止 Rossby 波（Nitta，1987；Kawamura and Ogasawara，2006；Yamada and Kawamura，2007）所造成的不同等压面上异常位势高度场和异常环流也存在较明显的差异。20 日 06 时 Megi 位于中国南海上空，相对于 Megi-rem 试验，中国南海整个对流层都是对应位势高

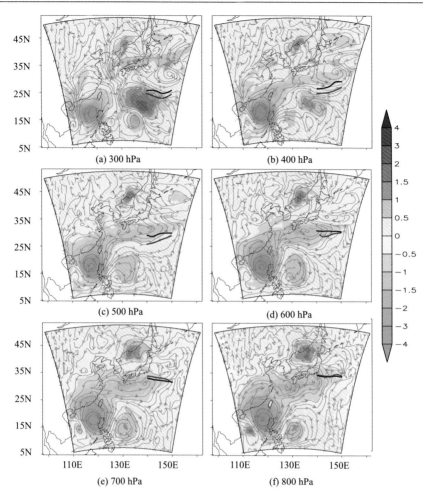

图 11.10 模拟的 20 日 06 时不同等压面上异常位势高度场（阴影，单位：dagpm）和异常环流
（流线）

其中红色（黑色）粗实线为 Megi-sim 试验（Megi-rem 试验）模拟的 WPSH 脊线

度负异常的气旋性异常环流控制，而菲律宾以东洋面上对流层中低层为对应位势
高度正异常的反气旋环流。此外，和中国南海异常负位势高度连为一体，从我国
东南部至日本南部以东洋面上存在一条准纬向的异常负位势高度带，这和第 9 章
有 TC 活动时次与无 TC 活动时次差异的统计结果完全相反[图 9.6（c）和图 9.6
（f）]，表明 TC 在 WPSH 南部向西移动与在西侧向北移动两种情况下，对 WPSH
的反馈效应存在很大区别。而在中高纬度，对流层整层对 Megi 的响应分布型基
本一致。

吴国雄等（2004）的研究表明，WPSH 脊线的移动状况与脊线附近的纬向风

异常密切相关，并指出 WPSH 位置的垂直变化可由热成风关系进行推定，即当脊线附近主要为西风（东风）异常时，对应有 WPSH 脊线向南（北）移动，而当脊线附近的温度呈南高北低分布时，则由热成风关系可知穿越 WPSH 脊线向上将有西风性切变，WPSH 脊面会随高度增加向南倾斜；反之，如果脊线附近的温度呈南低北高分布时，则穿越 WPSH 脊线向上将有东风性切变，WPSH 脊面会随高度增加向北倾斜。上述结论在建立 WPSH 脊线移动与其附近纬向风异常之间关系的基础之上，进一步阐明了 WPSH 脊线附近温度异常对脊线经向位置的影响，为研究 TC 热力作用影响 WPSH 脊线垂直分布提供了思路。

在讨论 TC 活动导致的温度经向梯度异常与 WPSH 脊线附近纬向风异常随高度变化的关系之前，有必要先揭示脊线附近不同范围内平均纬向风异常和脊线移动的对应关系，从而确定能够反映 WPSH 脊线移动状况的纬向风异常分布范围。图 11.11 为在脊线南北不同纬度范围内计算得到的两个试验平均纬向风差异随时间的演变。可见，不同范围计算出的平均纬向风差异的强度和持续时间也不同，计算范围越小则纬向风差异越大、高层纬向风差异最大值出现时间越早，并且纬向风差异存在明显的从高层向低层传播的特点，即相对于 Megi-rem 试验而言，Megi 向北转向以后首先在 WPSH 中心处脊线附近的高层出现纬向风异常，随后该异常扰动随时间向下传播。而结合图 11.9 可以发现，不同范围内的平均纬向风差异对 WPSH 脊线移动的指示效果也不相同，在距离脊线 2 个纬度和 4 个纬度范围内求得的平均纬向风异常［图 11.11（a）和图 11.11（b）］与 WPSH 脊线移动（图 11.9）的对应关系较好，即当脊线附近主要为西风（东风）异常时，相应地会出现 WPSH 脊线向南（向北）移动（吴国雄等，2004；Wang et al.，2006）。而当平均纬向风异常的计算范围扩大到距离脊线 6 个纬度时［图 11.11（c）］，平均纬向风异常对 WPSH 脊线移动的指示效果则有很大程度的减弱。例如，20 日前后在距离脊线 6 个纬度范围内求得的平均东风异常可向上伸展至 500hPa，但同一时段内 Megi-sim 试验模拟的 500hPa 等压面上 WPSH 脊线非但没有发生向北移动（图 11.9），反而出现了向南移动。因此，在 WPSH 脊线附近区域计算的平均纬向风差异对 WPSH 脊线移动的指示效果更好。

假定 Megi-sim 和 Megi-rem 试验模拟的平均经向温度梯度和平均纬向风垂直切变均满足热成风关系，则两个试验模拟的平均经向温度梯度差异和平均纬向风垂直切变差异也满足热成风关系（Chen et al.，2018）。对两个试验在模拟时段内 WPSH 中心脊线附近区域（24°N～35°N、140°E～150°E）的平均纬向风差异、平均纬向风垂直切变差异和平均经向温度梯度差异进行计算，并沿 145°E 经线绘制高度-纬度剖面，得到结果如图 11.12 所示。

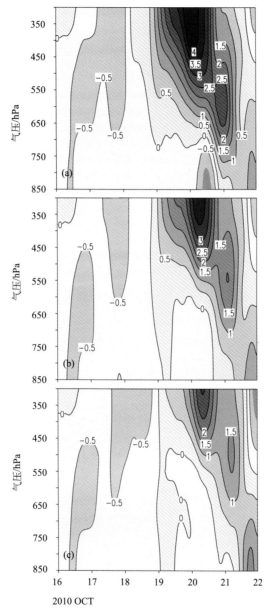

图 11.11　脊线南北 2 个纬度（a）、4 个纬度（b）和 6 个纬度（c）范围内平均纬向风差异（单位：m·s⁻¹）的高度-时间剖面

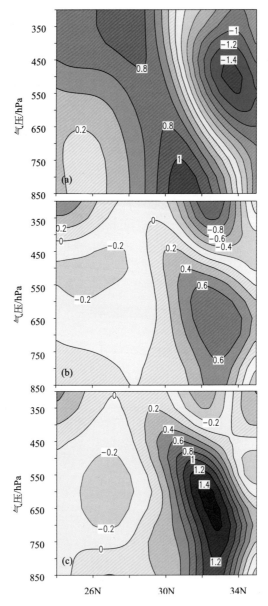

图 11.12　WPSH 中心附近平均纬向风差异（a）（单位：m·s⁻¹）、平均纬向风垂直切变差异（b）（单位：10⁻⁴ m·s⁻¹·Pa⁻¹）和平均经向温度梯度差异（c）（单位：10⁻³ K·km⁻¹）沿 145°E 经线的高度-纬度剖面

从图 11.12（a）可以看出，两个试验平均纬向风差异为正的区域随高度增加逐渐向南倾斜，差值大值中心分别在对流层低层（约 800hPa）和高层（约 300hPa），在其北侧为纬向风差异为负的区域，大值中心位于对流层中层 500hPa 附近。结合

图 11.12（a）和表 11.2 可以看出，两个试验模拟的各等压面上 WPSH 脊线平均位置基本都位于纬向风差异正值区，且低层位于大值中心北侧，高层位于大值中心南侧，因此，虽然脊线均位于平均纬向风差异正值区，Megi-sim 试验脊线附近西风比 Megi-rem 试验的风速强，但 Megi-sim 试验高层脊线北侧西风的增强程度更大，而低层脊线南侧西风和北侧东风对脊线移动的作用存在相互抵消，所以高层 Megi-sim 比 Megi-rem 模拟的脊线位置更偏南，而低层两者模拟的脊线位置更趋于接近。

结合图 11.12（b）和图 11.12（c）可以看出，两个试验模拟的纬向风垂直切变差异和经向温度梯度差异的分布较为一致。在 29°N 以南区域，纬向风垂直切变差异和经向温度梯度差异总体为负，并且两者的负大值中心均位于对流层中层（550hPa）附近；在 29°N 以北区域，平均纬向风垂直切变差异和平均经向温度梯度差异除在中高层 30°N 以北的有限域内为负外，在其他区域基本上均为正值，并且两者正大值中心所在位置也较为一致。这一结果表明，WPSH 脊线活动主要区域（24°N～35°N、140°E～150°E）内纬向风垂直切变差异与经向温度梯度差异成正比，两者基本上满足热成风关系，因此 Megi 活动所造成的温度变化是导致纬向风变化的重要原因，可以造成 WPSH 脊线位置垂直分布发生相应的改变。

为进一步明确 TC Megi 活动导致温度异常的物理机制，利用以下温度倾向方程进行了诊断计算分析。

$$\frac{\partial T}{\partial t} = -\vec{V} \cdot \nabla T - \omega \left(\frac{\partial T}{\partial p} - \frac{1}{C_p \rho} \right) + \frac{\dot{Q}}{C_p} \tag{11.1}$$

式中，T 为温度；p 表示气压；$\vec{V}$ 表示水平风矢量；ω 为 p 坐标系下的垂直速度；C_p 表示干空气定压比热容；ρ 为空气密度；$\dot{Q}/C_p$ 表示非绝热加热率。等式右端第一项为温度的水平平流项（HT），第二项为温度的垂直输送项（VT），第三项为非绝热加热项（DH）。在 WPSH 主体中心所在的（24°N～35°N、140°E～150°E）区域内计算两个试验模拟的 HT、VT、DH 以及 HT+VT+DH 差异的平均值，其高度-时间剖面如图 11.13 所示。

从图 11.13 可以看出，两个试验模拟的 WPSH 中心附近区域内不同物理过程项的差异在时空剖面上有很大区别。在 10 月 21 日 00 时之前，HT 差异在时空剖面上基本上都是正值，表明 Megi 造成 WPSH 主体区域的水平暖平流输送增大，且在 Megi 向北转向前后（10 月 20 日 00 时），对流层中上层的水平暖平流增大最为显著，而 10 月 21 日 00 时之后，Megi 则主要使 WPSH 主体中心区域水平暖平流减弱［图 11.13（a）］；VT 差异的位相和 HT 几乎完全相反，21 日 00 时之前，VT 差异在时空剖面上基本上都是负值，表明 Megi 造成 WPSH 主体区域的垂直暖平流输送减小，对 WPSH 中心附近区域对流层起到降温作用，且 Megi 向北转向

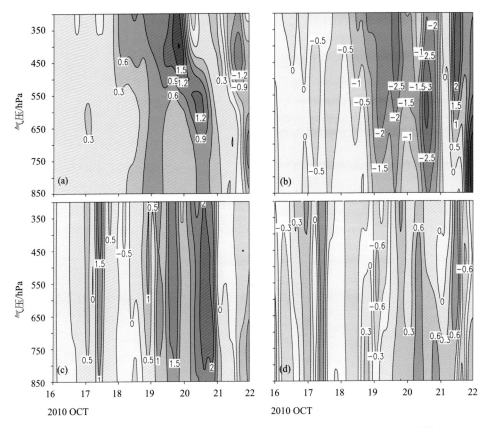

图 11.13　两个试验模拟的 HT（a）、VT（b）、DH（c）和 HT+VT+DH（d）差异在 WPSH
主体中心区域平均值的高度-时间剖面（单位：K·d^{-1}）

以后这种降温作用在对流层中层最显著，而 21 日 00 时之后，受 Megi 影响的 VT
差异又使得 WPSH 主体区域升温[图 11.13（b）]，但 VT 差异和 HT 差异在不同
位相的量值存在差异，两者的作用不会完全相互抵消；DH 差异的平均值在大部
分模拟时段内为正值，表明 Megi 导致的 WPSH 主体中心区域非绝热加热增大使
大气温度升高[图 11.13（c）]，而 18 日 12 时以后，在时空剖面图上 DH 和 VT
几乎完全反位相，表明两者有相互抵消作用；从 HT+VT+DH 差异的时空分布
[图 11.13（d）]可以看出，不同时段内 Megi 影响 WPSH 主体中心区域温度倾向
的物理过程并不相同，在 17 日 12 时之前，HT+VT+DH 差异与 DH 差异的时空分
布更为相似，表明该时段内 DH 对温度倾向的影响更大，而 17 日 12 时~19 日 12
时，HT+VT+DH 差异与 VT 差异的符号一致，因此该时段内 VT 的作用更为显著，
到 19 日 12 时之后，虽然 HT+VT+DH 差异的符号也会发生变化，但其时空分布
特征总体与 DH 差异更为相似，说明非绝热加热对 WPSH 的形成和变异也具有重

要影响（刘屹岷等，1999）。

综上所述，TC 活动激发的向外传播扰动以及准静止 Rossby 波将引起 WPSH 区域温度场发生变化，从而导致 WPSH 脊面移动。图 11.14 给出了 TC 活动导致 WPSH 脊面向北移动的机理示意图，该图表明，当 TC 活动所激发的扰动传播至 WPSH 脊线附近时，会造成脊线附近的大气温度经向梯度发生改变，相应地纬向风切变会在热成风关系约束下发生相应改变，并引发相应的环流变化，进而导致在不同高度纬向风变化影响下的 WPSH 脊线移动，从而呈现出 WPSH 脊面经向位置的移动。

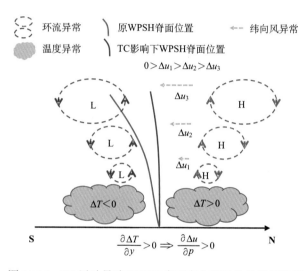

图 11.14 TC 活动导致 WPSH 脊面向北移动的机理示意图

第12章　热带气旋活动对区域气候影响的数值模拟

前几章通过 TC 个例的敏感性数值模拟试验,对 TC 反馈效应的统计分析结果进行了验证,并对 TC 影响大尺度环流的动力学和热力学过程进行了诊断计算分析。本章利用 WRF 模式开展季节尺度区域气候模拟和敏感性数值试验,从气候效应的角度呈现西北太平洋 TC 对区域气候的反馈作用,并解释形成气候效应的物理机制。由于夏季是一年中 TC 活动最多的季节,且 2004 年是 1961~2010 年夏季西北太平洋 TC 生成数量最多的年份,因此选取 2004 年 6~8 月作为研究时段,先利用 WRF 模式较好地再现 2004 年夏季西北太平洋 TC 的活动特征以及相应的大尺度环流,之后利用“模式手术”方法在 WRF 模式代码中加入“TC 抑制模块”,从而抑制模式积分过程中 TC 的生成,得到模式范围内的西北太平洋区域没有 TC 生成情况下的环流演变模拟结果,据此对比研究 TC 活动对东亚-西北太平洋区域夏季气候的反馈效应以及可能的物理机制。

12.1　试验方案设计

12.1.1　控制试验方案

在控制试验中,利用中尺度非静力数值模式 WRFV3.4.1 对 2004 年 6~8 月东亚-西北太平洋区域的 TC 活动以及相应的大尺度环流进行模拟。模式区域中心位于 27°N、135°E,水平分辨率为 30km,水平网格数为 352 个(东西向)×350 个(南北向)。模式层顶取为 50hPa,垂直方向分为 35 层。初始场和侧边界驱动场为 NCEP/NCAR 再分析资料,分辨率为 1°,时间间隔为 6 h。模式积分时段为 2004 年 6 月 1 日 00 时至 9 月 1 日 00 时,积分步长为 90 s,模拟结果输出的时间间隔为 6 h。模式的物理方案分别 WSM 3-class 微物理方案、Kain-Fritsch(New Eta)积云对流参数化方案、RRTM 长波辐射方案、Dudhia 短波辐射方案、Monin-Obukhov 近地层方案、 Unified Noah 陆面过程方案、YSU 边界层方案,详见 Skamarock 等(2008)的模式手册。

敏感性试验的模式设置与控制试验相同,但敏感性试验在模拟过程中采用了下节介绍的所谓“模式手术”方法,即在模式代码中增加了“TC 抑制模块”,使得模式时间积分过程中抑制 TC 的生成和发展,从而令敏感性试验的模拟结果中不包含 TC 信息。

12.1.2　模式手术方法和 TC 抑制模块

尽管利用 Bogus 技术消除 TC 的方法目前已在数值模拟试验中得到很好的应用，但这种仅在初始场中消除 TC 涡旋的方法，并不能保证模式时间积分过程中不会生成新的 TC，且不能阻止模式区域以外的 TC 进入模式区域，导致模拟过程中不能完全消除 TC 的效应。因此，利用 Bogus 技术在初始场中消除 TC 涡旋的方法一般只适合于 TC 个例研究，而在长时间区域气候模拟中，这种方法将会失效。为了在长时间模拟资料中消除 TC 及其与环流的相互作用，可在积分过程中对 TC 的生成和发展进行抑制，从而使模式在时间积分过程中 TC 不能生成和发展，这就是所谓的"模式手术"（modeling surgery）方法。模式手术方法实际上是大气和海洋数值模拟所采用的一种策略，旨在通过对模式代码进行修改达到预想的目的，例如确定出大气-海洋耦合反馈和陆地生态系统反馈的效应、增加或减小模式某种物理过程的作用以及消除热带气旋效应等（Wu and Liu，2003；Wu et al.，2005a；Zhong and Hu，2007；Sun et al.，2015b；王雨星等，2017；陈宪等，2019）。根据模式手术方法的思想，设计"TC 抑制模块"并加入模式代码中，通过在时间积分过程中调用 TC 抑制模块，达到抑制模式区域内 TC 生成和发展的目的。

本章设计了一个很简单的 TC 抑制模块嵌入模式代码中，使得在模式积分的每个时步，首先计算 $0°\sim30°N$ 的热带洋面上空 850hPa 附近模式层上的相对涡度；然后，寻找相对涡度大于 $5\times10^{-5}\ \mathrm{s}^{-1}$ 的格点；最后，若存在相对涡度达到或超过阈值的格点，则将这个格点上的纬向风速 u（经向风速 v）用该格点及周围 8 个格点上纬向风速（经向风速）的平均值进行替换，从而使这个格点上的涡度值降低，公式如下：

$$f(i,j) = \frac{1}{9}\sum_{a=i-1}^{i+1}\sum_{b=j-1}^{j+1} f(a,b) \tag{12.1}$$

式中，f 代表 u 或 v，分别表示纬向风或经向风。以往的研究表明，850hPa 的相对涡度能够很好地表征 TC，一般将此高度上的相对涡度作为判断 TC 生成的一个重要判据（Landman et al.，2005）。试验表明，对于 30km 的模式网格距，将 850hPa 相对涡度大于 $5\times10^{-5}\ \mathrm{s}^{-1}$ 作为判断 TC 生成标准是合适的。由于涡旋阈值较大，能够有效地将 TC 与其他强度较低的涡旋区分开来。由于西北太平洋 TC 生成、发展与对流层低层相对涡度密切相关，相对涡度阈值越大，TC 越容易生成，发展越快（苏志重等，2010；Kim et al.，2015）；反之，若相对涡度越小，TC 越不容易发展。因此，通过在积分过程中人为地降低对流层下层相对涡度的方法能够有效地抑制 TC 的生成和发展。

敏感性试验的模式设置和控制试验相同，但模式时间积分过程的每个时步均调用了"TC 抑制模块"。

12.1.3　模拟 TC 判别方法

研究 TC 的活动特征必须要得到 TC 的中心位置和中心最低海平面气压等信息，但是这些信息无法由 WRF 模式直接输出，因此需要对模拟资料进行进一步计算后得到。在模式输出资料中判别 TC 的方法参考苏志重等（2010）和 Kim 等（2015）提出的方法，确定 TC 的判别标准包括以下 6 个方面：

（1）850Pa 等压面上的最大相对涡度必须大于 5×10^{-5} s^{-1}；

（2）在相对涡度最大值所在位置周围 10 个格点中必须有一个海平面气压最低值，这个海平面气压最低值的位置就定义为 TC 中心位置，并且相对涡度最大值的位置与 TC 中心的距离应该小于 250km；

（3）将 300hPa、500hPa、700hPa 和 850hPa 四层平均温度最高点定义为暖心，暖心与 TC 中心的距离应该小于 300km，并且从暖心向各个方向 800km 距离内温度至少下降 0.5℃；

（4）TC 中心 10 个格距范围内，850hPa 最大风速要大于 300hPa 最大风速；

（5）TC 中心附近最大持续风速要大于 15 $m \cdot s^{-1}$，这是由于模式分辨率为 30km，可能导致模拟 TC 的强度比实况偏低，所以设定的最大持续风速的阈值低于达到 TC 的阈值 17.2 $m \cdot s^{-1}$（Manganello et al.，2012）；

（6）TC 生成位置限定于北半球 30°N 以南的洋面上。

同时，为了剔除模式生成的生命史较短的热带扰动，设定 TC 的生命史必须大于等于 2 天。

12.2　模拟效果检验

采用模拟资料研究西北太平洋 TC 活动对区域气候的反馈作用，首先要检验模拟结果的可靠性，只有当控制试验能够较好地模拟出西北太平洋 TC 的活动特征以及相应的大尺度背景场，才能保证对敏感性试验的分析结果可靠。因此，本节先采用 JMA 的 TC 最佳路径集资料检验 WRF 模式对 2004 年夏季西北太平洋 TC 生成频数和移动路径的模拟效果，再用 NCEP/NCAR 再分析资料检验模式对大气环流和地面气温的模拟效果，并用 GPCP 全球 1°×1° 降水资料检验模式对降水的模拟效果。

图 12.1 是观测和控制试验模拟的 2004 年夏季（6～8 月）西北太平洋 TC 生成位置和路径，其中模拟的 TC 生成位置和路径是根据 12.1.3 节的模拟 TC 判别方法确定的。由图可见，观测和控制试验模拟的夏季 TC 生成频数都为 15 个，并

且都主要分布于菲律宾以东的洋面上[图 12.1（a）和图 12.1（b）]。TC 生成后向西北方向移动并向北转向，进而影响中高纬度地区的大气环流（Archambault et al.，2015；陈宪等，2019）。据统计，2004 年夏季登陆中国中东部以及转向北上并到达 35°N 以北区域的 TC 个数分别为 5 个和 10 个；而控制试验模拟的 TC 个数分别为 4 个和 11 个。根据 JMA 的 TC 最佳路径集资料，2004 年 6 月、7 月和 8 月西北太平洋上分别生成了 5 个、3 个和 7 个 TC，而控制试验模拟的 TC 生成数量分别为 5 个、5 个和 5 个。因此，控制试验能够较合理地模拟出 2004 年夏季西北太平洋 TC 的活动特征。此外，在敏感性试验输出的模拟资料中，利用 TC 识别方法找到的涡旋强度很弱，且生命史都小于 1 天，表明"TC 抑制模块"能够有效地抑制模式积分过程中 TC 的生成和发展，从而可以认为敏感性试验的模拟资料中不再包含 TC 并消除 TC 和环流的相互作用。

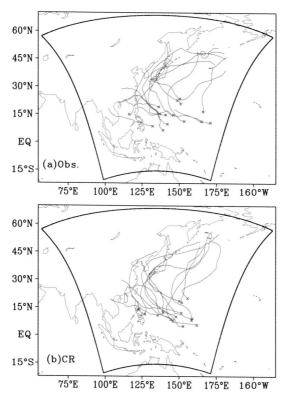

图 12.1　观测（a）和控制试验（b）模拟的 2004 年夏季 TC 生成位置（红×）和移动路径（蓝线）

图 12.2 为观测和控制试验模拟的 2004 年夏季 200hPa、500hPa 和 850hPa 平均位势高度和风矢量分布。对比图 12.2（a）和图 12.2（d）可见，200hPa 上，观测和控制试验模拟的南亚高压强度基本一致，并且南亚高压脊线都位于 28°N 附

近。在南亚高压以北，观测和控制试验模拟的纬向西风都存在一条大值带，即 EASJ；而在南亚高压以南，观测和模拟的风场都为东风气流。在整个东亚-西北太平洋区域，观测和模拟的位势高度等值线分布基本一致。500hPa 上，观测和控制试验模拟的 WPSH 脊线都位于 29°N 附近，并且位势高度最大值都为 589 dagpm[图 12.2（b）和图 12.2（e）]。此外，模拟区域内观测和控制试验模拟的风场分布也基本一致。850hPa 上，控制试验能够较好地模拟 WPSH 的位置与强度，并且观测和控制试验模拟的东亚夏季风气流也基本一致[图 12.2（c）和图 12.2（f）]。因此，WRF 模式能够较好地模拟东亚-西北太平洋区域的大尺度环流。

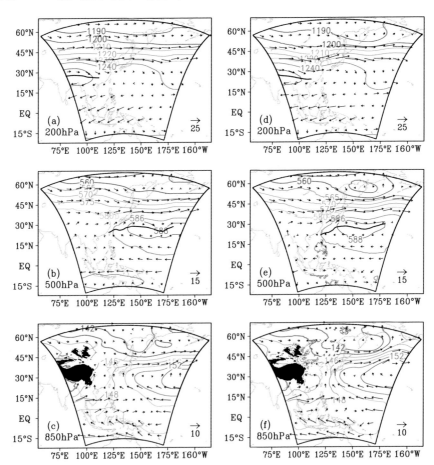

图 12.2　观测[（a）、（b）、（c）]和控制试验模拟[（d）、（e）、（f）]的夏季 200hPa[（a）、（d）]、500hPa[（b）、（e）]和 850hPa[（c）、（f）]平均位势高度（等值线，单位：dagpm）和风场（矢量，单位：m s⁻¹）分布

（a）和（b）中的粗黑线为南亚高压脊线，（b）和（e）中的粗黑线为 500hPa WPSH 脊线，（c）和（f）中的黑色填色区域表示地形高度大于 1800m 的区域

图 12.3 为观测和控制试验模拟的 2004 年夏季降水量分布。由图 12.3（a）可见，2004 年 6～8 月降水量大值区主要位于热带印度洋、中国南海和菲律宾以东洋面上。在中国南海，降水量大于 1000mm 区域的水平尺度超过了 2000km，并且降水量最大值超过了 2000mm；在菲律宾以东洋面上，降水量大于 1000mm 的区域主要分布于 125°E～180°，并呈现出西北-东南向分布，降水量最大值为 2000mm 左右，这里是 TC 路径密度最大的区域。此外，在华南地区和东海也存在两条降水带，降水量都大于 1000mm。由图 12.3（b）可见，控制试验模拟的降水量的量值和空间分布都与观测相近。控制性试验模拟的降水量也在印度洋、中国南海以及菲律宾以东的热带西太平洋上存在 3 个大值区，并且在中国南海和菲律宾，降水量最大值也为 2000mm 左右。此外，控制试验还模拟出了位于华南和东海的降水带。然而，控制试验模拟的降水量在南海区域偏小，而在赤道西太平洋略偏大。总体来说，WRF 模式对夏季总降水量分布也有较好的模拟能力。

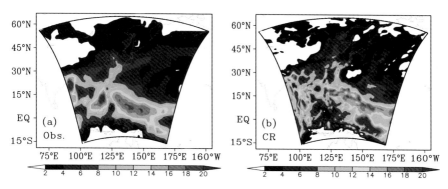

图 12.3　观测（a）和控制试验（b）模拟的夏季降水量（单位：10^2 mm）分布

图 12.4 为观测和控制试验模拟的 2004 年夏季平均地面气温。由图 12.4（a）可见，2004 年 6～8 月平均地面气温由南往北逐渐递减。赤道西太平洋附近地面气温约为 30℃；30°N 附近的洋面以及东亚大陆上地面气温降至 25℃左右，并且地面气温极低值位于青藏高原，低于 5℃；45°N 附近的东亚大陆地面气温为 20℃左右，而北太平洋地面气温为 10℃左右。由图 12.4（b）可见，控制试验模拟的平均地面气温分布基本上与观测一致，并且两者量值也基本相同。表明数值模式对地面气温也具有较好的模拟效果。

以上结果表明，WRF 模式能较好地模拟西北太平洋 TC 活动特征以及相应的大尺度环流和降水分布，下一节将通过对比控性试验和敏感性试验输出的模拟资料来揭示夏季西北太平洋 TC 活动对区域气候的影响。

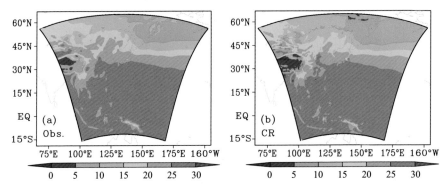

图 12.4　观测（a）和控制试验（b）模拟的夏季平均地面气温（单位：℃）分布

12.3　控制试验和敏感性试验结果

图 12.5 是根据控制试验每天 4 个时次输出的 2004 年夏季西北太平洋 TC 逐日频数的时间演变。由图可见，除了 6 月 1 日～5 日以及 6 月 20 日～29 日这两个时段共 15 天时间没有出现 TC 外，西北太平洋上一直存在 TC。从 6 月 6 日开始，西北太平洋 TC 开始出现并逐渐增加，到 6 月 12 日这天达到最大值 4 个，之后又逐渐减少，到 20 日又进入 TC 活动平静期。从 6 月 30 日开始，西北太平洋 TC 出现频数又开始逐渐增加，并且到 8 月底，TC 出现频数基本上都大于每天 1 个。此外，整个夏季，西北太平洋 TC 出现频数平均值为每天 1.5 个。表明该年夏季西北太平洋 TC 活动非常活跃，从而对东亚-西北太平洋地区的大尺度环流产生重要影响。

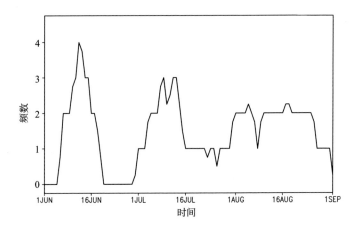

图 12.5　控制试验模拟的 2004 年夏季西北太平洋 TC 逐日频数（单位：个·d^{-1}）

图 12.6 是控制试验和敏感性试验模拟的 2004 年夏季 200hPa、500hPa 和 850hPa 平均位势高度和风场差值分布。由图 12.6（a）可见，在 200hPa，从中南半岛至西北太平洋中纬度地区存在一个差值反气旋环流带，差值反气旋中心位于日本以东洋面上，差值位势高度最大值超过 3.5dagpm。在差值反气旋带北部存在 2 个差值气旋区，中心分别位于华北地区和堪察加半岛东南部洋面上空。500hPa 差值环流的分布与 200hPa 相似，但差值反气旋范围缩小，位于日本东南部洋面上，并且强度减弱；同时，东亚大陆上的差值气旋区范围向南扩展至 15°N 以南[图 12.6（b）]。在 850hPa，东亚-西北太平洋区域存在 3 个差值气旋区，其中中高纬度的两个气旋中心仍然维持着，而在中国东南沿海出现了另一个气旋性差值中心，且沿着 TC 活动的主要路径都是位势高度降低区域[图 12.6（c）]。总之，TC 造成的差值环流在中高纬度呈现准正压结构，而在 TC 活动区域却呈现出斜压结构特征，从而在中国南海北部和相邻的副热带西太平洋区域出现差值西风和南风气流，表明西北太平洋 TC 活动导致东亚夏季风强度增强（Wang et al.，2004）。由图 12.6 还可以看出，在 200hPa、500hPa 和 850hPa，位势高度的差值经过 Student's t 检验都超过了 95%置信水平。因此，西北太平洋 TC 活动对东亚-西北太平洋区域对流层整层的大气环流都有显著影响（Kawamura and Ogasawara，2006；Zhong and Hu，2007；Chen et al.，2017）。

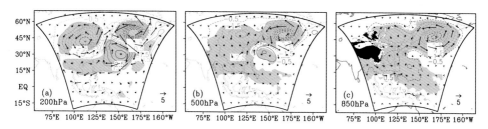

图 12.6　控制试验和敏感性试验模拟的 200hPa（a）、500hPa（b）和 850hPa（c）平均位势高度差值（等值线，单位：dagpm）和风场差值（矢量，单位：m·s⁻¹）分布
其中灰色阴影表示位势高度差值超过 95%置信水平，（c）中黑色填色区域表示高度大于 1800m 的地形，等值线间隔为 1dagpm，并且实线（虚线）表示正值（负值），起始值为 0.5dagpm（–0.5dagpm）

采用 Wang 等（2004）的东亚夏季风指数定义，图 12.7 给出了控制试验和敏感性试验模拟的东亚夏季风指数逐日演变。由图可见，从 6 月 1 日到 7 月 1 日和从 7 月 18 日到 8 月 20 日两个时间段内，控制试验模拟的东亚夏季风指数演变分别出现两次显著大值时间段，基本上与西北太平洋 TC 频数大的时段相对应。此外，东亚夏季风指数分别在 6 月 16 日、7 月 23 日、8 月 3 日和 8 月 9 日出现了 4 次极大值，而控制性试验模拟的西北太平洋 TC 出现频数分别在 6 月 12 日、7 月 13 日、8 月 1 日和 8 月 9 日出现 4 次频数多时段。因此，西北太平洋 TC 出现频

数多的时段一般早于东亚夏季风指数极大值出现时间数天,表明当西北太平洋 TC 生成频数更多时将会导致东亚夏季风强度变得更强。对比控制试验和敏感性试验模拟的东亚夏季风逐日演变可见,在 6 月 1 日~7 月 1 日和 7 月 16 日~8 月 20 日这两个时段内,控制试验模拟的东亚夏季风指数基本上都大于敏感性试验的模拟值,并且在 7 月 1 日~18 日,控制试验和敏感性试验模拟的东亚夏季风指数都小于 1m·s^{-1},表明该时间段东亚夏季风处于中断期。而在这一时段之前的 6 月 20~29 日,控制试验中没有出现 TC (图 12.5)。根据以上结果可以推论,西北太平洋 TC 活动能够显著地增强东亚夏季风强度,并且 TC 对东亚夏季风强度的影响往往滞后于 TC 生成一周左右,这也表明了 TC 对东亚-西北太平洋大尺度大气环流的影响并不仅限于 TC 活动最活跃时段,当 TC 活动高峰结束后,影响还将持续。对控制试验和敏感性试验模拟的东亚夏季风指数在 2004 年 6~8 月求平均,得到平均值分别为 4.68m·s^{-1} 和 2.16m·s^{-1},表明平均而言,西北太平洋 TC 活动对整个夏季的东亚夏季风都有显著的增强作用,这种增强效应在季节平均结果上都有体现,因此 TC 活动存在气候效应。

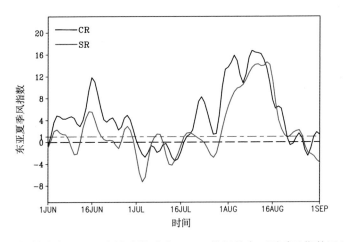

图 12.7　控制试验(CR)和敏感性试验(SR)模拟的东亚夏季风指数逐日演变

图 12.8 是控制试验和敏感性试验模拟的 200hPa 平均纬向风及其差值的分布。对比图 12.8 (a) 和图 12.8 (b) 可见,控制试验和敏感性试验模拟的 EASJ 纬向风速大于 20m·s^{-1} 的气流带都位于 35°N~50°N 的中纬度亚洲和北太平洋区域,但控制试验模拟的纬向风大于 20m·s^{-1} 的气流带延伸至 170°W,而敏感性试验模拟的气流带主要位于 155°E 以西。在控制试验和敏感性试验中,青藏高原北部 (85°E~95°E) 和日本海 (125°E~145°E) 上空分别都存在两个急流核 (Zhang et al., 2006; Liao and Zhang, 2013)。控制试验模拟的两个急流核区纬向风速最大值分别为 34m·s^{-1} 和 37m·s^{-1},而敏感性试验模拟的两个急流核区纬向风速最大值

分别为 32m·s^{-1} 和 33m·s^{-1}。因此，控制试验模拟的 EASJ 强度比敏感性试验模拟的强度大。此外，由于西北太平洋 TC 活动能够显著地影响 EASJ 的位置和分布（Archambault et al.，2015；Grams and Archambault，2016；Chen et al.，2017），控制试验模拟的 EASJ 轴从东亚大陆至朝鲜半岛（90°E～130°E）都比敏感性试验模拟的偏南，而在日本及其以东洋面上（135°E～160°E），控制试验模拟的 EASJ 轴比敏感性试验模拟的偏北。由两个试验模拟的差值分布[图 12.8（c）]可见，从低纬地区向北，差值东风气流带和差值西风气流带交替出现，呈现出明显的波列状分布特征，与 TC 活跃年份和 TC 不活跃年份的 200hPa 纬向风差值分布合成分析结果类似（Chen et al.，2017）。

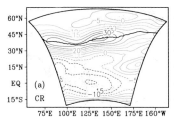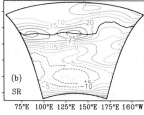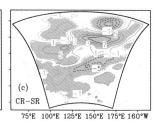

图 12.8　控制试验（a）和敏感性试验（b）模拟的 200hPa 平均纬向风（单位：m·s^{-1}）及其差值（c）分布

（a）和（b）中的粗实线表示急流轴，（c）中的灰色填色区域表示纬向风差值超过 95%置信水平，（c）中的实线（虚线）表示正值（负值），间隔为 2m·s^{-1}

　　图 12.9 是控制试验和敏感性试验模拟的 1000～500hPa 平均相对涡度差值和垂直速度差值。由图 12.9（a）可见，在赤道以北的西太平洋热带地区，对流层中下层是相对涡度差值正值带，在副热带东亚-西北太平洋区域对流层中下层是相对涡度差负值带，而中纬度地区（30°N～50°N）相对涡度差正值带上有两个大值中心，分别位于远东地区和堪察加半岛东南部洋面上空，再往北的高纬度地区又出现了相对涡度差值负值带。因此，从低纬度向高纬度，东亚-西北太平洋对流层中下层的相对涡度差正值带和负值带交替出现，在经向上呈现出波列状分布。由图 12.9（b）可见，从热带西太平洋至中国南海存在一条差值上升气流大值带，与西北太平洋 TC 的主要活动区域相对应，表明 TC 活动显著增强了其活动路径及周边区域的上升运动。该差值上升气流带北侧的副热带地区则是以下沉为主的准纬向差值气流带。再往北又出现多个差值上升气流和差值下沉气流区。因此，从低纬度向高纬度，对流层中下层的差值上升气流和差值下沉气流也呈现出波列状分布。此外，还可以看到中国东部从华南到华北也主要是差值下沉气流区，这也验证了已有的研究工作所提出的夏季西北太平洋 TC 活动能够抑制这些地区对流活动的观点（Lu，2004；Zhong et al.，2019）。

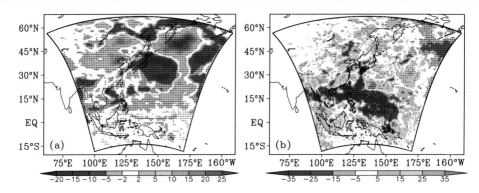

图 12.9　控制试验和敏感性试验模拟的 1000～500hPa 平均相对涡度差值（a）（单位：$10^{-6} \cdot s^{-1}$）
和垂直速度差值（b）（单位：10^{-5} hPa$\cdot s^{-1}$）分布

打点表示差值超过 95%显著性水平

　　由控制试验和敏感性试验模拟的降水量差值分布可见（图 12.10），在整个东
亚-西北太平洋区域，降水量差值的正值区基本上与差值上升气流相对应；而降水
量差值的负值区基本上与差值下沉气流相对应。在 TC 活动主要路径上是一条从
热带西太平洋至中国东南部沿海的降水量差值正值带，降水量差值最大值超过
1100mm，位于菲律宾东北部洋面上。由于中国东部内陆地区对流层中低层为差
值下沉气流控制[图 12.9（b）]，从华南至华北控制试验模拟的降水量都比敏感性
试验小，位于华北南部的差值最小值超过−300mm。以往也有研究表明，西北太
平洋 TC 活动在梅雨期会造成长江中下游和华北地区形成异常下沉气流，抑制了
这些地方的对流活动，从而造成这些区域梅雨降水量减少（李鲸等，2011；朱哲
等，2017）。然而中国东南沿海和东部内陆地区却不相同，控制试验模拟的降水量
大于敏感性试验的模拟结果，降水量差值最大可达到 500mm。根据前人的研究结
果，西北太平洋 TC 在登陆过程中会给中国东南沿海带来大量降水，约占这些地

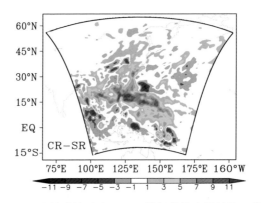

图 12.10　控制试验（CR）和敏感性试验（SR）模拟的降水量差值（单位：10^2mm）分布

方夏季降水总量的 20%～40%（Ren et al.，2002，2006；Zhang et al.，2013），其量值约与东南沿海降水量模拟差值相近。

为进一步研究西北太平洋 TC 活动对中国中东部降水的影响，绘制了 110°E～120°E 范围内平均降水率逐日演变的纬度-时间剖面，如图 12.11 所示。由图 12.11（a）可见，控制试验模拟的降水带从 6 月 1 日～7 月 10 日基本上位于 30°N 以南区域；7 月 10 日以后，30°N 以北出现降水率大值带，最北达到 45°N 附近，降水率最大值超过 10mm·d^{-1}；8 月上旬，降水带逐渐向南撤退至 30°N 以南地区。而敏感性试验模拟的降水带从 6 月 1 日～7 月 10 日也位于 30°N 以南区域；7 月 10 日以后，降水带逐渐向北移动至 35°N 附近；从 8 月初开始，降水带再次向北推进，并到达 40°N 以北；8 月下旬降水带逐渐向南撤退[图 12.11（b）]。从控制试验和敏感性试验模拟的降水率差值来看[图 12.11（c）]，从 6 月中旬开始在长江中下游出现降水差负值带并一直维持到 8 月初。此外，从 7 月中旬开始一条降水差负值带逐渐向北推进，在江淮之间停留半个月左右又继续向北推进到 40°N 以北并一直维持到 8 月底，并且在 8 月中下旬整个华南地区再次出现了降水差负值时段，但华南降水差正值时间维持较长。模拟降水率差值分布时间演变表明从江南到华北在不同时间段都出现了控制试验造成降水减少的情况，使得在夏季平均降水差图上从江南到华北呈现 TC 活动造成降水减少的分布特征（图 12.10），进一步验证了西北太平洋 TC 活动对中国中东部降水有显著影响的统计分析结果。

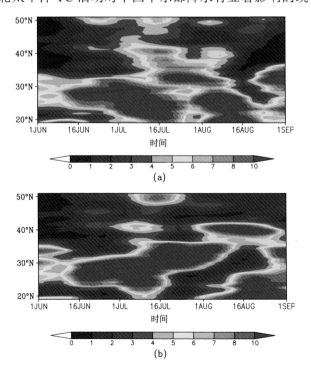

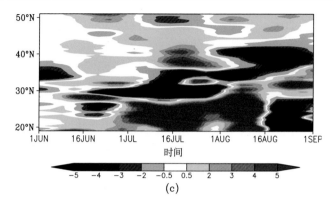

(c)

图 12.11　控制试验（a）、敏感性试验（b）模拟的 110°E～120°E 平均逐日降水率（单位：mm·d^{-1}）纬度-时间剖面及其差值（c）剖面

　　图 12.12 是控制试验和敏感性试验模拟的平均地面气温差值分布。由图可见，中国黄淮地区、日本中部以及北太平洋中部为地面气温差正值区，表明夏季西北太平洋 TC 活动会造成这些地区气温升高，差值最大值位于黄淮地区，超过 1.5℃。由上文的分析可以看出，这些地区的对流层中下层要么有差值下沉气流，要么是差值负相对涡度区（图 12.9）。在模式区域内的欧亚大陆上，中国黄淮地区以外均为地面气温差负值区，表明西北太平洋 TC 活动会使这些区域夏季温度降低，最大降温中心位于长江中下游地区，地面气温降温超过 2℃。第 9 章对西北太平洋夏季 TC 活跃年和不活跃年的合成统计分析表明，相对于 TC 不活跃年来说，TC 活跃年中国中东部以长江中下游为中心会出现 TC 反馈效应造成的夏季增温，而利用 Solik 个例的敏感性试验表明，TC 造成的增温区位于长江中下游北侧，比 TC 活跃年份和不活跃年份温度正差值带位置偏北（图 9.9），本章针对夏季 TC 活动的敏感性试验发现季节尺度上 TC 造成的增温范围位置更偏北，位于黄淮地区。

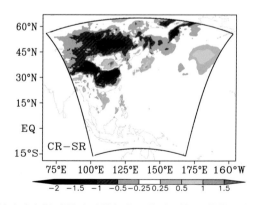

图 12.12　控制试验和敏感性试验模拟的平均地面气温差值分布（单位：℃）

12.4　热带气旋活动影响区域气候的物理机制

通过对 TC 活跃年和不活跃年以及控制试验和敏感性试验模拟结果的对比分析发现，夏季西北太平洋 TC 活动对区域气候有显著影响，能够导致东亚夏季风增强，WPSH、南亚高压和 EASJ 位置及强度发生变化，进而造成产生降水的动力和水汽条件，并引起东亚地区降水量和降水演变特征以及地面气温发生变化。然而，还需要进一步阐明西北太平洋 TC 活动影响东亚夏季气候演变的物理机制。以往的研究表明，西北太平洋 TC 活动能够激发准静止 Rossby 波，并进一步影响 PJ 遥相关型波列的强度，进而引起中高纬度地区大气环流变化（Nitta，1987；Kawamura and Ogasawara，2006）；与此同时，西北太平洋 TC 内部包含了大量对流活动，因此能够释放大量凝结潜热加热大气（Chen et al.，2017）。然而，以往揭示 TC 气候效应时，多利用再分析资料进行诊断研究（Hsu et al.，2008）。由于再分析资料包含了 TC 与大尺度环流相互作用的信息，无法完全消除 TC 的作用，难以得到没有 TC 活动情况下的大气环流演变规律，使得 TC 气候效应研究难以深入。本节将利用已经消除 TC 信息的敏感性试验模拟资料与包含 TC 作用的控制试验模拟资料，通过对所选择的 TC 活动过程进行对比分析，揭示西北太平洋 TC 活动产生气候效应的具体物理过程和机制。

图 12.13 是 2004 年 6 月 14 日～30 日 00 时间隔 2 天的控制试验和敏感性试验模拟的 500hPa 位势高度差值分布。由图可见，在 6 月 14 日 00 时，西北太平洋上有 3 个 TC，而在 TC 活动区域的西北侧存在着东北-西南向的位势高度差值波列，该波列上两个位势高度差负值中心分别位于中南半岛北部和日本东南侧洋面上，两个位势高度差正值中心分别位于中国华南和阿留申群岛西端上空。随着 TC 向北移动，波列状分布的位势高度差值中心位置和位相不断发生变化。16 日，原来的 3 个 TC 消亡了 1 个，阿留申群岛西端上空出现了位势高度差负值区，原来的位势高度差正值中心向西移动至堪察加半岛南部上空，而位于日本东南侧洋面上空的负差值中心仍然维持着。18 日，西北太平洋仍然有 2 个 TC，中心位于堪察加半岛南部上空的位势高度差正值区分裂为两个中心，一个依然位于堪察加半岛南部，另一个位于中纬度北太平洋日界线西侧，而位于日本东南部洋面上的位势高度差负值区减弱消失。到 20 日，TC 已全部消亡，其后西北太平洋上没有新的 TC 生成，但是前期 TC 造成的中高纬度地区位势高度差值波列仍然存在，且在大气内部动力过程作用下持续演变，但强度呈现振荡减弱趋势。从位势高度差值强度演变的趋势可以粗略地估计出 TC 消亡以后其造成的影响在中高纬度大气环流中还能维持 2 周左右。

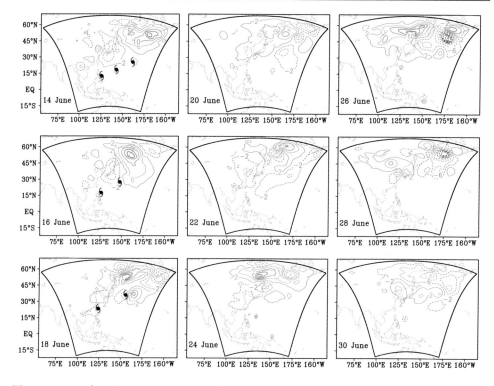

图 12.13　2004 年 6 月 14 日～30 日 00 时每隔 2 天控制试验和敏感性试验模拟的 500hPa 位势
高度差值（单位：dagpm）分布
图中黑色 TC 符号表示其中心所在位置

　　类似于图 12.13，图 12.14 给出了 2004 年 6 月 14 日～30 日 00 时每隔 2 天控制试验和敏感性试验模拟的 200hPa 位势高度差值分布。可见，TC 活动造成的200hPa 上位势高度差值也呈现出波列状分布，主要位于中高纬度的位势高度差值正值区和负值区的位置和位相与 500hPa 上基本相似，这是由于中高纬度大气对异常强迫的响应呈相当正压结构所致，但中高纬度 200hPa 位势高度差值的量值都比500hPa 大，这可能与 TC 造成的异常扰动在中高纬斜压大气中得到发展有关。

　　以上结果表明，西北太平洋 TC 活动激发了向北传播的遥相关波列，从而对中高纬度大气环流产生显著影响。这种影响并不仅仅存在于 TC 活动期间，在 TC消失以后仍然能在大气环流中维持半个月左右，而相比太平洋夏季通常在半个月内又会有新的 TC 生成，新 TC 造成的异常扰动会与消失 TC 所激发且继续维持的异常扰动相叠加，从而大气环流中不断会有 TC 的影响存在，形成 TC 的气候效应。为了更进一步揭示西北太平洋 TC 活动对中国东部天气气候的影响机理，沿117°E 分别做控制试验和敏感性试验在 200hPa 和 500hPa 位势高度差值的纬度-时间剖面，如图 12.15 所示。

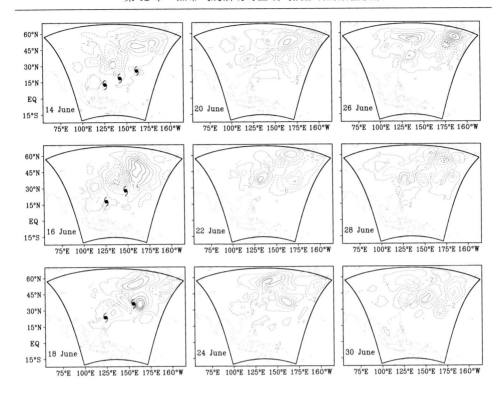

图 12.14　2004 年 6 月 14 日～30 日 00 时每隔 2 天控制试验和敏感性试验模拟的 200hPa 位势
高度差值（单位：dagpm）分布

图中黑色 TC 符号表示其中心所在位置

　　由图 12.15 可见，200hPa 和 500hPa 上由于 TC 活动导致的位势高度差演变基本相同，位势高度差随时间都存在波动变化，且在南北方向上通常都位相相反，呈现准定常波特征。从 6 月 1 日至 8 月 31 日，位势高度差值约出现 11 次位相转变，表明西北太平洋 TC 活动导致大气环流变化的平均周期约为 2 周，这与 TC 的平均生命史为 1 周有关。在 200hPa 的低纬度地区，位势高度差基本上是正值，而在 500hPa 的低纬度地区，从 7 月中旬开始，位势高度差值基本为负值，说明低纬度大气对 TC 存在直接斜压响应，而高纬度大气对 TC 存在间接正压响应。直观上看，低纬度地区 TC 释放的凝结潜热加热了对流层中上层大气，导致对流层上层位势高度升高，但 TC 本身是一种强烈的低压系统，能够导致周围位势高度明显降低，因此在对流层中层，尽管有非绝热加热作用，位势高度还是出现明显的负异常。以下通过对热力学方程进行数值计算研究 TC 对对流层上层温度变化的影响，解释 TC 强迫造成位势高度变化的原因。

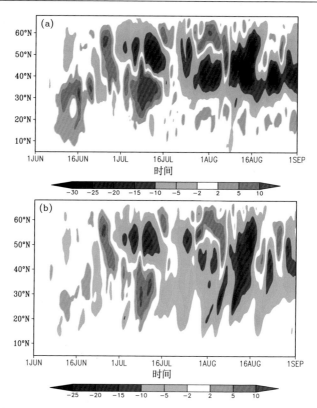

图 12.15　控制试验和敏感性试验模拟的 200hPa（a）和 500hPa（b）位势高度差值沿 117°E 的
纬度-时间剖面（单位：gpm）

热力学方程可写成如下形式：

$$\frac{\partial T}{\partial t} = -\vec{V} \cdot \nabla T - \omega \left(\frac{\partial T}{\partial p} - \frac{1}{C_p \rho} \right) + \frac{\dot{Q}}{C_p} \tag{12.2}$$

$$\text{TT}\qquad\text{HT}\qquad\qquad\text{VT}\qquad\quad\text{DH}$$

式中，T 表示气温；p 表示气压；$\vec{V}$ 表示水平风矢量；$\omega = \mathrm{d}p / \mathrm{d}t$ 表示垂直速度；ρ 表示空气密度；C_p 表示干空气比定压热容；$\dot{Q} / C_p$ 表示非绝热加热率。

分别计算了控制试验和敏感性试验模拟的 500～300hPa 平均温度倾向（TT）差值、温度水平平流（HT）差值、垂直输送（VT）差值和非绝热加热率（DH）差值，结果如图 12.16 所示。由图 12.16（a）可见，夏季对流层中上层平均气温倾向差有一个正值增温带和一个负值降温带，增温带和降温带均呈西南-东北向，两个增温中心分别位于海南岛南部和北太平洋中纬度日界线西侧，而两个降温中心分别位于中国华北和阿留申群岛西端上空。增温带和降温带位置分布表明 TC

的作用使得东亚-西太平洋地区对流层中上层经向温度梯度加大,从而会对夏季副热带高空急流强度和位置产生影响[图 12.8(c)]。从造成温度变化的 3 种物理过程量值看,VT 和 DH 的量值不论是低纬度还是高纬度都是最大的[图 12.16(c)和图 12.16(d)],其次是 HT 的作用,只在热带外区域比较大,热带地区 2 个试验模拟的平均 HT 差异很小[图 12.16(b)],并且 3 种物理过程的量值都比 TT 大 1 个量级以上。由于量值最大的 VT 和 DH 水平分布的位相几乎完全相反,并且和 TT 的分布没有相似之处,表明这两种物理过程在热力学上处于准平衡状态,两者的非平衡部分才是对 TT 有贡献的分量。此外,虽然直观上看 HT 和 TT 的分布有一定的相似之处,但两者的分布差异仍然很大,并且 HT 的量值也远高于 TT,所以 TT 是三种物理过程共同作用的结果。

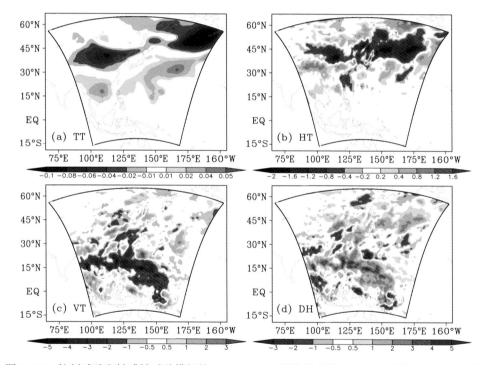

图 12.16 控制试验和敏感性试验模拟的 500~300hPa 平均温度倾向(TT)差值(a)、温度水平平流(HT)差值(b)、垂直输送(VT)差值(c)和非绝热加热率(DH)差值(d)分布(单位:K·d^{-1})

为了进一步证实西北太平洋 TC 造成的非绝热加热对温度变化的作用,绘制了西北太平洋每天有 2 个以上 TC 活动时期(6 月 6 日 00 时~6 月 19 日 18 时、7 月 4 日 12 时~7 月 15 日 06 时、8 月 1 日 00 时~8 月 5 日 06 时、8 月 11 日 18 时~8 月 27 日 00 时,参见图 12.5)控制试验和敏感性试验模拟的 500~300hPa

平均温度倾向差值、温度水平平流差值、垂直输送差值和非绝热加热率差值分布图，结果如图 12.17 所示。可见，图 12.17 中各项的分布与图 12.16 几乎完全相同，且对比图 12.17（a）和图 12.16（a）可以看到有 TC 活动期间 TT 的量值达到夏季平均值的 2 倍以上，由此进一步证实 TC 活动是 TT 在夏季平均图上呈现增加经向温度梯度分布格局的主要原因。没有 TC 活动时期控制试验和敏感性试验模拟的 500～300hPa 相应的各项分布则与有 TC 活动时期完全不同（图略）。

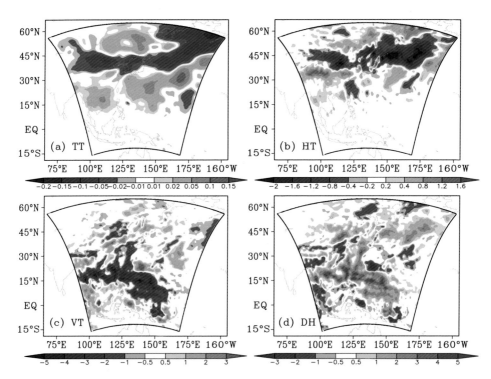

图 12.17　西北太平洋每天有 2 个以上 TC 活动时期控制试验和敏感性试验模拟的 500～300hPa 平均温度倾向（TT）差值（a）、温度水平平流（HT）差值（b）、垂直输送（VT）差值（c）和非绝热加热率（DH）差值（d）分布（单位：K·d^{-1}）

西北太平洋 TC 是一种强对流性系统，在其活动过程中释放了大量凝结潜热，从而能够在热带地区激发出准静止 Rossby 波，并增强 PJ 遥相关型波列的强度，从而进一步影响中高纬度地区的天气系统（Nitta，1987；Kawamura and Ogasawara，2006；Chen et al.，2017）。本章控制试验和敏感性试验对比分析证明 TC 活动能在季节平均尺度上激发出准静止波列，而与 TC 潜热释放造成的经向温度梯度系统性变化是 TC 反馈东亚-西北太平洋大尺度环流的驱动机制。

参 考 文 献

曹勇, 江静. 2011. 台风季中国热带气旋降水的典型模态及显著影响因子. 南京大学学报(自然科学版), 47(1): 60-70.

陈光华, 黄荣辉. 2006. 西北太平洋热带气旋和台风活动若干气候问题的研究. 地球科学进展, 21(6): 610-616.

陈联寿, 丁一汇. 1979. 西太平洋台风概论. 北京: 科学出版社.

陈隆勋, 邵永宁, 张清芬, 等. 1991. 近四十年我国气候变化的初步分析. 应用气象学报, 2(2): 164-174.

陈宪, 钟中, 江静, 等. 2019. 西北太平洋热带气旋活动影响区域大尺度环流的数值模拟研究. 地球物理学报, 62(2): 489-498.

哈瑶, 钟中. 2012. 两类 La Niña 事件期间西北太平洋热带气旋频数的差异. 中国科学: 地球科学, 9: 1346-1357.

黄士松. 1963. 副热带高压的东西向移动及其预报的研究. 气象学报, 33(3): 320-332.

黄士松. 1979. 西太平洋高压的一些研究. 气象, 10: 1-3.

李崇银. 1985. 厄尔尼诺与西太平洋台风活动. 科学通报, 14: 1087-1089.

李鲸, 江静, 张云谨. 2011. 江淮梅雨与西太平洋热带气旋的关系. 云南大学学报(自然科学版), 33(S1): 197-199.

李英, 陈联寿, 王继志. 2004. 登陆热带气旋长久维持与迅速消亡的大尺度环流特征. 气象学报, 62(2): 167-179.

林惠娟, 张耀存. 2004. 影响我国热带气旋活动的气候特征及其太平洋海温的关系. 热带气象学报, 20(2): 218-224.

刘杰, 况雪源, 张耀存. 2010. 对流层上层东半球副热带西风急流与副热带(南亚)高压的关系. 气象科学, 30(1): 34-41.

刘屹岷, 吴国雄, 刘辉, 等. 1999. 空间非均匀加热对副热带高压形成和变异的影响——III. 凝结潜热加热与南亚高压及西太平洋副高. 气象学报, 57(5): 525-538.

刘正奇, 刘玉国, 哈瑶, 等. 2013. 赤道太平洋次表层海温模态在 ENSO 循环中的作用. 热带气象学报, 29(2): 255-261.

罗哲贤. 1994. 能量频散对台风结构和移动的作用. 气象学报, 52(2): 149-156.

罗哲贤. 2001. 热带气旋对副热带高压短期时间尺度变化的影响. 气象学报, 59(5): 549-559.

任福民, Byron G, David E. 2001. 一种识别热带气旋降水的数值方法. 热带气象学报, 17(3): 308-313.

任素玲, 刘屹岷, 吴国雄. 2007. 西太平洋副热带高压和台风相互作用的数值试验研究. 气象学报, 65(3): 329-340.

苏志重, 余锦华, 孙丞虎, 等. 2010. IPRC 区域气候模式对西北太平洋热带气旋潜在预测能力的初步检验. 热带气象学报, 26(2): 165-173.

孙秀荣, 端义宏. 2003. 对东亚夏季风与西北太平洋热带气旋频数关系的初步分析. 大气科学,

27(1): 67-74.

陶丽, 靳甜甜, 濮梅娟, 等. 2013. 西北太平洋热带气旋气候变化的若干研究进展. 大气科学学报, 36(4): 504-512.

涂长望, 黄士松. 1944. 中国夏季风之进退. 气象学报, 18: 81-92.

王咏梅, 任福民, 李维京, 等. 2008. 中国台风降水的气候特征. 热带气象学报, 24(3): 233-238.

王雨星, 钟中, 孙源, 等. 2017. 两种边界层参数化方案模拟热带气旋 Megi(2010)路径差异的机理分析. 地球物理学报, 60: 2545-2555.

卫捷, 杨辉, 孙淑清. 2004. 西太平洋副热带高压东西位置异常与华北夏季酷暑. 气象学报, 62(3): 308-316.

吴国雄, 丑纪范, 刘屹岷, 等. 2003. 副热带高压研究进展及展望. 大气科学, 27(5): 503-517.

吴国雄, 刘屹岷, 任荣彩, 等. 2004. 定常态副热带高压与垂直运动的关系. 气象学报, 62(5): 587-597.

徐祥德, 陈联寿, 解以扬, 等. 1998. TCM-90 现场试验台风能量频散波列特征. 气象学报, 56(2): 129-138.

余志豪, 葛孝贞. 1983. 副热带高压脊线季节活动的数值试验 I. 太阳辐射加热作用. 海洋学报, 5(6): 694-708.

袁媛, 李崇银. 2009. 热带印度洋海温异常不同模态对南海夏季风爆发的可能影响. 大气科学, 33(2): 325-336.

张庆云, 陶诗言. 1988. 夏季东亚热带和副热带季风与中国东部汛期降水. 应用气象学报, 9(S1): 17-23.

钟中. 1991. 东亚地区加热场对副高东西进退影响的数值试验. 热带气象, 7(4): 332-339.

朱洪岩, 陈联寿, 徐祥德. 2000. 中低纬度环流系统的相互作用及其暴雨特征的模拟研究. 大气科学, 24(5): 669-675.

竺可桢. 1934. 东南季风与中国之雨量. 地理学报, 1(1): 1-27.

朱乾根, 林锦瑞, 寿绍文, 等. 2015. 天气学原理和方法. 4 版. 北京: 气象出版社.

朱哲, 钟中, 哈瑶. 2017. 江淮梅雨与梅雨期西北太平洋热带气旋的关系. 气象科学, 37: 522-528.

Alexander L V, Zhang X, Peterson T C, et al. 2006. Global observed changes in daily climate extremes of temperature and precipitation. Journal of Geophysical Research: Atmospheres, 111(D5): 1042-1063.

Archambault H M, Keyser D, Bosart L F, et al. 2015. A composite perspective of the extropical flow response to recurving western north Pacific tropical cyclones. Monthly Weather Review, 143: 1122-1141.

Ashok K, Behera S K, Rao S A, et al. 2007. El Niño Modoki and its possible teleconnection. Journal of Geophysical Research, 112: C11007.

Ashok K, Yamagata T. 2009. Climate change: The El Niño with a difference. Nature, 461: 481-484.

Atkinson G. 1977. Proposed system for near real time monitoring of global tropical circulation and weather patterns. Preprints of 11th Tech. Conf. on Hurricanes and Tropical Meteorology, American Meteor Society, FL, Miami: 645-652.

Balaguru K, Chang P, Saravanan R, et al. 2012. Ocean barrier layers' effect on tropical cyclone intensification. Proceedings of the National Academy of Sciences of the United States of America, 109(36): 14343-14347.

Balaguru K, Foltz G R, Leung L R, et al. 2016. Global warming-induced upper-ocean freshening and the intensification of super typhoons. Nature Communications, 7: 13670.

Bates N R, Knap A H, Michaels A F. 1998. Contribution of hurricanes to local and global estimates of air-sea exchange of CO_2. Nature, 395: 58-61.

Cai W, Cowan T. 2009. La Niña Modoki impacts Australia autumn rainfall variability. Geophysical Research Letters, 36: L12805.

Camargo S J, Emanuel K A, Sobel A H. 2007. Use of a genesis potential index to diagnose ENSO effects on tropical cyclone genesis. Journal of Climate, 20: 4819-4834.

Camargo S J, Sobel A H. 2005. Western North Pacific tropical cyclone intensity and ENSO. Journal of Climate, 18: 2996-3006.

Camargo S J, Sobel A H. 2007. Workshop on tropical cyclones and climate. Bulletin of the American Meteorological Society, 88: 389-391.

Chan J C L. 1985. Tropical cyclone activity in the northwest Pacific in relation to the El Niño/Southern Oscillation phenomenon. Monthly Weather Review, 113: 599-606.

Chan J C L. 2000. Tropical cyclone activity over the western North Pacific associated with El Niño and La Niña events. Journal of Climate, 13: 2960-2972.

Chan J C L. 2006. Comment on "Change in tropical cyclone number, duration, and intensity in a warming environment". Science, 311: 1713b.

Chand S, McBride J, Tory K, et al. 2013. Impact of different ENSO regimes on southwest Pacific tropical cyclones. Journal of Climate, 26: 600-608.

Chen C S. 1964. On the formation of the thermal wind equilibrium state in a simple baroclinic atmosphere. Science China, 13(2): 279-289.

Chen G. 2011. How does shifting Pacific Ocean warming modulate on tropical cyclone frequency over the South China Sea? Journal of Climate, 24: 4695-4700.

Chen G, Tam C Y. 2010. Different impacts of two kinds of Pacific Ocean warming on tropical cyclone frequency over the western North Pacific. Geophysical Research Letters, 37: L01803.

Chen H. 2015. Downstream development of baroclinic waves in the midlatitude jet induced by extratropical transition: A case study. Advances in Atmospheric Sciences, 32: 528-540.

Chen T C, Wang S Y, Yen M C. 2006. Interannual variation of the tropical cyclone activity over the western North Pacific. Journal of Climate, 19: 5709-5720.

Chen T C, Wang S Y, Yen M C, et al. 2004. Role of the monsoon gyre in the interannual variation of tropical cyclone formation over the western North Pacific. Weather and Forecast, 19: 776-785.

Chen X, Zhong Z, Lu W. 2017. Association of the poleward shift of East Asian subtropical upper level jet with frequent tropical cyclone activities over the western North Pacific in summer. Journal of Climate, 30: 5597-5603.

Chen X, Zhong Z, Lu W. 2018. Mechanism study of tropical cyclone impact on East Asian subtropical upper-level jet: A numerical case investigation. Asia-Pacific Journal of Atmospheric Sciences, 54: 575-585.

Chia H H, Ropelewski C F. 2002. The interannual variability in the genesis location of tropical cyclones in the northwest Pacific. Journal of Climate, 15: 2934-2944.

Choi E H, Chun H Y. 2014. Generation mechanisms of convectively induced internal gravity waves in a three-dimensional framework. Asia-Pacific Journal of Atmospheric Sciences, 50(2): 163-177.

Choi K S, Cha Y, Kim H D, et al. 2016. Possible relationship between East Asian summer monsoon and western North Pacific tropical cyclone genesis frequency. Theoretical and Applied Climatology, 124: 81-90.

Choi K S, Wu C C, Cha E J. 2010. Change of tropical cyclone activity by Pacific-Japan teleconnection pattern in the western North Pacific. Journal of Geophysical Research, 115: D19114.

Christopher A D, Simon L N. 2001. A report prepared for the air force weather agency(AFWA). Colorado: National Center for Atmospheric Research.

Chu P S, Clark J D. 1999. Decadal variations of tropical cyclone activity over the central North Pacific. Bulletin of the American Meteorological Society, 80: 1875-1882.

Ding T, Qian W H, Yan Z W. 2010. Changes in hot days and heat waves in China during 1961-2007. International Journal of Climatology, 30: 1452-1462.

Du Y, Yang L, Xie S P. 2011. Tropical Indian Ocean influence on Northwest Pacific tropical cyclones in summer following strong El Niño. Journal of Climate, 24: 315-322.

Eisenman I, Yu L, Tziperman E. 2005. Westerly wind bursts: ENSO's tail rather than the dog? Journal of Climate, 18: 5224-5238.

Elsner J B, Kossin J P, Jagger T H. 2008. The increasing intensity of the strongest tropical cyclones. Nature, 455: 92-95.

Emanuel K. 1987. The dependence of hurricane intensity on climate. Nature, 326: 483-485.

Emanuel K. 2001. Contribution of tropical cyclones to meridional heat transport by the oceans. Journal of Geophysical Research, 106: 771-781.

Emanuel K. 2005. Increasing destructiveness of tropical cyclones over the past 30 years. Nature, 436: 686-688.

Emanuel K, Nolan D S. 2004. Tropical cyclone activity and global climate. Preprints, 26th Conf. on Hurricanes and Tropical Meteorology, American Meteor Society, Miami, FL: 240-241.

Emanuel K, Ravela S, Vivant E, et al. 2006. A statistical deterministic approach to hurricane risk assessment. Bulletin of the American Meteorological Society, 87: 299-314.

Frank W M, Young G S. 2007. The interannual variability of tropical cyclone. Monthly Weather Review, 135: 3587-3598.

Fredrick S, Davis C, Gill D, et al. 2009. Bogussing of tropical cyclones in WRF version 3.1, vol. 6, National Center for Atmospheric Research, Boulder, Colorado, USA.

Gao S, Wang J, Ding Y. 1988. The triggering effect of near-equatorial cyclones on El Niño. Advances in Atmospheric Sciences, 5: 87-95.

Garillo A, Ruti P M, Navarra A. 2000. Storm tracks and zonal mean flow variability: a comparison between observed and simulated data. Climate Dynamics, 16: 219-228.

Gentry M A, Lackmann G M. 2010. Sensitivity of simulated tropical cyclone structure and intensity to horizontal resolution. Monthly Weather Review, 138: 688-704.

Gill A E. 1980. Some simple solutions for heat-induced tropical circulation. Quarterly Journal of the Royal Meteorological Society, 106: 447-462.

Grams C M, Archambault M H. 2016. The key role of diabatic outflow in amplifying the midlatitude flow: A representative case study of weather systems surrounding western North Pacific extratropical transition. Monthly Weather Review, 144: 3847-3869.

Ha Y, Zhong Z, Hu Y J, et al. 2013a. Influences of ENSO on western North Pacific tropical cyclone kinetic energy and its meridional transport. Journal of Climate, 26: 322-332.

Ha Y, Zhong Z, Sun Y, et al. 2014a. Decadal change of South China Sea tropical cyclone activity in mid-1990s and its possible linkage with intraseasonal variability. Journal of Geophysical Research, 119: 5331-5344.

Ha Y, Zhong Z, Yang X Q. 2013b. Eastward shift of Northwest Pacific tropical cyclone genesis frequency anomaly in decaying El Niño. Journal of the Meteorological Society of Japan, 91: 597-608.

Ha Y, Zhong Z, Yang X Q, et al. 2013d. Different Pacific Ocean warming decaying types and Northwest Pacific tropical cyclone activity. Journal of Climate, 15: 8979-8994.

Ha Y, Zhong Z, Zhu Y M, et al. 2013c. Contributions of barotropic energy conversion to the Northwest Pacific tropical cyclone during ENSO. Monthly Weather Review, 141: 1337-1346.

Ha Y, Zhong Z, Yang X Q, et al. 2014b. Contribution of East Indian Ocean SSTA to Northwest Pacific Tropical Cyclone Activity under El Niño/La Niña Conditions. International Journal of Climatology, 35: 506-519.

Harr P A, Elsberry R L. 1991. Tropical cyclone track characteristics as a function of large-scale circulation anomalies. Monthly Weather Review, 119: 1448-1468.

Harr P A, Elsberry R L. 1995. Large-scale circulation variability over the tropical western North Pacific. Part Ⅰ: Spatial patterns and tropical cyclone characteristics. Monthly Weather Review, 123: 1225-1246.

Harrison D E, Giese B S. 1991. Episodes of surface westerly winds as observed from islands in the western tropical Pacific. Journal of Geophysical Research, 96: 3221-3237.

Henderson-Sellers A, Zhang H, Berz G, et al., 1998. Tropical cyclones and global climate change: A post-IPCC assessment. Bulletin of the American Meteorological Society, 79: 19-38.

Hendon H H, Liebman B, Glick J D. 1998. Oceanic Kelvin waves and the Madden-Julian oscillation. Journal of the Atmospheric Sciences, 55: 88-101.

Ho C H, Baik J J, Kim J H, et al. 2004. Interdecadal changes in summertime typhoon tracks. Journal of Climate, 17: 1767-1776.

Holland G J. 1997. The maximum potential intensity of tropical cyclones. Journal of the Atmospheric Sciences, 54: 2519-2541.

Holland G, Bruyère C L. 2014. Recent intense hurricane response to global climate change. Climate Dynamics, 42: 617-627.

Hong C C, Li Y H, Li T, et al. 2011. Impacts of central Pacific and eastern Pacific El Niño on tropical cyclone tracks over the western North Pacific. Geophysical Research Letters, 38: L16712.

Horsfall F. 2000. Climatological analysis of tropical cyclogenesis in the North Atlantic and eastern North Pacific basins. 24th Conference on Hurricanes and Tropical Meteorology, American Meteor Society, 53-54.

Hoyos C D, Agudelo P A, Webster P J, et al. 2006. Deconvolution of the factors contributing to the increase in global hurricane intensity. Science, 312: 94-97.

Hsu H H, Hung C H, Lo A K, et al. 2008. Influence of tropical cyclones on the estimation of climate variability in the tropical Western North Pacific. Journal of Climate, 21: 2960-2975.

Huang R, Sun F. 1992. Impacts of the tropical western Pacific on the East Asia summer monsoon. Journal of the Meteorological Society of Japan, 70: 243-256.

Jansen M, Ferrari R. 2009. Impact of the latitudinal distribution of tropical cyclones on ocean heat transport. Geophysical Research Letters, 36: 150-164.

Kao H Y, Yu J Y. 2009. Contrasting eastern Pacific and central Pacific types of ENSO. Journal of Climate, 22: 615-631.

Kasahara A, Platzman G W. 1963. Interaction of a hurricane with the steering flow and its effect upon the hurricane trajectory. Tellus, 4: 321-335.

Kawamura R, Ogasawara T. 2006. On the role of typhoons in generating P-J teleconnection patterns over the Western North Pacific in late summer. Science Online Letters on the Atmosphere, 2: 37-40.

Keen R A. 1982. The role of cross-equatorial tropical cyclone pairs in the Southern Oscillation. Monthly Weather Review, 110: 1405-1416.

Kim D, Jin C S, Ho C H, et al. 2015. Climatological features of WRF-simulated tropical cyclones over the western North Pacific. Climate Dynamics, 44: 3223-3235.

Kim H M, Webster P J, Curry J A. 2009. Impact of shifting patterns of Pacific Ocean warming on North Atlantic tropical cyclones. Science, 325: 77-80.

Kim H M, Webster P J, Curry J A. 2011. Modulation of North Pacific tropical cyclone activity by three phases of ENSO. Journal of Climate, 24: 1839-1849.

Kim J H, Ho C H, Chu P S. 2010. Dipolar redistribution of summertime tropical cyclone genesis between the Philippine Sea and the northern South China Sea and its possible mechanisms. Journal of Geophysical Research, 115: D06104.

Kindle J C, Phoebus P A. 1995. The ocean response to operational westerly wind bursts during the 1991-1992 El Niño. Journal of Geophysical Research, 100: 4893-4920.

Klein S A, Soden B J, Lau N C. 1999. Remote sea surface temperature variations during ENSO: Evidence for a tropical atmospheric bridge. Journal of Climate, 12: 917-932.

Klotzbach P, Landsea C. 2015. Extremely intense hurricanes: Revisiting Webster et al. (2005) after 10 years. Journal of Climate, 28: 7621-7629.

Korty R L, Emanuel K A, Scott J R. 2008. Tropical cyclone induced upper ocean mixing and climate: Application to equable climates. Journal of Climate, 21: 638-654.

Kossin J P, Emanuel K A, Vecchi G A. 2014. The poleward migration of the location of tropical cyclone maximum intensity. Nature, 509: 349-352.

Kubota H, Kosaka Y, Xie S P. 2016. A 117-year long index of the Pacific-Japan pattern with application to interdecadal variability. International Journal of Climatology, 36: 1575-1589.

Kubota H, Wang B. 2009. How much do tropical cyclones affect seasonal and interannual rainfall variability over the Western North Pacific. Journal of Climate, 15: 5495-5510.

Kug J S, Jin F F, An S I. 2009. Two types of El Niño events: Cold tongue El Niño and warm pool El Niño. Journal of Climate, 22: 1499-1515.

Kurihara Y, Bender M A, Ross R J. 1993. An initialization scheme of hurricane models by vortex specification. Monthly Weather Review, 121: 2030-2045.

Lander M A. 1990. Evolution of the cloud pattern during the formation of tropical cyclone twins symmetrical with respect to the equator. Monthly Weather Review, 118: 1194-1202.

Landman W A, Seth A, Camargo S J. 2005. The effect of regional climate model domain choice on the simulation of tropical cyclone-like vortices in the southwestern Indian Ocean. Journal of Climate, 18: 1263-1274.

Landsea C W. 2005. Hurricanes and global warming. Nature, 438: E11-13.

Landsea C W, Nicholls N, Gray W M, et al. 1996. Downward trends in the frequency of intense Atlantic hurricanes during the past five decades. Geophysical Research Letters, 23: 1697-1700.

Larkin N K, Harrison D E. 2005. Global seasonal temperature and precipitation anomalies during El Niño autumn and winter. Geophysical Research Letters, 32: L16705.

Lau K H, Lau N C. 1992. The energetics and propagation dynamics of tropical summertime synoptic-scale disturbances. Monthly Weather Review, 120: 2523-2539.

Lee T, McPhaden M J. 2010. Increasing intensity of El Niño in the central-equatorial Pacific. Geophysical Research Letters, 37: L14603.

Liao Z J, Zhang Y C. 2013. Concurrent variation between the East Asian subtropical jet and polar front jet during persistent snowstorm period in 2008 winter over southern China. Journal of Geophysical Research Atmospheres, 118: 6360-6373.

Liu Y M, Wu G X. 2004. Progress in the study on the formation of the summertime subtropical anticyclone. Advances in Atmospheric Sciences, 21: 322-342.

Liu Y M, Wu G X, Liu H, et al. 2001. Dynamical effects of condensation heating on the subtropical anticyclones in the Eastern Hemisphere. Climate Dynamics, 17: 327-338.

Lloyd I D, Vecchi G A. 2011. Observational evidence for oceanic controls on hurricane intensity. Journal of Climate, 24: 1138-1153.

Lonfat M, Marks F D Jr, Chen S S. 2004. Precipitation distribution in tropical cyclones using the Tropical Rainfall Measuring Mission (TRMM) microwave imager: A global perspective. Monthly Weather Review, 132: 1645-1660.

Low-Nam S, Davis C. 2001. Development of a tropical cyclone bogussing scheme for the MM5 system. Proc. 11th PSU/NCAR Mesoscale Model Users Workshop, Boulder, CO, National Center for Atmospheric Research, 130-134.

Lu R Y. 2004. Associations among the components of the East Asian summer monsoon system in the meridional direction. Journal of the Meteorological Society of Japan, 82: 155-165.

Lu R Y, Lin Z D. 2009. Role of subtropical precipitation anomalies in maintaining the summertime meridional teleconnection over the western North Pacific and East Asia. Journal of Climate, 22: 2058-2072.

Lu R Y, Ye H, Jhun J G. 2011. Weakening of interannual variability in the summer East Asian upper-tropospheric westerly jet since the mid-1990s. Advances in Atmospheric Sciences, 28: 1246-1258.

Lucas C, Timbal B, Nguyen H. 2014. The expanding tropics: A critical assessment of the observational and modeling studies. WIREs Climate Change, 5: 89-112.

Maloney E D, Hartmann D L. 2001. The Madden-Julian oscillation, barotropic dynamics, and North Pacific tropical cyclone formation. Part I : Observations. Journal of the Atmospheric Sciences, 58: 2545-2558.

Manganello J V, Hodges K I, Kinter J L, et al. 2012. Tropical cyclone climatology in a 10-km global atmospheric GCM: Toward weather-resolving climate modeling. Journal of Climate, 25: 3867-3893.

Matsuno T. 1966. Quasi-geostrophic motions in the equatorial area. Journal of the Meteorological Society of Japan, 44: 25-43.

Matsuura T, Yumoto M, Iizuka S. 2003. A mechanism of interdecadal variability of tropical cyclone activity over the western North Pacific. Climate Dynamics, 21: 105-117.

Mei W, Primeau F, Mcwilliams J C, et al. 2013. Sea surface height evidence for long-term warming effects of tropical cyclones on the ocean. Proceedings of the National Academy of Sciences, 110(38):15207-15210.

Mei W, Xie S P. 2016. Intensification of landfalling typhoons over the northwest Pacific since the late 1970s. Nature Geoscience, 9: 753-757.

Nitta T. 1987. Convective activities in the tropical Western Pacific and their impact on the Northern Hemisphere summer circulation. Journal of the Meteorological Society of Japan, 65: 373-390.

Ohba M, Ueda H. 2009. Role of nonlinear atmospheric response to SST on the asymmetric transition process of ENSO. Journal of Climate, 22: 177-192.

Okumura Y M, Deser C. 2010. Asymmetry in the duration of El Niño and La Niña. Journal of Climate, 23: 5826-5843.

Osuri K K, Mohanty U C, Routray A, et al. 2012. Customization of WRF-ARW model with physical parameterization schemes for the simulation of tropical cyclone over the North India Ocean. Natural Hazards, 63: 1337-1359.

Pasquero C, Emanuel K. 2008. Tropical cyclones and transient upper-ocean warming. Journal of Climate, 21: 149-162.

Peixoto J P, Oort A H. 1992. Physics of climate. Reviews of Modern Physics, 56(3): 365-429.

Pielke R A. 2005. Are there trends in hurricane destruction? Nature, 438: E11.

Pudov V D, Petrichenko S A. 1998. Relationship between the evolution of tropical cyclones in the North western Pacific and El Niño. Oceanology, 38: 447-452.

Qian C H, Zhang F Q, Green B W, et al. 2013. Probabilistic evaluation of the dynamics and prediction of Supertyphoon Megi(2010). Weather & Forecasting, 28: 1562-1577.

Qian X, Yao Y Q, Li J R, et al. 2012. Analysis of all-China sunshine conditions of site selection for large solar telescopes. Chinese Astronomy and Astrophysics, 36: 445-456.

Ren F M, Gleason B, Easterling D. 2002. Typhoon impacts on China's precipitation during 1957-1996. Advances in Atmospheric Sciences, 19(5): 943-952.

Ren F M, Wu G X, Dong W J, et al. 2006. Changes in tropical cyclone precipitation over China. Geophysical Research Letters, 33: L20702.

Ren X J, Yang D, Yang X Q. 2015. Characteristics and mechanisms of the subseasonal eastward extension of the South Asian High. Journal of Climate, 28: 6799-6822.

Ritchie E A, Holland G J. 1999. Large-Scale patterns associated with tropical cyclogenesis in western Pacific. Monthly Weather Review, 127: 2027-2043.

Rodgers E B, Adler R F, Pierce H F. 2001. Contribution of tropical cyclones to the North Atlantic basin climatological rainfall as observed from satellites. Journal of Applied Meteorology, 40: 1785-1800.

Sampe T, Xie S P. 2010. Large-scale dynamics of the Meiyu-Baiu rainband: Environmental forcing by the westerly jet. Journal of Climate, 23: 113-133.

Seiki A, Takayabu Y N. 2007. Westerly wind bursts and their relationship with intraseasonal variations and ENSO. Part II: Energetics over the western and central Pacific. Monthly Weather Review, 135: 3346-3361.

Shapiro L J. 1978. The vorticity budget of a composite African tropical wave disturbance. Monthly Weather Review, 106: 806-817.

Shi J J, Chang S W J, Raman S. 1990. A numerical study of the outflow layer of tropical cyclones. Monthly Weather Review, 118: 2042-2055.

Skamarock C W, Klemp B J, Dudhia J, et al. 2008. A Description of the Advanced Research WRF Version 3. NCAR Technical Note NCAR/TN-475+STR.

Sobel A H, Camargo S J. 2005. Influence of western North Pacific tropical cyclones on their large-scale environment. Journal of Climate, 62: 3396-3407.

Sobel A H, Maloney E D. 2000. Effect of ENSO and MJO on the western North Pacific tropical cyclones. Geophysical Research Letters, 27: 1739-1742.

Solomon S, Qin D, Manning M, et al. 2007. Working Group I to the Fourth Assessment Report of The Intergovernmental Panel on Climate Change. Climate Change 2007: The Physical Science Basis. IPCC AR4 Report, Cambridge: Cambridge University Press.

Soon W, Dutta K, Legates D R, et al. 2011. Variation in surface air temperature of China during the 20th century. Journal of Atmospheric and Solar-Terrestrial Physics, 73: 2331-2344.

Sprintall J, Tomczak M. 1992. Evidence of the barrier layer in the surface layer of the tropics. Journal of Geophysical Research, 97: 7305.

Sriver R L. 2013. Observational evidence supports the role of tropical cyclones in regulating climate. Proceedings of the National Academy of Sciences of the United States of America, 110: 15173-15174.

Sriver R L, Huber M. 2006. Low frequency variability in globally integrated tropical cyclone power dissipation. Geophysical Research Letters, 33: L11705.

Sriver R L, Huber M. 2007. Observational evidence for an ocean heat pump induced by tropical cyclones. Nature, 447: 577-580.

Sriver R L, Huber M, Nusbaumer J. 2008. Investigating tropical cyclone-climate feedbacks using the TRMM microwave imager and the quick scatterometer. Geochemistry Geophysics Geosystems, 9: Q09V11.

Steenburgh W J, Holton J R. 1993. On the interpretation of geopotential height tendency equations. Monthly Weather Review, 121: 2642-2645.

Sun Y, Zhong Z, Dong H, et al. 2015a. Sensitivity of tropical cyclone track simulation over western north pacific to different heating/drying rates in the Betts-Miller-Janjic Scheme. Monthly Weather Review, 143: 3478-3494.

Sun Y, Zhong Z, Lu W. 2015b. Sensitivity of tropical cyclone feedback on the intensity of the western Pacific subtropical high to microphysics schemes. Journal of Atmospheric Sciences, 72: 1346-1368.

Sun Y, Zhong Z, Lu W, et al. 2014. Why are tropical cyclone tracks over the western North Pacific sensitive to the cumulus parameterization scheme in regional climate modeling? A case study for Megi(2010). Monthly Weather Review, 142: 1240-1249.

Tang Q, Xie L, Lackmann G M, et al. 2013. Modeling the impacts of the large-scale atmospheric environment on inland flooding during the landfall of hurricane Floyd(1999). Advances in Meteorology, 2013: 1-16.

Tao L, Wu L, Wang Y, et al. 2012. Influence of tropical Indian Ocean warming and ENSO on tropical cyclone activity over the western North Pacific. Journal of the Meteorological Society of Japan, 90: 127-144.

Tao W K, Shi J J, Lang S, et al. 2011. The impact of microphysical schemes on hurricane intensity and track. Asia-Pacific Journal of Atmosphere Sciences, 47: 1-16.

Tu J Y, Chou C, Chu P S. 2009. The abrupt shift of typhoon activity in the vicinity of Taiwan and its association with western North Pacific-East Asian climate change. Journal of Climate, 22: 3617-3628.

Walsh K J E, Fiorino M, Landsea C, et al. 2007. Objectively determined resolution-dependent threshold criteria for the detection of tropical cyclones in climate models and reanalyses. Journal of Climate, 20: 2307-2314.

Walsh K J E, Ryan B F. 2000. Tropical cyclone intensity increase near Australia as a result of climate change. Journal of Climate, 13: 3029-3036.

Wang B, Chan J C L. 2002. How strong ENSO events affect tropical storm activity over the western North Pacific. Journal of Climate, 15: 1643-1658.

Wang B, Ho L, Zhang Y, et al. 2004. Definition of South China Sea monsoon onset and commencement of the East Asia summer Monsoon. Journal of Climate, 17: 699-710.

Wang B, Wu R G, Fu X H. 2000. Pacific-East Asian teleconnection: How does ENSO affect East Asian climate? Journal of Climate, 13: 1517-1536.

Wang B, Zhang Q. 2002. Pacific-east Asian teleconnection. Part Ⅱ: How the Philippine Sea anomalous anticyclone is established during El Niño development? Journal of Climate, 15: 3252-3265.

Wang L J, Guan Z Y, He J H. 2006. The position variation of the West Pacific subtropical high and its possible mechanism. Journal of Tropical Meteorology, 12: 113-120.

Wang T J, Zhong Z, Sun Y, et al. 2019. Impacts of tropical cyclones on the meridional movement of the western Pacific subtropical high. Atmospheric Science Letters. doi:10.1002/asl.893.

Wang W, Cindy B, Michael D, et al. 2012. ARW version 3 modeling system user's guide. http://www.mmm.ucar.edu/wrf/users/docs/arw_v3.pdf. [2013-2-1].

Wang X D, Zhong Z, Hu Y J, et al. 2010. Effect of lateral boundary scheme on the simulation of tropical cyclone tracks in regional climate model RegCM3. Asia-Pacific Journal of Atmospheric Sciences, 46: 221-230.

Wang Y, Holland G J. 1996. The beta drift of baroclinic vortices. Part II: Diabatic vortices. Journal of the Atmospheric Sciences, 53: 3313-3332.

Wang Y X, Sun Y, Liao Q F, et al. 2017. Impact of initial storm intensity and size on the simulation of tropical cyclone track and Western Pacific subtropical high extent. Acta Meteorologica Sinica, 31: 946-954.

Webster P J, Curry J A, Liu J, et al. 2005. Change in tropical cyclone number, duration, and intensity in a warming environment. Science, 309: 1844-1846.

Weng H, Ashok K, Behera S K, et al. 2007. Impacts of recent El Niño Modoki on dry/wet conditions in the Pacific rim during boreal summer. Climate Dynamics, 29: 113-129.

Weng H, Behera S K, Yamagata T. 2009. Anomalous winter climate conditions in the Pacific rim during recent El Niño Modoki and El Niño events. Climate Dynamics, 32: 663-674.

Williams C. 2008. Assessing Tropical Cyclone Contribution to Annual Global Rainfall. https://opensky.library.ucar.edu/collections/SOARS-000-000-000-186.

Wu B, Li T, Zhou T J. 2010. Relative contributions of the Indian Ocean and local SST anomalies to the maintenance of the western North Pacific anomalous anticyclone during the El Niño decaying summer. Journal of Climate, 23: 2974-2986.

Wu B, Zhou T J, Li T. 2009. Seasonally evolving dominant interannual variability modes of East Asian climate. Journal of Climate, 22: 2992-3005.

Wu C C, Kurihara Y. 1996. A numerical study of the feedback mechanisms of hurricane-environment interaction on hurricane movement from the potential vorticity perspective. Journal of the Atmospheric Sciences, 53: 2264-2282.

Wu C C, Yen T H, Kuo Y, et al. 2002. Rainfall simulation associated with Typhoon Herb (1996) near Taiwan. Part I: The topographic effect. Weather and Forecasting, 17: 1001-1015.

Wu L. 2007. Impact of Saharan air layer on hurricane peak intensity. Geophysical Research Letters, 34: L09802.

Wu L X, Liu Z Y. 2003. Decadal variability in the North Pacific: The Eastern Pacific mode. Journal of Climate, 16: 3111-3131.

Wu L X, Liu Z Y, Robert G, et al. 2005a. Modeling surgery: A new way toward understanding Earth climate variability. Journal of Ocean University of China, 4: 306-314.

Wu L, Wang B. 2004. Assessing impacts of global warming on tropical cyclone tracks. Journal of Climate, 17: 1686-1698.

Wu L, Wang B, Geng S. 2005b. Growing typhoon influence on East Asia. Geophysical Research Letters, 32: L1870.

Xie S P, Hu K, Hafner J, et al. 2009. Indian Ocean capacitor effect on Indo-western Pacific climate during the summer following El Niño. Journal of Climate, 22: 730-747.

Yamada K, Kawamura R. 2007. Dynamical link between typhoon activity and the P-J teleconnection pattern from early summer to autumn as revealed by the JRA-25 reanalysis. Science Online Letters on the Atmosphere, 3: 65-68.

Yanai M, Esbensen S, Chu J H. 1973. Determination of bulk properties of tropical cloud clusters from large-scale heat and moisture budgets. Journal of the Atmospheric Sciences, 30: 611-627.

Yang H, Zhi X F, Gao J, et al. 2011. Variation of East Asian summer monsoon and its relationship with precipitation of China in recent 111 years. Journal of Agricultural Science and Technology, 12: 1711-1716.

Yang J, Bao Q, Wang B, et al. 2014. Distinct quasi-biweekly features of the subtropical East Asian monsoon during early and late summer. Climate Dynamics, 42: 1469-1486.

Yang J, Liu Q, Xie S, et al. 2007. Impact of the Indian Ocean SST basin mode on the Asian summer monsoon. Geophysical Research Letters, 34: L02708.

Yeh S W, Kug J S, Dewitte B, et al. 2009. El Niño in a changing climate. Nature, 461: 511-514.

Yeh T C. 1957. On the formation of quasi-geostrophic motion in the atmosphere. Journal of the Meteorological Society of Japan, The 75th Anniversary Volume of the Meteorological Society of Japan: 130-134.

Ying M, Chen B, Wu G. 2011. Climate trends in tropical cyclone-induced wind and precipitation over mainland China. Geophysical Research Letters, 38: L01702.

Yoo S H, Yang S, Ho C H. 2006. Variability of the Indian Ocean Sea surface temperature and its impacts on Asian-Australian monsoon climate. Journal of Geophysical Research, 111: D03108.

Yu J Y, Kao H Y. 2007. Decadal changes of ENSO persistence barrier in SST and ocean heat content indices: 1958-2001. Journal of Geophysical Research, 112: D13106.

Yu J Y, Kim S T. 2010. Three evolution patterns of Central-Pacific El Niño. Geophysical Research Letters, 37: L08706.

Yu R, Weller R, Liu W T. 2003. Case analysis of a role of ENSO in regulating the generation of westerly wind bursts in the western equatorial Pacific. Journal of Geophysical Research, 108: 3128.

Yuan Y, Yang S, Zhang Z. 2012. Different evolutions of the Philippine Sea anticyclone between Eastern and Central Pacific El Niño: Possible effect of Indian Ocean SST. Journal of Climate, 25: 7867-7883.

Zarrin A, Ghaemi H, Azadi M, et al. 2010. The spatial pattern of summertime subtropical anticyclones over Asia and Africa: A climatological review. International Journal of Climatology, 30: 159-173.

Zhan R, Wang Y, Lei X T. 2011a. Contributions of ENSO and East Indian Ocean SSTA to the interannual variability of Northwest Pacific tropical cyclone frequency. Journal of Climate, 24: 509-521.

Zhan R, Wang Y, Wu C C. 2011b. Impact of SSTA in East Indian Ocean on the frequency of Northwest Pacific tropical cyclones: A regional atmospheric model study. Journal of Climate, 24: 6227-6242.

Zhang J Y, Wu L G, Ren F M, et al. 2013. Changes in tropical cyclone rainfall in China. Journal of the Meteorological Society of Japan, 91: 585-595.

Zhang W, Graf H F, Leung Y, et al. 2012. Different El Niño types and tropical cyclone landfall in East Asia. Journal of Climate, 25: 6510-6523.

Zhang Y C, Kuang X Y, Guo W D, et al. 2006. Seasonal evolution of the upper-tropospheric westerly jet core over East Asia. Geophysical Research Letters, 33: L11708.

Zhong Z. 2006. A possible cause of a regional climate models' failure in simulating the East Asian summer monsoon. Geophysical Research Letters, 33: L24707.

Zhong Z, Chen X, Yang X Q, et al. 2019. The relationship of frequent tropical cyclone activities over the western North Pacific and hot summer days in central-eastern China. Theoretical and Applied Climatology,138:1395 -1404.

Zhong Z, Hu Y J. 2007. Impacts of tropical cyclones on the regional climate: An East Asian summer monsoon case. Atmospheric Science Letters, 8: 93-99.

Zhong Z, Tang X, Lu W, et al. 2015. The relationship of summertime upper level jet over East Asia and the Pacific-Japan teleconnection. Journal of the Meteorological Sciences, 35: 672-683.

Zhou T, Wu B, Wang B. 2009. How well do Atmospheric General Circulation Models capture the leading modes of the interannual variability of Asian-Australian Monsoon? Journal of Climate, 22: 1159-1173.